普通高等学校学前教育专业系列教材

信息技术应用基础

主　编　谢忠新　左　葵

编　委（按姓氏笔画排列）

王玉琪　王其冰　王斌华　左　葵

李洪波　张　捷　陈久华　周　伟

黄　军　谢忠新

复旦大学出版社

内容提要

全书依据教育部颁发的有关最新课程标准，集中汲取有代表性学校的使用经验和教学实际，以就业为导向，以能力为本位，是对传统学科型计算机教材的一次突破。

本书以Windows 7和Office 2010为使用平台，由10个项目贯穿而成。具体包括信息技术初步、文字处理、因特网应用、素材处理、演示文稿、电子表格、数据库、网页制作、局域网基础、信息安全。这些项目创设模拟环境，设计贴近生活实际，让学生置身于幼儿园工作情境，在学习过程中扮演幼儿教师角色，激发学生学习的兴趣与求知欲，培养学生解决实际问题的综合能力。通过学习并完成所有创设的项目，使学生具备信息的获取、传输、处理、发布等信息技术应用能力，从而达到面向21世纪人才培养的目标。

全书体例新颖独特，内容真实有用，教参配套齐备，具备很强的可读性和可操作性，适合幼儿师范院校、普通高等院校学前教育专业的学生使用，也适合幼儿教师的岗位培训使用。

前　言

随着教育部《幼儿园教师专业标准(试行)》(2011)的最新颁布,加强信息技术教育,培养学生的信息技术应用能力,已经成为学前教育专业教学改革的重要任务之一。本书正是在此基础上,充分结合学前教育专业特色,经过对大量幼儿师范学校的调研,组织专家、学者和教师对《信息技术基础》文化课与专业课整合的一次有益尝试。

在信息技术课程教学过程中,如何改革传统的教学模式,使学生改变单纯的接受式的学习方式,学会自主、探究式的学习,培养学生信息素养,培养学生分析问题和解决问题的能力,是目前十分需要解决的问题。本教材即力求在"以就业为导向,以能力为本位"指导下,进一步体现通过"基于项目的学习",更加有效地培养学生信息素养的同时,重点关注学生利用信息技术分析问题、解决问题能力的培养,为学生的终身学习和持续发展打下扎实的基础。因此,本教材分为十大项目,这些项目的主题与学前教育专业学生的学习、生活和今后工作贴近,力求体现先进的教与学理念,具体表现为如下四个方面:

1. 通过"项目活动"培养学生综合应用信息技术的能力

教材的项目除了创设学生熟悉的校园学习环境外,还创设了模拟幼儿园工作环境,每一项目的设计力图贴近学习和今后工作的实际,让学生置身于学习和工作情景中,在学习的过程中扮演幼儿教师的角色,综合运用多种知识与技能来完成项目任务,激发学生学习的兴趣与求知欲,培养学生综合应用信息技术的能力。

2. 通过"项目活动"引导学生自主、探究学习,改进学生的学习方式

教材的每一个项目包含了若干个活动,每个活动包括了活动要求、活动分析、方法与步骤、知识链接、点拨、自主实践活动等栏目,通过这些栏目帮助学生有效地开展自主、探究学习活动,完成活动任务,从而改进学生学习方式。其中:

"活动要求" 描述了活动的情境、活动具体的要求和需要完成的作品的样例;

"活动分析" 从学生已有的生活经验出发,引导学生讨论与分析利用信息技术完成本活动的大致方法与过程,指出了通过本次活动需要掌握的相关信息技术知识与技能;

"方法与步骤" 详细地描述了完成本次活动的具体操作方法与步骤;

"知识链接" 系统地阐述了本活动所涉及的相关信息技术知识与技能;

"点拨" 是对本活动所涉及的知识与技能、过程与方法、情感、态度、价值观等方面进行的经验性小结;

"自主实践活动" 是运用本次活动学习的知识与技能解决新情境下的问题和任务。

3. 通过"项目活动"培养学生分析问题和解决问题的能力

本教材十分注重项目中每个活动的具体分析,注重每个活动完成具体的任务、解决具体的问题;另外,每个项目最后设计了一个综合实践活动,让学生综合运用学过的信息技

术知识与技能解决身边的问题,从而有效地培养学生分析问题和解决问题的能力;每个项目还包括了归纳与小结,对一个项目中多个活动涉及的信息技术相关内容进行归纳。其中:

"综合活动"为拓展应用信息技术的能力,以贴近学生的生活实际为主,让学生综合运用学过的信息知识和技能解决身边的问题。

"归纳与小结"是对整个项目涉及知识点和使用流程的贯通性总结。

"综合测试"分为知识题和综合题,知识题检查学生对知识点的掌握程度;综合题给出项目背景、项目任务、设计要求、制作要求、参考操作步骤等,并给出相应的参考样张,便于教师布置任务和指导,也方便学生自学和自测。

4. 通过"项目活动"培养学生的情感、态度、价值观

在项目活动的过程中,让学生去体验与人合作、表达交流、尊重他人成果、平等共享、自律负责等行为,树立信息安全与法律道德意识,关注学生判断性、发展性和创造性思维能力的培养。

愿同学们通过本课程的学习,掌握信息技术的知识与技能,初步具备 21 世纪信息社会的生存与挑战能力,用信息技术这把金钥匙打开智慧与科学的大门,以适应社会就业和继续学习的需要。

2015 年 6 月

本书使用说明

一、关于几个栏目的使用说明

本教材分为十大项目，每一个项目包含了若干个活动。

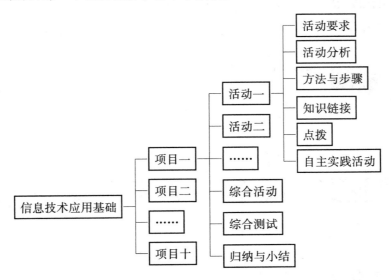

1. 主题活动

每个主题活动一般包括了活动要求、活动分析、方法与步骤、知识链接、点拨、自主实践活动等栏目。

"**活动要求**"：描述活动的情境、活动具体的要求和需要完成作品的样例；

"**活动分析**"从学生已有的生活经验出发，引导学生讨论与分析利用信息技术完成本活动的大致方法与过程，指出通过本次活动需要掌握的相关信息技术知识与技能；

"**方法与步骤**"详细地描述完成本次活动的具体操作方法与步骤；

"**知识链接**"系统地阐述本活动所涉及的相关信息技术知识与技能；

"**自主实践活动**"是运用本次活动学习的知识与技能解决新情境下的问题和任务。

2. 综合活动

"**综合活动**"为拓展应用信息技术的能力，以贴近学生的生活实际为主，让学生综合运用学过的信息知识和技能解决身边的问题。

3. 综合测试

"**综合测试**"是从知识点把握和综合运用解决实际问题两个方面检查学生的掌握程度。

4. 归纳与小结

"**归纳与小结**"是对整个项目涉及知识点和使用流程的贯通性总结。

二、关于所附光盘的使用说明

光盘中的文件按照教材的目录结构建立了文件夹和子文件夹，文件夹的名称与项目活动对应。文件夹里是完成本次活动所需要的素材文件以及本次活动的参考样例。

编者

2015 年 6 月

目　录

	项 目 名 称	活 动 一
项目一 信息技术初步 **pages 001 – 059**	信息技术基础知识与基本操作	选配台式计算机 **001 – 018** 计算机硬件组成、信息技术发展和应用
项目二 文字处理 **pages 060 – 082**	幼儿亲子活动相关文档的制作	亲子活动方案的制订 **060 – 064** 汉字输入、文字字体与段落格式的设置
项目三 因特网应用 **pages 083 – 108**	幼儿园数码相机的选购和博客的创建	数码相机信息的获取与整理 **083 – 090** 因特网的浏览、信息的搜索与保存
项目四 素材处理 **pages 109 – 138**	中国传统节日宣传短片的制作	运筹帷幄——多媒体作品的策划与素材准备 **109 – 117** 图片文件的获取、声音文件的获取
项目五 演示文稿 **pages 139 – 167**	"幼儿在园学习生活掠影"演示文稿的制作	"幼儿饮食篇"演示文稿的制作 **139 – 143** 简单 PPT 的创建
项目六 电子表格 **pages 168 – 200**	幼儿在园表现及身体素质情况的统计与分析	幼儿一周在园情况的评价与分析 **168 – 175** 数据的输入与编辑、数据表格式的设置、公式的使用
项目七 数据库 **pages 201 – 215**	幼儿园班级管理微型数据库的创建	幼儿园班级数据库及数据表的建立 **201 – 205**
项目八 网页制作 **pages 216 – 239**	幼儿成长档案的设计与制作	幼儿成长档案网页的设计 **216 – 222** 网站的设计、网页的设计与简单制作
项目九 局域网基础 **pages 240 – 264**	幼儿园简易办公网络的构建与应用	简易办公网络的构建 **240 – 249**
项目十 信息安全 **pages 265 – 280**	信息技术与信息安全基本常识	浏览器的安全设置 **265 – 270**

活 动 二	活 动 三	活 动 四	综 合 活 动
让计算机动起来 **019－037** 计算机操作系统的安装与使用	计算机文件的管理 **037－055** 文件与文件夹的操作		
亲子活动海报的制作 **064－069** 页面设置、图片、艺术字、文本框的使用	亲子活动安排表的制作 **069－074** 表格的设计与使用	亲子活动简报的制作 **074－077** 分栏显示、项目符号、图片编辑、打印设置	幼儿园十月份月刊的制作 **077－078**
数码相机选购方案的网上交流与沟通 **090－095** 电子邮件与网上交流工具的使用、信息道德规范、文件压缩	数码相机的网上购买 **095－098** 网上购物、信息安全	利用数码相机拍摄的照片开展图片博客的创建 **098－103** 图片博客的创建、Web 2.0 相关知识	重庆城市轨交发展的调查与分析 **104－105**
增色添彩——多媒体作品的素材加工与处理 **117－124** 图片文件的编辑、声音文件的编辑	精彩呈现——多媒体素材的合成与影片制作 **124－130** 视频文件的编辑		建国66周年国庆宣传展板的制作 **130－133**
"幼儿巧手篇"演示文稿的制作 **143－148** 艺术字与图片的使用、项目符号的使用	"幼儿游戏篇(体育游戏简介)"演示文稿的制作 **148－153** 幻灯片的切换与链接、动画效果的设置	"幼儿教育篇(好习惯养成教育)"演示文稿的制作 **154－159** 幻灯片母版的使用、自定义图形的使用、简单图表的创建	"让感恩走进心灵"主题班会演示文稿的制作 **159－161**
幼儿一周在园情况的班级统计与分析 **175－181** 数据表格式的设置、函数的使用、图表的创建、数据的排序	幼儿整个学期在园情况的统计与分析 **181－188** 函数的使用、图表格式的设置	幼儿身体素质的统计与分析 **188－194** 数据的筛选、数据的分类汇总	上海空气质量的查询、统计与分析 **194－196**
幼儿园班级数据库及数据表的建立 **206－212**			
幼儿成长记录网页的制作 **222－226** 网页中声音、图片、表格的插入	幼儿活动纪实网页的制作 **227－230** 电子相册的制作、Flash动画的插入、网页过渡效果设置	幼儿成长建议网页的制作 **230－235** 网页中表单及各种要素的添加、网站的发布	学校网站的创建与维护 **235－236**
办公网络资源的共享 **249－256** 文件夹的网络共享、打印机的网络共享	互联网的共享访问 **256－263** 无线路由器的认识与设置		
不合理权限设置的解决 **270－275**	使用安全防御软件360卫士为电脑体检 **275－279**		

项目一 信息技术初步

信息技术基础知识与基本操作

　　博爱幼儿园为了谋求更大的发展,需要改进教师的办公条件,提高办公效率。为此幼儿园决定为每个教师配备一台计算机。本项目通过对信息技术与计算机基础知识、选配计算机、软件安装、优化设置和文件管理等的学习,加深对计算机原理及其组成结构知识的理解,并在实际操作中不断培养分析问题、解决问题的能力,不断提高信息技术素养。

活动一 选配台式计算机

活动要求

　　通过自行对一台多媒体微型计算机的配置及选购,熟悉台式计算机的硬件组成。

活动分析

一、思考与讨论

(1) 如何选配 CPU 和主板?
(2) 如何选配内部和外部存储器?
(3) 如何选配显卡、声卡和网卡?
(4) 如何选择适合自己的计算机?

二、总体思路

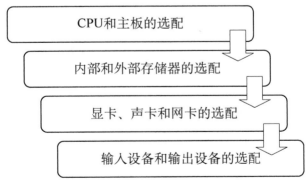

图 1-1-1　活动一的流程图

方法与步骤

　　随着微型计算机的普及,人们越来越希望自己能够独立购买、组装、配置个人计算机,熟悉微型计算机的硬件知识必不可少。

　　从外观上看,一台计算机由主机箱、显示器、键盘、鼠标、音响等组成,如图1-1-2所示。在主机箱里面安装有主板、中央处理器(CPU)、内存、硬盘、声卡、显卡、光驱、网卡、电源等,如图1-1-3所示。

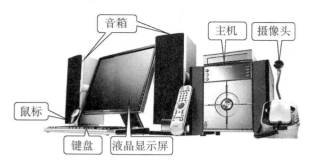

图1-1-2 一台完整的多媒体微型计算机

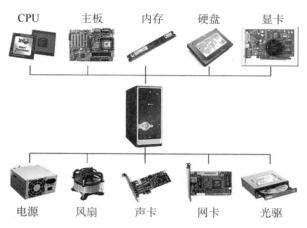

图1-1-3 主机箱内部硬件部件

一、CPU的选配

CPU包括运算器和控制器两个部件,是计算机系统的核心。CPU品质的高低直接决定计算机系统的档次,衡量CPU品质高低的主要技术指标如下:

1. 主频

通常所说的CPU频率一般是指CPU的主频,主频是CPU在一个时钟周期内执行运算的次数,单位为Hz,目前主流的CPU的单位为GHz。例如,Core i3 3.10 GHz处理器的主频就是3.10 GHz。在同规格下,主频越高,速度越快。如何知道计算机的CPU主频呢?右击桌面上"计算机",在快捷菜单中选择"属性",在打开的"系统"对话框可以显示当前计算机的CPU型号和主频,如图1-1-4所示。

图1-1-4 系统属性

  点拨

> 不同品牌或不同系列的处理器之间,单纯比较主频毫无意义,因为影响处理器性能的重要因素不只主频一个。

2. 外频

外频是CPU乃至整个计算机系统的基准频率,单位是兆赫兹(MHz)。

倍频即主频与外频之比的倍数。主频、外频、倍频间的关系式为

$$主频＝外频×倍频$$

3. 前端总线(Front Side Bus, FSB)

前端总线是处理器与主板北桥芯片或内存控制集线器之间的数据通道,其频率高低直接影响CPU访问内存的速度。前端总线负责将CPU连接到内存,它的频率直接影响CPU与内存数据交换的速度。前端总线频率越高,CPU的数据传输越迅速。

4. 缓存(Cache)

为了缓解高速CPU和低速内存的速度匹配问题,目前微型计算机均采用缓存机制。缓存可分为一级缓存(L1 Cache)和二级缓存(L2 Cache),部分计算机有三级缓存。高、低端处理器的差别就在缓存上。一级缓存往往分为对等的指令缓存和数据缓存,集成在CPU内核中,容量很小,但速度极快。目前主流的CPU一级缓存容量为128 KB到512 KB之间;二级缓存比一级缓存慢,但容量大得多,主要用来存储后备的指令与数据。目前主流的CPU二级缓存容量在3 MB到6 MB之间。三级缓存比二级缓存更大、更慢。

5. 位数

通常人们所说的32位机或64位机,即指CPU可同时处理32位或64位的二进制数。位数越高,速度越快。

6. 生产工艺

用来表征组成芯片的电子线路或元件的细致程度,单位为纳米(nm)。纳米数越小,芯片体积就越小,耗电量也越少。

7. 核心数量

CPU主频增加带来的性能提升越来越小,而发热量越来越大,因此,在64位CPU之后,CPU的发展方向已从单纯提高主频改变到发展多核心上来。目前市场上主流CPU是双核CPU和四核

CPU,统称多核 CPU。所谓多核 CPU,就是将多个处理器核心整合到一个处理器上。由于多个内核可以同时工作,使得多核 CPU 对同时处理多任务更加具有优势。

世界上主要的 CPU 生产厂家有美国 Intel 公司和 AMD 公司,如图 1-1-5 所示。在质量和性价比方面,两个品牌不相上下。一般来说,Intel 的 CPU 制作工艺更先进,功耗更低,发热量更小;AMD 的 CPU 在处理图形和图像上更有优势。2014 年主流的 CPU,Intel 已全面进入第四代酷睿处理器时代;AMD 也进入第 2.5 代 APU(A 系列)处理器时代,如表 1-1-1 所示。

目前主流的 CPU 系列

Intel(英特尔)	Celeron E/G 赛扬系列	入门级
	Pentium E/G 奔腾系列	低端
	酷睿 i3	中端
	酷睿 i5	高端
	酷睿 i7	发烧级
AMD	Athlon Ⅱ X2　速龙双核	入门
	Athlon Ⅱ X4　速龙四核	中端
	Phenom Ⅱ X4 系列　羿龙四核	中高端
	A 系列　集成显卡芯片	高端
	FX-8000 系列　八核	发烧级

图 1-1-5　目前主流的 Intel CPU 和 AMD CPU

表 1-1-1　2014 年 CPU 主流型号参数对比

Intel 第四代酷睿处理器			AMD 第 2.5 代 APU(A 系列)处理器		
CPU 型号	i7 4770	i5 4670	i3 4130	CPU 型号	A10-6800K	A8-6600K	A6-6400K
微架构	Haswell	Haswell	Haswell	产品代号	Richland	Richland	Richland
CPU 接口	LGA1150	LGA1150	LGA1150	CPU 接口	FM2	FM2	FM2
核心/线程	4/8	4/4	2/4	核心/线程	4/4	4/4	2/2
制作工艺	22 nm	22 nm	22 nm	制作工艺	32 nm	32 nm	32 nm
基础/睿频	3.4/3.9 GHz	3.4/3.8 GHz	3.4 GHz	默认频率	4.1—4.4 GHz	3.9—4.2 GHz	3.9—4.1 GHz
内置 GPU	HD4600	HD4600	HD4400	内置 GPU	HD8670D	HD8570D	HD8470D
GPU 最高	1 200 MHz	1 200 MHz	1 150 MHz	GPU 频率	844 MHz	844 MHz	800 MHz
L3 缓存	8 M	6 M	3 M	L2 缓存	4 MB	4 MB	1 MB
支持内存	DDR3-1600	DDR3-1600	DDR3-1600	支持内存	DDR3-2133	DDR3-2133	DDR3-2133
TDP 功耗	84 W	84 W	54 W	TDP 功耗	100 W	100 W	65 W

点拨

(1) CPU 接口:接口指 CPU 与主板连接的插座,随着技术的发展,不同时期的 CPU 使用不同的接口类型,Intel 公司和 AMD 公司的 CPU 接口互不兼容,如图 1-1-6 所示。

(a) Intel LGA1155 接口(触点式)

(b) AMD FMI 接口(针脚式)

图 1-1-6　不同的接口

(2) 是否集成显示处理芯片:处理器内置高清 HD Graphics 核心显卡,在不配独立显卡的情况下,依然可以轻松看高清视频、上网冲浪。

（3）包装：分为散装和盒装。建议买盒装的 CPU，因为散装的质量没有保障，可能是旧产品被不法商家经过打磨翻新或者是二手产品。另外，购买盒装的 CPU 有附送的 CPU 散热器。

二、主板的选配

主板（Motherboard）是计算机中最大、最重要的一块电路板，用于连接其他硬件设备。例如，CPU、内存、硬盘等部件都是通过相应的插槽安装在主板上的。主板由 CPU 插槽、内存插槽、IDE 接口、电源插座、PCI 插槽、芯片组、CMOS 和 BIOS、显卡插槽、外设接口等组成，如图 1-1-7 所示。

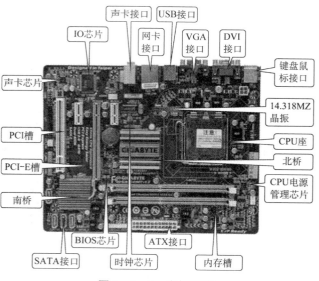

图 1-1-7　主板结构

1. CPU 插槽

CPU 需要通过某个接口与主板连接才能工作。CPU 的接口方式有引脚式、卡式、针脚式、触点式等，对应到主板上就有相应的插槽类型。目前，在安装形式上主要分为 Socket 和 Slot（目前此种接口已被淘汰）两种标准，例如，表 1-1-2 中华硕 P8H61-M LE 主板的 CPU 插槽是 LGA 1155 插槽。

表 1-1-2　华硕 P8H61-M LE 主板参数

型号	华硕 P8H61-M LE
适用类型	台式机
芯片厂商	英特尔（Intel）
北桥芯片	Intel H61
CPU 插槽	LGA 1155

（续　表）

型号	华硕 P8H61-M LE
支持 CPU 类型	支持 Core i7，Core i5，Core i3 系列处理器
主板架构	Mic ATX
支持内存类型	DDR3
支持通道模式	双通道
内存插槽	2-DDR3 DIMM
内存频率	DDR3 1 333 MHz
最大支持内存容量	16 G
扩展参数	
硬盘接口	SATA Ⅱ
SATA Ⅱ接口数量	4
支持显卡标准	PCIE 2.0
扩展插槽	2×PCI-E X1，1×PCI-E X16
PCI 插槽	1×PCI
扩展接口	键盘鼠标 PS/2，VGA，DVI，USB 2.0，RJ45 网卡接口，音频接口
USB 接口数量	10
板载芯片	
集成显卡核心	视 CPU 而定
板载声卡	Realtek ALC887 7.1 声道音效芯片
板载网卡	板载 Realtek RTL8111E 千兆网卡

2. 内存插槽

安装内存的地方。根据内存的不同，分为支持 DDR、DDR2 和 DDR3 共 3 种。

3. 硬盘和光驱接口

早期主板上一般有两个 IDE 接口，用来连接 IDE 硬盘和光驱。目前主板设计了 SATA 接口用来连接具有 SATA 接口的硬盘或光驱，因为 SATA 接口的传输速度比 IDE 的要快。为了防止插错，在插针接口的四周加了围栏，其中一边有一个小缺口，标准的电缆插头只能从一个方向插入，这被称为"防呆式设计"。

4. 电源插座

电源插座是主板与电源连接的接口，它负责为 CPU、内存、硬盘以及各种板卡供电。目前主板上的电源插座主要是 24 芯接口。

5. PCI 插槽

PCI 插槽是主板上主要的扩展插槽，可以用来安装声卡、网卡、电视卡等不同的 PCI 扩展卡。它是 CPU 通过系统总线与外部设备联系的通道等。

6. 芯片组

芯片组是主板的"灵魂",一块主板的功能、性能和技术特性都是由主板芯片组的特性来决定的。它分为北桥芯片和南桥芯片。北桥芯片靠近CPU,负责控制 CPU、内存和显存之间的数据交换;南桥芯片靠近 PCI 插槽,负责 I/O 接口的数据传输和控制、IDE 设备的控制及附加功能等。也有些主板(如表 1-1-2 中的华硕 P8H61-M LE 主板)简化了南桥,只保留北桥芯片。

目前主板芯片组主要分为两类,分别支持 Intel 的 CPU 和 AMD 的 CPU,美国 Intel 和 AMD 公司是主要的芯片组生产厂商。芯片组对系统性能的发挥至关重要,不同的芯片组,其性能有较大差别,支持的硬件也有不同。

7. CMOS 与 BIOS

CMOS 是微机主板上的一块可读写 RAM 芯片,用来保存当前计算机系统的硬件配置和用户对某些参数的设定。CMOS 可由主板的电池供电,即使系统断电,信息也不会丢失。

BIOS(Basic Input Output System,基本输入输出系统)设置程序储存在 BIOS 芯片中,只有在开机时才可以进行设置,其主要功能是为计算机提供最底层、最直接的硬件设置和控制。

8. 显卡插槽

显示插槽用来安装显卡。早期存在 AGP,目前主要为 PCI Express(简称 PCI-E),PCI-E 比 AGP 的传输速度更快。其中,

● PCI-E 1.0 双向传输速率为 8 GB/s;
● PCI-E 2.0 双向传输速率为 16 GB/s;
● PCI-E 3.0 双向传输速率为 32 GB/s。

9. 外设接口

外设接口用于连接键盘、鼠标、打印机等外部设备。PS/2 接口用于连接键盘和鼠标,一般紫色的连接键盘,绿色的连接鼠标;RJ45 接口用来连接网线。USB(通用串行)接口是现在最流行的接口,最大可以支持 127 个外设,可以独立供电,支持热插拔,做到即插即用,应用非常广泛。

主板是整个计算机平台的载体,担负着整个系统信息的交流,一个好的主板能让计算机更稳定地发挥系统性能。从某种角度讲,选择一款高性能的主板甚至比选择一款高性能的 CPU 还重要。现在主板生产厂商非常多,常见品牌有华硕、微星、技嘉、英特尔、磐正、硕泰克、双敏、七彩虹、昂达等。

点拨

在采购主板时应注意:

(1) 是否支持所购买的 CPU:选择什么样的主板由 CPU 的类型决定,主板性能参数指标中标示了 CPU 类型。

(2) 提供哪种类型的内存插槽:大多数主板采用 DDR3 插槽,也有部分采用 DDR4 插槽。

(3) 是否支持 SATA3 接口:目前硬盘主要接口为 SATA 接口和 SATA2 接口,有的采用 SATA3 接口。

① SATA 1.0:数据传输率达到 150 MBps;
② SATA 2.0:数据传输率达到 300 MBps;
③ SATA 3.0:数据传输率达到 600 MBps。

(4) 是否支持 USB 3.0 接口:目前大多数主板为 USB 2.0 接口,也有部分采用 USB 3.0 接口。

① USB 1.1:最高传输速率可达 12 Mbps;
② USB 2.0:传输速率可达 480 Mbps;
③ USB 3.0:最高传输速率可达 5 Gbps。

(5) 是否集成声卡、显卡、网卡:由于硬件集成度越来越高,很多部件都集成到主板上。如果对声音、图像要求不高,可以选用集成了这些设备的主板,就不用再单独购买这些设备了,如图 1-1-8 所示。

图 1-1-8 各种集成设备接口

(6) 主板包装及板材的质量、售后:主板板体厚度称为 PCB,一般为 3～4 mm 左右。

三、内部存储器的选配

内部存储器是微型计算机必不可少的配置,常见的有 DDR、DDR2 和 DDR3 共 3 种,如图 1-1-9 所示。DDR 是 Dual Data Rate SDRAM 的缩写,其中文名称为"双倍速随机动态存储器",有 184 个接触点和一个缺口,电压为 2.5 V,存取速度为 5 ns,通

常也称作"184 线内存"。DDR2 是 DDR 的换代产品,拥有 240 线,电压为 1.8 V,速度比 DDR 快。DDR3 是 DDR2 的升级产品,频率比 DDR2 高,是目前的主流产品。内存储器是微机的主要性能指标之一,其大小直接影响程序运行情况。内存的主要技术指标包括音量、内存速度、内存的总线频率。

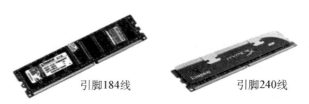

引脚184线   引脚240线

(a) DDR:200/266/   (b) DDR2:400/533/
333/400 MHz   667/800 MHz

引脚240线

(c) DDR3:800/1 066/1 333 MHz

图 1 - 1 - 9 常见的 DDR、DDR2 和 DDR3 内存

1. 容量

容量是指单条内存的容量。常见的内存容量单条为 2 GB,内存越大,计算机运行速度就越快。通常主板上有两个内存插槽,如果安装了两个内存条,计算机内存容量即为两个容量之和。

2. 内存速度

从存储器读取一个字或向存储器写入一个字所需的时间为读写时间。两次独立的读写操作之间所需的最短时间称为存储周期,以 ns 为单位。内存速度的值越小,存取速度越快。

3. 内存的总线频率

通常所说的 DDR3 1 333 MHz 中的 1 333 MHz 就是指内存的总线频率,该值越大说明速度越快。

 点拨

在选购内存时,应注意以下事项:

(1) 选择内存类型:如果选择 DDR3 的内存条,需要考虑所购买的主板是否支持 DDR3 标准。如果主板支持双通道,升级内存时最好买与原先容量相同、品牌相同、频率相同的产品,这样能最大限度地避免不兼容情况的发生。

(2) 选择内存的容量:尽量选择容量大的内存。

(3) 选择更快的内存:购买哪种规格的内存是由 CPU 决定的,应选择总线频率与 CPU 前端总线频率相匹配的内存。在具体选择时,可根据已选择主板上的"内存频率"参数选购。例如,表 1 - 1 - 2 中华硕 P8H61 - M LE 主板的"内存频率"参数为"DDR3 1 333 MHz",并支持双通道模式,应选择两条一样的 DDR3 1 333 内存组成双通道模式,这样内存的速度最快。

(4) 选择品牌内存:目前内存的主流品牌有金士顿、金邦、宇瞻、微刚、胜创、现代、三星等。

四、外部存储器的选配

外部存储器主要包括硬盘、光盘、移动硬盘、U 盘和固态硬盘等。

1. 硬盘

硬盘用来记录计算机的各类数据和程序,是计算机的主要存储设备。它将磁性材料沉积在盘片基体上形成记录介质,并在磁头与记录介质的相对运动中存取信息。硬盘结构如图 1 - 1 - 10 所示,由一圈圈封闭的同心圆组成记录信息的磁道。磁道由外向内依次编号,最外一条磁道为 0 磁道。每个磁道划分若干个区域,每一个区域称为一个扇区。

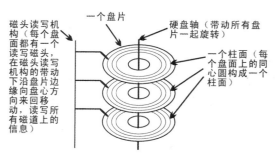

图 1 - 1 - 10 硬盘内部结构图

扇区是硬盘的基本存储单位。每个扇区为 512 字节。每个盘面有两个面,每个面有一个磁头。所以硬盘容量的计算公式为

容量＝磁头数×柱面数×扇区数×512 B

磁头数＝磁盘数,柱面数＝每个盘面的磁道数

按接口类型,硬盘可以分为 IDE 接口硬盘、SATA 接口硬盘、SATA2 接口硬盘、SATA3 接口硬盘 4 种。IDE 接口硬盘传输速度可分为 66 MB/s、100 MB/s、133 MB/s 共 3 种。SATA 接口硬盘传输速度为 150 MB/s,SATA2 接口硬盘传输速度为 300 MB/s,速度最快的 SATA3 接口硬盘传输速度为 600 MBps。

硬盘的主要技术指标如下:

(1) 硬盘容量:硬盘能存储数据的大小,一般用 GB 和 TB 来表示。目前市场上的硬盘容量一般在 300 GB 到 2 TB 之间。

(2) 硬盘转速:硬盘的转速指盘片每分钟转动的圈数,单位为 rpm。转速越快,数据传输速度也就越快。目前市场上主流硬盘的转速为 7 200 rpm,有的则达到 10 000 rpm。

(3) 缓存容量:与主板上的高速缓存一样,硬盘缓存的目的是为了解决系统前后级读写速度不匹配的问题,以提高硬盘的读写速度。目前多数 IDE 硬盘的缓存为 2 MB～8 MB,SATA 硬盘的缓存为 8 MB～16 MB,SATA2 硬盘的缓存可达 32 MB,SATA3 硬盘的缓存可达 64 MB。

 点拨

平时使用硬盘时应注意:

(1) 读写时不能关闭电源:硬盘进行读写时,处于高速运转状态,此时如果突然关闭电源,会导致磁头与盘片的猛烈摩擦,导致磁盘损坏。

(2) 防止硬盘震动:硬盘工作时磁头在硬盘表面的悬浮高度只有几微米,一旦发生较大震动,会导致盘面的划伤,造成数据的丢失,甚至磁头的损坏。

(3) 防止高温:硬盘在工作时会产生大量的热量,所以需要防止温度过高。

目前市场上硬盘的主流品牌有希捷、迈拓、西部数据、三星、日立等。

2. 光盘

光盘由特殊的有机玻璃或透明塑料制成,上面附着一层金属薄膜(如铝等)用来记录信息。把激光聚焦形成高能量的光点,照射在光盘表面,使该处的金属膜融化蒸发形成细小的凹坑。光盘表面金属膜的平坦和凹坑两种状态的交替变化,便记录了二进制的"0"和"1"。光盘驱动器利用其激光头产生激光扫描光盘盘面,从而读出"0"和"1"信息。根据其制造材料和记录信息方式的不同,一般分为 3 类:只读型光盘、一次性刻录型光盘和可擦写型光盘。

(1) 只读型光盘(CD/DVD-ROM):只读型光盘(CD 和 DVD)是一次成型的产品,其上的信息只能读出,不能写入。通常 CD 可提供 650 MB～700 MB 存储空间,主要用于存储视频图像的 DVD,可提供 4.7 GB～17.7 GB 存储容量。

(2) 一次性刻录型光盘(CD-R 和 DVD-R):一次性刻录型光盘只能写一次,需用专门的光盘刻录机将信息写入,写入后不能修改。

(3) 可擦写型光盘(CD-R/W 和 DVD-R/W):可擦写型光盘是可以重复读写的光盘,但需专用光盘刻录机操作。

光盘的主要技术指标如下:

(1) 容量:指单张光盘的数据存储容量。

(2) 数据传输率:最早的 CD-ROM 驱动器的数据传输率是 150 KB/s,该速率称为 1 倍速,记为 "1×"。数据传输率为 300 KB/s 的 CD-ROM 驱动器称为 2 倍速光驱,记为"2×",依此类推。目前 CD-ROM 驱动器的最大读取数据传输率为 64×。DVD 驱动器 1 倍速的数据传输率是 1 350 KB/s,约 9 倍于 CD-ROM 驱动器,12× 的 DVD 驱动器的最大读取数据传输率为 16 200 KB/s(12×150×9),目前 DVD 驱动器的最大读取数据传输率为 20 倍速。

在计算机中光盘数据的读写需要通过光驱,如图 1-1-11 所示。目前市场上光驱的主流品牌有先锋(Pioneer)、索尼(Sony)、华硕(Asus)、三星(Samsung)等。

3. U 盘、固态硬盘和移动硬盘

U 盘也称为闪盘,采用 Flash 芯片存储数据信息,利用微机的 USB 接口(可热插拔)进行读写操作,其特点是不需外接电源、体积小、重量轻、容量较大、防震、防潮、耐高低温、携带方便。目前,U 盘容量可达到 64 GB。固态硬盘(Solid-State Disk,SSD)是运用 Flash 芯片发展出的最新的硬盘,如

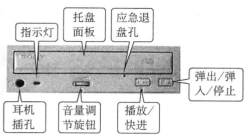

图 1-1-11　光盘驱动器

图 1-1-12 所示,特点是速度快、不怕摔、能适应极端温度或湿度,但价格较高。移动硬盘采用磁盘片来存储数据信息,在体积容量方面都比 U 盘大很多。目前移动硬盘可达到 1 TB 甚至更大。

图 1-1-12　固态硬盘

五、显卡的选配

显卡是计算机显示子系统的一个重要部件,显示器必须要在它的支持下才能正常工作。现在的显卡大多是安插在主板的 AGP 插槽或者 PCI-E 插槽上。有些主板把显卡集成在主板上,从而降低了装机成本,但集成的显卡性能一般。如果要玩大型 3D 游戏或者进行专业图像、影视、3D 设计等工作,就要选用独立显卡。显卡的主要性能指标如下:

1. 接口类型

显卡有 AGP 接口、PCI-E 接口、PCI-E 2.0 接口、PCI-E 3.0 接口四种接口。目前常见的是后面两种接口。PCI-E 2.0 显卡的数据传输速率为 5 GB/s,PCI-E 3.0 显卡的数据传输速率可达 8 GB/s。

2. 显存容量、位宽、类型

独立显存都集成了自己专用的存储器,叫做显存。显存的容量大小、位宽和类型都会影响显卡的性能。目前显存的容量越来越大,达到 1 GB 甚至更高。显存位宽是指显卡一次能处理的位数,大多为 256 位。显存类型主要分为 DDR2 类型和 DDR3 类型两种。

3. 显存速度

显存的速度以 ns 为计算单位,数值越小,速度越快。目前主流的显存为 1 ns。

4. 核心频率和显存频率

核心频率是显卡芯片工作的频率,显存频率是显存的工作频率。两者对显卡性能都有影响。

5. 输出接口类型

输出接口即链接显示器的接口,决定图像传输的质量。常见的接口有 VGA、DVI、HDMI,如图 1-1-13 所示。

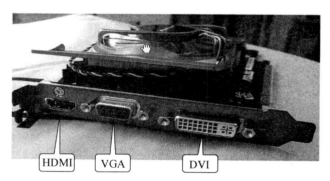

图 1-1-13　显卡输出接口类型

(1) VGA 接口即 D 形 3 排 15 针插口。传统、低端的显示器多为这种接口,其通用性强。

(2) DVI 接口是近年来随着数字化显示设备的发展而发展起来的一种显示接口。可以直接显示数字信号,画质减少失真。

(3) HDMI 接口是高清晰度多媒体接口,可以提供高达 5 Gbps 的数据传输带宽,可以传送无压缩的音频信号及高分辨率的视频信号。

显卡芯片(GPU)厂商主要有 AMD(2006 年原 ATI 被 AMD 收购)与 NVIDIA 两大公司。目前市场上显卡的主流品牌有技嘉、磐正、华硕、双敏、七彩虹、艾尔莎、硕泰克、昂达、翔升、丽台、盈通、小影霸等。

六、声卡和网卡的选配

1. 声卡

声卡也称声效卡,是多媒体技术中最基本的组成部分,能够实现声波/数字信号的相互转换。目前市面上的大部分主板已经集成了声卡,无需再单独购买。对于音乐发烧友或集成声卡损坏的用户，可以额外购买独立声卡，如图1-1-14所示。

图1-1-14 独立声卡

2. 网卡

网卡是计算机与外界局域网进行连接并实现数据传输的设备。与声卡一样，网卡一般集成在主板中，无需再购买。对于集成网卡损坏或需要安装两个网卡进行网络连接的用户，可以选购独立网卡，如图1-1-15所示。

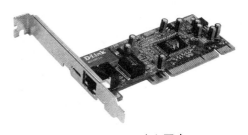

图1-1-15 独立网卡

网卡可以按传输速率分为10 Mbps，100 Mbps，1 000 Mbps，按传输线路分为有线和无线网卡。

七、输入设备的选配

常见的输入设备有键盘、鼠标、扫描仪。微型机中根据不同的用途还可以配置其他输入设备(如光笔、数码相机、摄像机、麦克风等)，如图1-1-16所示。

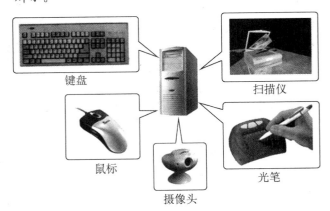

键盘　扫描仪　鼠标　光笔　摄像头

图1-1-16 常见的输入设备

键盘和鼠标是最基本的输入设备。目前，常见的键盘有101键、104键和107键3种，现在多用107键键盘。常用的鼠标有机械式鼠标和光电式鼠标，现在多用光电式鼠标。

目前键盘和鼠标的主流品牌有罗技、明基、多彩、爱国者、大白鲨、双飞燕、微软、LG、三星等。

八、输出设备的选配

常见的输出设备有显示器、打印机、音箱和投影仪等，如图1-1-17所示。

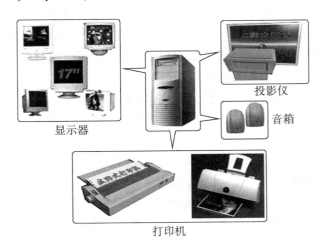

显示器　投影仪　音箱　打印机

图1-1-17 常见的输出设备

1. 显示器

显示器是最基本的输出设备，用于显示输入的程序、数据或程序的运行结果，能以数字、字符、图形和图像等形式显示运行结果或信息的编辑状态。常用的显示器有阴极射线管显示器(CRT)和液晶显示器(LCD)，现在多用液晶显示器(LCD)。液晶显示器(LCD)的主要技术参数如下：

(1)屏幕尺寸：矩形屏幕的对角线长度，以英寸(inch，简写为in)为单位，表示显示屏幕的大小。目前主要有17 in、19 in、21.5 in、22 in、23.6 in、24 in等规格。

(2)分辨率：屏幕图像的精密度，指显示器所能显示的像素的多少。由于屏幕上的点、线和面都是由像素组成的，显示器可显示的像素越多，画面就越精细。

(3)亮度：亮度越高，画面层次越丰富，画质也就越好。

(4)对比度：最大亮度和最小亮度的比值。比值越大，画面越锐利清晰。

(5)响应速度：液晶显示由白到黑所花的时间，单位为ms。时间越长，画面越慢。

(6)可视角度：一般指从侧面不影响观看画面效果的最大角度。

（7）坏点：屏幕上不能正常显示的点（不亮、不暗、颜色不对）。坏点是液晶显示器的通病，可使用软件进行测试。

目前市场上显示器的主流品牌有飞利浦、美格、优派、明基、三星、现代、LG、TCL、爱国者、宏基等。

2. 打印机

打印机是将输出结果打印在纸张上的一种输出设备。按打印颜色，打印机有单色、彩色之分；按工作方式可分为击打式打印机和非击打式打印机。击打式打印机常为点阵打印机（针式打印机），非击打式打印机为喷墨打印机和激光打印机。打印机的主要技术指标如下：

（1）打印速度：用字符每秒（cps）表示。

（2）打印分辨率：用 DPI 表示。分辨率越高，打印画面越清晰。

（3）最大打印尺寸：一般分为 A4 和 A3 两种规格。

一般来说，点阵式打印机打印速度慢，噪声大，主要耗材为色带，价格便宜；激光打印机打印速度快，噪声小，主要耗材为硒鼓，价格贵但耐用；喷墨打印机噪声小，打印速度次于激光打印机，主要耗材为墨盒。著名的打印机厂商有惠普、佳能、爱普生等。

九、机箱和电源的选配

1. 机箱

机箱的作用是放置和固定各计算机配件，起到一个承托和保护作用，同时机箱还具有屏蔽电磁辐射的重要作用，如图 1-1-18 所示。

图 1-1-18　机箱和电源

（1）立式机箱：所占空间小，通风性能好；

（2）卧式机箱：所占空间大，通风性能差，已被市场淘汰。

选购时主要考虑款式是否喜欢、材料是否牢固、通风性能是否好。

机箱的主要生产厂家有金河田、大水牛等。

2. 电源

电源的作用是把 220 V 的交流电，转化成各个设备所需要的低电压直流电。

选购时尽量选知名品牌，注意额定功率要高、电源接口要丰富。

电源的主要生产厂家有航嘉、长城等。

十、选择适合自己的计算机

1. 选择笔记本还是台式计算机？

笔记本电脑和台式计算机有着类似的结构组成（显示器、键盘/鼠标、CPU、内存和硬盘），但是笔记本电脑的优势还是非常明显的，主要为体积小、重量轻、携带方便。一般来说，便携性是笔记本电脑相对于台式计算机最大的优势。

一般的笔记本电脑重量只有 2～3 kg，无论是外出工作还是旅游，都可以随身携带，非常方便。但它的缺点是相比台式计算机而言，同样性能的计算机，价格要比台式计算机昂贵很多。

 点拨

> 对于使用计算机进行日常移动办公、学习的用户，经济条件允许的情况下，可以选择便携、省电的笔记本电脑。
>
> 对于追求性价比、对显示器和计算机处理速度要求比较高的用户（如平面设计、室内设计、影视制作的从业人员），那么应选购台式计算机。

2. 选购品牌机还是组装机？

品牌机是指整台计算机由大型的计算机生产商进行设计装配、整体进行销售的计算机。例如，国内的联想、方正、海尔、神舟和国外的戴尔、惠普等。

组装机是指部件可以按用户要求任意搭配，由电脑商家进行安装调试销售的计算机。

需要注意的是：品牌机和组装机是针对台式计算机而言的，笔记本电脑由于需要兼顾体积，各个配件通用性低，无法任意装配，只能由电脑生产商整体设计生产。

品牌机与组装机的优缺点如下：

品牌机质量和稳定性相对较高，售后服务有保证，但维修成本高，一般显示器的性能一般，性价比相对较低。

组装机性价比较高，可以自由选购自己喜欢的配件，自己维修方便，但要考虑机器的兼容性以及销售商的售后服务。

点拨

　　对于计算机的设备不是很熟悉、经济宽裕、图方便的用户，可以选购品牌机；对于希望深入了解计算机、想用最少的钱购买最高性能的计算机用户，可以购买组装机，但也要考虑使用环境（如使用空间是否够大）等。

知识链接

一、信息和数据

　　1948 年，美国数学家、信息论的创始人香农在论文"通讯的数学理论"中指出："信息是用来消除随机不定性的东西"，首次提出"信息"的概念。后来又有了很多信息的定义，如"信息是被反映的物质属性"、"信息是事物属性的标识"、"信息是确定性的增加"等，但是到目前为止，仍然没有对信息的统一的定义。通俗地来说，信息就是经过加工并对人类社会实践和生产经营活动产生决策影响的数据。它反映客观世界中各种事物特征和变化的知识，由数据构成，并且是数据经过同化、聚合和加工后的结果。信息具有以下特征：

　　（1）可识别性：信息是可以通过感官的直接识别，也可以通过各种测试手段间接识别，不同的信息源有不同的识别方法。

　　（2）可存储性：信息可以通过各种介质（如纸张、语音、图象、存储器等）存储。

　　（3）可传递性和不灭性。可以通过语言、表情、动作、网络、媒体等方式传播信息、共享信息，并且在传递过程中信息不会减少，也不会消失。

　　（4）时效性：信息在一定的时间内是有效的信息，在此时间之外就是无效信息。

　　（5）可转换性：信息可以从一种形态转换为另一种形态。

　　（6）可处理性：信息可以通过一定的手段进行处理。

　　信息是以数据为载体的。数据是表征客观事物、可以被记录、能够被识别的各种符号，具体包括字符、符号、表格、声音和图形、图像等。数据有两种形式：一种形式为人类可读形式的数据，简称人读数据。因为数据首先是由人类进行收集、整理、组织和使用的，这就形成了人类独有的语言、文字以及图像。例如，图书资料、音像制品等，都是特定的人群才能理解的数据。另一种形式称为机器可读形式的数据，简称机读数据。例如，印刷在物品上的条形码、录制在磁带、磁盘、光盘上的数码、穿在纸带和卡片上的各种孔等，都是通过特制的输入设备将这些信息传输给计算机处理，它们都属于机器可读数据。

二、信息技术

　　信息技术是研究信息的获取、传输和处理的技术，主要由计算机技术、通信技术、微电子技术结合而成，简称"3C 技术"。其核心是利用计算机进行信息处理，利用现代电子通信技术从事信息采集、存储、加工和利用，以及相关产品制造、技术开发、信息服务。信息技术是推动社会进步的巨大推动力。展望未来，信息技术将得到更深、更广、更快的发展，其发展趋势可以概括为高速化、数字化、智能化、多媒体化等。

　　（1）高速化：从计算机的发明到现在不过短短 60 多年的时间，信息技术已经渗透人们工作生活的方方面面，而且发展速度惊人。

　　（2）数字化：数字信号传输比模拟信号传输的品质要好得多，因此二进制数字信号被广泛地应用，当前的数字技术革命正促进计算机、电信、电视、信息内容等方面的技术走向大融合。

　　（3）智能化：信息技术的发展体现了人工智能理论的应用，例如条形码、声控电话、指纹识别、计算机辅助诊断等。智能化不断提高人们的健康、安全和生活质量。

　　（4）多媒体化：随着人们对生活质量的要求越来越高，声音、图像、视频等信息媒体与计算机不断融合，高品质、高保真的图像和声音的数字产品不断诞生。

三、计算机系统概述

　　计算机系统由硬件系统和软件系统组成，两者相辅相成，缺一不可。硬件系统是指物理上存在的设备（如中央处理器、内存、硬盘、显示器、键盘、鼠标和打印机等），是计算机进行工作的物质基础。软件系统是在硬件系统基础上运行、管理和维护计算机的各类程序和文档的总称,包括系统软件和应用软件两大部分。计算机系统的组成,如图1-1-19所示。

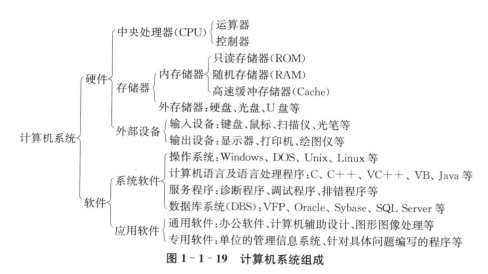

图1-1-19 计算机系统组成

四、计算机硬件系统

1946年,美籍匈牙利数学家冯·诺依曼在一篇题为《关于电子计算机逻辑设计的初步讨论》的学术报告中,提出了"存储程序"的概念,并且进行了论证。其主要观点可归结如下:

计算机硬件应由运算器、控制器、存储器、输入设备和输出设备等5个部分组成体系结构;

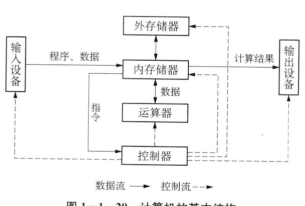

图1-1-20 计算机的基本结构

计算机中处理的数据模型是由二进制数所表示的指令和数据;

将事先编制好的程序和原始数据一并存入计算机的存储器中,启动计算机,在不受人工干预的情况下,计算机自动、高速地从存储器中取出指令并且执行(归纳为二进制、存储程序、程序控制)。

冯·诺依曼的上述思想奠定了现代计算机体系结构的基础。60多年来,虽然计算机系统从性能指标、运算速度、工作方式、应有领域等各方面都与当时的计算机产生很大差别,但其基本结构并没有变,所以,现代计算机又统称为冯·诺依曼计算机,如图1-1-20所示。

1. 运算器

运算器是计算机的运算部件,主要完成各种算术运算和逻辑运算,是对信息加工和处理的部件。它主要由算术逻辑单元(Arithmetic Logical Unit,ALU)、通用寄存器组及累加器组成。ALU主要完成对二进制数的加、减、乘、除等算术运算和或、与、非等逻辑运算以及各种移位操作;通用寄存器组用来保存参加运算的操作数。累加器是特殊的寄存器,它既能接受操作数向ALU输送,又能存储由ALU运算的中间结果和最终结果。

运算器中的数据取自内存,运算结果又送回内存。运算器对内存的读/写操作是在控制器的控制之下进行的。

2. 控制器

控制器由程序计数器(Programming Counter,PC)、指令寄存器(Instruction Register,IR)、指令译码器(Instruction Decoder,ID)、时序部件和微操作控制部件等组成,是计算机的"神经中枢"和"指挥中心"。它从内存依次取出指令,对其译码,并按每条指令所规定的功能,向整个系统发出相应的控制信号,实施对其他部件的控制,使计算机各部件统一协调地动作。

现在流行的微型计算机中,运算器和控制器并不是两个独立的部件,而是被集成在一块芯片上,称为中央处理器(Central Processing Unit,CPU),又称为"微处理器"。

3. 存储器

存储器用来存放程序和数据,是计算机中各种信息存储和交流的中心。存储器主要采用半导体器件和磁性材料组成,其存储信息的最小单位是"位"(bit,简写为"b"),即一个二进制代码。但是,通常向存储器写数据或从存储器读数据不以 bit 为单位进行,而是以字节(Byte,简写为"B")为单位。一个字节由 8 位组成,即 1B＝8b。存储器容量是指存储器中包含的字节数,其基本单位是字节,但由于字单位很小,描述不方便,通常使用 KB、MB、GB、TB 四种度量单位。它们之间的换算关系如下:

$$1\,KB = 2^{10}B = 1\,024\,B \qquad\qquad 1\,MB = 2^{20}B = 1\,024\,KB$$

$$1\,GB = 2^{30}B = 1\,024\,MB \qquad\qquad 1\,TB = 2^{40}B = 1\,024\,GB$$

例如,一台计算机的内存容量为 2 GB,则它的容量为

$$2\,GB = 2 \times 1\,024\,MB = 2 \times 1\,024 \times 1\,024\,KB = 2 \times 1\,024 \times 1\,024 \times 1\,024\,B$$

存储器分为内存储器(又称内存或主存)和外存储器(又称外存或辅存)。内存用于存放当前正在使用或随时需要使用的程序和数据,可以被 CPU 直接访问。外存用来存放暂时不用的程序和数据,不能被 CPU 直接访问。外存中的数据必须先调入内存才能被 CPU 处理。

(1) 内存储器。内存储器简称内存,又称主存储器(主存),通常由半导体材料制成。用户通过输入设备输入的程序和数据送入内存;控制器执行的指令和运算器处理的数据取自内存,运算的中间结果和最终结果保存于内存;输出设备输出的信息来源于内存;内存中的信息如要长久保存应送到外存储器中。总之,内存要与计算机的各个部件"打交道",进行数据传送。因此,内存的存储速度直接影响着计算机的运算速度。

内存储器分为只读存储器(ROM)、随机存储器(RAM)、高速缓冲存储器(Cache)。

① 只读存储器　容量较小,通常用来存放一些不能改写、用于管理机器本身的监控程序和其他基本的服务程序。它存储的信息一般是厂商在制造时写入的。例如,主板上的基本输入输出系统 BIOS,BIOS 是一个小型指令集合,在开机时,CPU 首先执行 BIOS 中的指令来搜索磁盘上的操作系统文件。早期 ROM 不能修改或更新数据,随着技术的发展,ROM 中数据已经可以更新。

② 随机存储器　是一种既可"读"又可"写"、断电后数据会丢失的存储器。相对于 ROM 来说,RAM 的容量较大,是通常所说的主存储器。

③ 缓冲存储器　是介于 CPU 和内存之间的一种可高速存取信息的芯片,是 CPU 和 RAM 之间的桥梁,用于解决它们之间的速度冲突问题。

(2) 外存储器。外存储器简称外存,又称辅助存储器(辅存),主要用来长期存放"暂时不用"的程序和数据。通常外存不和计算机的其他部件直接交换数据,只和内存 RAM 交换数据。外存储器与内存储器相比,具有存储容量大、性价比高、脱机情况下可永久保存信息等优点,但速度较内存储器慢得多。常用的外存有磁盘存储器、光盘存储器、可移动存储器和 U 盘。

综上所述,内存和外存的不同之处,如表 1-1-3 所示。

表 1-1-3　内存和外存的区别

	内存	外存		内存	外存
速度	快	慢	存储信息	当前正在执行的	暂时不使用的
位置	主机内部	主机外部	断电	内容丢失	内容不丢失
CPU 访问	可以直接访问	不能直接访问			

4. 输入/输出设备

输入设备用于将用户输入的程序、数据和命令转换为计算机能识别的数据形式并保存到计算机存储

器中,以便于计算机处理。常用的输入设备有键盘、鼠标、扫描仪、光笔、数码相机、摄像机、麦克风等。

输出设备的功能是将计算机内部的二进制数据转换成人们所能识别的信息形式。在微型计算机中,最常用的输出设备有显示器、打印机和绘图仪。

输入设备和输出设备简称 I/O(Input/Output)设备,又称为外部设备。

5. 总线

总线是用于在系统各组成部件之间传送数据的公用信号线,是一组物理导线。根据总线上传送信息的不同,分为地址总线、数据总线和控制总线。

（1）数据总线。数据总线(Data Bus,DB)是计算机用来传送数据和代码的总线,是双向信号线,可以从 CPU 送到内存或其他部件,也可以从内存或其他部件送到 CPU。通常,数据总线的位数与微机的字长相等,例如,64 位的 CPU 芯片,其数据总线也是 64 位。

（2）地址总线。地址总线(Address Bus,AB)是计算机用来传送地址的信号线,是单向传输的。地址总线的数目决定了直接寻址的范围,例如,16 根地址线可以构成 $2^{16}=65\ 536$ 个地址,可直接寻址 64 KB 地址空间;24 根地址线可直寻址 16 MB 地址空间。

（3）控制总线。控制总线(Control Bus,CB)用来传送控制器发出的各种控制信号,其中包括 CPU 送往内存和接口电路的读写信号、中断响应信号等,也包括其他部件送给 CPU 的信号(如时钟信号、中断申请信号、准备就绪等),它也是双向传输的。

五、计算机的工作原理

根据冯·诺依曼"存储程序"的概念,计算机的工作过程实际上就是存取指令和执行程序的过程。

1. 指令和程序

指令是能被计算机识别并执行的二进制代码,它规定了计算机能完成的某一种操作。一条指令通常由两个部分组成:操作码和操作数。操作码指明该指令要完成的操作的类型或性质(如加、减、取数等)。操作码的位数决定了一个机器指令的条数。当使用定长度操作码格式时,若操作码位数为 n,则指令条数可有 2n 条。操作数指操作对象的内容或者所在的存储单元地址(地址码),操作数在大多数情况下是地址码,地址码可以有 0~3 个,从地址码得到的是数据所在的地址,可以是源操作数的存放地址,也可以是操作结果的存放地址。计算机能够识别的所有指令的集合称为指令系统,通常包括数据传送指令、数据处理指令、程序控制指令、输入/输出指令和其他指令。程序是按一定顺序组织在一起的指令序列,其中的每条指令都规定了计算机执行的一种基本操作,计算机按程序安排的顺序执行指令,就可以完成需要解决的问题。

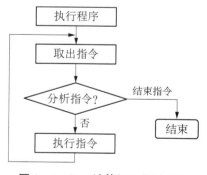

图 1－1－21　计算机工作过程图

2. 计算机的工作原理

计算机能够进行运算、处理复杂问题,第一步工作就是编制程序,由输入设备存入计算机存储器中。当需要运行时,逐条取出指令、分析指令、执行指令,把运算结果送回存储器指定的单元中去,直至遇到停止指令后,才终止执行。整个过程,如图 1－1－21 所示。

（1）取出指令:控制器从内存储器中取出指令送到指令寄存器。

（2）分析指令:对指令寄存器中存放的指令进行分析,由译码器对操作码进行译码,将指令的操作码转换成相应的控制电信号,并由地址码确定操作数的地址。

（3）执行指令:由操作控制线路发出控制信息,以完成该指令所需要的操作。

（4）为执行下一条指令做准备:程序计数器加 1 指向存放下一条指令的地址,最后控制单元将执行结果写入内存。

计算机的工作就是执行程序,即自动、连续地执行一系列指令,而程序开发人员的工作就是编制程序。

六、计算机软件系统

软件系统是指程序、程序运行所需要的数据以及开发、使用和维护这些程序所需要的文档的集合。如果把计算机硬件系统比成人的躯体,那么计算机软件系统就好比人的灵魂。一台计算机如果只有硬件系统而没有软件,几乎不能完成任何有意义的工作。我们把没有配置任何软件系统的计算机称为"裸机"。软件系统可分为两类,一类是系统软件,另一类是应用软件。

1. 系统软件

系统软件是管理、监控和维护计算机资源的软件,是用来扩展计算机功能、提高计算机工作效率、方便用户使用的软件。系统软件是计算机正常运转所不可缺少的,是硬件与软件的接口。一般情况下,系统软件分为操作系统、程序设计语言、语言处理程序、数据库系统和服务程序。

(1)操作系统。操作系统是指管理机器、管理用户、合理调度计算机全部软硬件资源的程序集合。

(2)程序设计语言。

① 机器语言:机器语言是指用计算机能识别的 0 和 1 指令代码表达的程序设计语言,是由一系列机器指令所构成的。机器语言是计算机唯一能直接识别和执行的计算机语言。

② 汇编语言:汇编语言是指用一些能反映指令功能的助记符来表达机器指令的符号式语言。

③ 高级语言:高级语言是用类似于人们熟悉的自然语言和数学语言形式来描述解决实际问题的计算机语言,是独立于机器的一种程序设计语言。目前,常见的高级语言有 Basic、Fortran、Pascal、C 语言等,这些均是面向过程的高级程序设计语言。

④ 第四代程序设计语言(4GL):为了更好地用计算机来描述、表达和处理现实世界的对象,提出了面向对象(非过程化)的高级程序设计语言,一般将其归为第四代程序设计语言。4GL 是面向问题、非过程化的程序设计语言。使用这种语言设计程序时,用户不必给出解题过程的描述,仅需要向计算机提出所要解决的问题就可以,至于如何完成、采用什么算法和代码等,则是计算机软件的问题。

比较常见的有 C++、Visual Basic、Visual C++、Java(一种新型的跨平台的面向对象程序设计语言,适用于网络应用开发)等。

(3)语言处理程序。

① 源程序:用汇编语言或高级语言编制的程序叫源程序。

② 目标程序:目标程序是指源程序经过翻译加工后得到的机器语言程序,可由计算机直接执行。目标程序也被称为目标代码、目的程序或结果程序。

③ 语言处理程序:语言处理程序是指将源程序翻译成机器能识别的目标程序的系统程序。"翻译程序"通常有汇编、编译和解释 3 种类型。汇编是将用户编写的汇编语言程序(源程序)"翻译"为目标程序;而将用户编写的高级语言程序(源程序)"翻译"为目标程序,则有编译和解释两种方式。一般的翻译过程,如图 1-1-22 所示。

图 1-1-22　汇编、编译和解释

(4)服务程序。服务程序是专门为系统维护及使用进行服务的一些专用程序。常用的服务程序有系统设置程序、诊断程序、纠错程序、编辑程序、文件压缩程序、防病毒程序等。

(5)数据库系统(DBS)。数据库系统由数据库(DB)、数据库管理系统(DBMS)、数据库应用软件、数据库管理员和硬件等组成。目前,常用的数据库管理系统有 Access、VFoxPro、SQL Server、Oracle、Sybase 等。

利用数据库管理系统的功能,以及设计、开发符合自己需求的数据库应用软件,是目前计算机应用最为广泛并且发展最快的领域之一。

2. 应用软件

应用软件是指用户在各自的业务领域中开发和使用的解决各种实际问题的程序集合。

目前,应用软件可分为专用和通用应用软件两种。随着计算机应用领域的扩大,应用程序越来越多。通用软件和专用软件之间一般没有较严格的界限。

(1)通用应用软件。通用应用软件是为解决某一类问题而设计的多用途软件,是由软件开发商发布发行、使用范围广泛的软件,例如,办公软件 Microsoft Office、WPS,图像处理软件 Photoshop、ACDSee,浏览器 IE 等。

（2）专用应用软件。专用应用软件是为解决某一具体问题而设计的软件，是由用户自行开发或委托软件企业开发、在单位或行业内使用的软件，例如，银行管理软件、某单位的工资管理软件等。

七、计算机系统的性能指标

要全面衡量一台计算机系统的性能，需要考虑系统结构、指令系统、硬件的配置、软件的配置等诸多因素，以下技术指标是主要考虑对象。

（1）字长。字长是 CPU 能够直接处理的二进制数据位数，它直接关系到计算机的计算精度、功能和速度。字长越长，处理能力就越强。目前常见的微机字长有 32 位和 64 位。

（2）运算速度。运算速度是指计算机每秒所能执行的指令条数，一般用百万条指令/秒（MIPS）为单位。

（3）主频。主频是指计算机的时钟频率，单位用 GHz 表示。

（4）内存容量。内存容量是指内存储器中能够存储信息的总字节数，一般以 MB 和 GB 为单位。

（5）指令系统。指令系统是表征一台计算机性能的重要因素，它的格式与功能不仅直接影响机器的硬件结构，而且也直接影响系统软件和机器的适用范围。

（6）外部设备系统配置。主要指计算机系统配置各种外设的可能性和适应性。

（7）软件配置。包括操作系统、计算机语言、数据库语言、数据库管理系统、网络通信软件、汉字支持软件及其他各种应用软件。

（8）可靠性与性价比。可靠性主要指计算机系统的安全性和稳定性；性价比是指所选配计算机的性能价格比，比值越大越好，购买时不能盲目追求最新或最贵的。

八、计算机在信息社会的应用

计算机问世之初主要用于数值计算，"计算机"也因此而得名。随着计算机的应用领域不再局限于数值计算，卫星、航天飞机、汽车、通信设备、医疗器械、教学设备、生产控制和管理、银行、仓库、商店、办公室，甚至家庭中的各种电器都能见到计算机的身影。它改变了人类的工作、学习和生活方式，推动着社会的发展。未来计算机将进一步深入人们的生活，将更加人性化，甚至改变人类现有的生活方式。数字化生活可能成为未来生活的主要模式，人们离不开计算机，计算机也将更加丰富多彩。

归纳起来，计算机的应用主要有以下八个方面。

1. 科学计算

科学计算是计算机最早的应用领域，世界上第一台计算机就是为进行复杂的科学计算而研制的。今天，科学计算在计算机应用中所占的比重虽然不断下降，但是在天文、地质、生物、数学等基础科学研究，以及空间技术、新材料研究、原子能研究等高新技术领域中，仍占有重要地位。

2. 数据处理

数据处理是指对数据的收集、存储、整理、检索、统计等，是计算机应用最为广泛的领域。据统计，用于数据处理的计算机约占整个计算机应用的 60% 左右。目前，数据处理已广泛地应用于办公自动化、企事业计算机辅助管理与决策、情报检索、图书管理、电影电视动画设计、会计电算化等各行各业。

3. 过程控制

过程控制也称为实时控制，是指用计算机及时采集检测数据，按最佳值迅速地对控制对象进行自动控制或自动调节，主要用于实现生产过程自动化控制。例如，用计算机控制发电，对锅炉水位、温度、压力等参数进行优化控制，可使锅炉内燃料充分燃烧，提高发电效率；同时，计算机可完成超限报警，使锅炉安全运行。采用计算机进行过程控制，可以提高控制的及时性和准确性，改善劳动条件，提高产品质量及合格率。因此，计算机过程控制已在机械、冶金、石油、化工、纺织、水电、航天等部门得到广泛的应用。

4. 电子商务

电子商务通常是指在全球各地广泛的商业贸易活动中，在因特网开放的网络环境下，基于浏览器/服务器应用方式，买卖双方不谋面地进行各种商贸活动，实现消费者的网上购物、商户之间的网上交易和在线电子支付，以及各种商务活动、交易活动、金融活动和相关综合服务活动的一种新型商业运营模式。

按照交易对象，电子商务可以分为企业对企业的电子商务（B2B）、企业对消费者的电子商务（B2C）、企业对政府的电子商务(B2G)、消费者对政府的电子商务(C2G)、消费者对消费者的电子商务(C2C)、企业、消费者和代理商三者相互转化的电子商务(ABC)、以消费者为中心的全新商业模式(C2B2S)、以供需方为目标的新型电子商务(P2D)。

5. 多媒体应用

多媒体技术就是将文本、图形、图像、动画、音频、视频等多种媒体信息通过计算机进行数字化采集、获取、压缩或解压缩、编辑、存储等加工处理,使多种媒体信息建立逻辑连接,集成为一个系统,并具有交互性。随着计算机软硬件技术的发展以及声音、视频处理技术的成熟,已经有众多的多媒体产品陆续进入市场,并且已经进入计算机应用的各个领域。多媒体技术与产品不仅仅局限于一个专门的领域,它提供了处理声音、图像、视频等最普通直观信息的方法手段,使得计算机除了能处理文字、数据等信息以外,还可以处理声音、图像、视频等信息,大大增强了计算机应用的深度和广度。多媒体技术的发展与成熟,为计算机应用翻开了新的一页,必将会对计算机业乃至整个社会带来深远的影响。

6. 计算机辅助工程

计算机辅助工程是以计算机为工具、配备专用软件辅助人们完成特定任务的工作,以提高工作效率和工作质量为目标。

计算机辅助设计(Computer Aided Design,CAD)是指使用计算机的计算、逻辑判断等功能,帮助人们进行产品和工程设计。它能使设计过程自动化,设计合理化、科学化、标准化,大大缩短设计周期,以增强产品在市场上的竞争力。CAD技术已广泛应用于建筑工程设计、服装设计、机械制造设计、船舶设计等行业。

计算机辅助制造(Computer Aided Manufacturing,CAM)是指利用计算机通过各种数值控制生产设备,完成产品的加工、装配、检测、包装等生产过程的技术。

计算机集成制造系统(Computer Integrated Manufacturing Systems,CIMS)是在信息技术、自动化技术、制造技术与现代管理技术的基础上,通过计算机技术把分散在产品设计、制造过程中各种孤立的自动化子系统有机地集成起来,形成适用于多品种、小批量生产,实现整体效益的集成化和智能化制造系统。

计算机辅助教育(Computer-Based Education,CBE)是指以计算机为主要媒介所进行的教育活动,包括计算机辅助教学(Computer Assisted Instruction,CAI)、计算机辅助测试(Computer Aided Testing,CAT)和计算机辅助管理教学(Computer Managed Instruction,CMI)等。

7. 人工智能

人工智能(Artificial Intelligence,AI)是指计算机模拟人类的智能活动,如感知、判断、理解、学习、问题求解和图像识别等。目前人工智能的研究已取得不少成果,有些已开始走向实用阶段。例如,中国科学院自动化研究所的基于人脸识别的电子票系统已成功应用于北京2008年奥运会;西门子公司的交通监控不仅能探测隧道中慢行或停止的汽车,还可以探测处于U形弯道处的违规汽车,并可以自动探测可疑的行李。

8. 计算机网络通信

计算机网络通信就是将分布在不同地点、不同机型的计算机用通信线路连接起来,组成一个规模大、功能强的计算机群,实现资源共享,是通信技术与计算机技术相结合的产物。人们可以通过网络接受教育、浏览信息、网上购物等,网络改变了人们的生活方式。

计算机除了以上应用外,还可用于虚拟现实等领域,且还在不断地向更广泛的领域扩展。

九、计算机新技术

计算机新技术的发展日新月异。从现今的技术角度来说,在21世纪初将得到快速发展,具有重要影响的新技术有云计算、嵌入式计算机和中间件技术等。

1. 云计算

云计算(Cloud Computing)是基于因特网的相关服务的增加、使用和交付模式,通常涉及通过因特网来提供动态、易扩展且经常是虚拟化的资源。云是网络、因特网的一种比喻说法。过去在图中往往用云来表示电信网,后来也用来表示因特网和底层基础设施的抽象。因此,云计算甚至可以体验每秒10万亿次

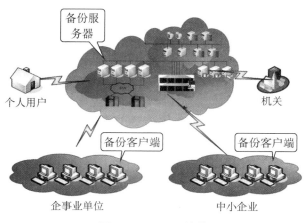

图 1－1－23　云计算

的运算能力,拥有这么强大的计算能力,可以模拟核爆炸、预测气候变化和市场发展趋势。用户可以通过计算机、笔记本、手机等方式接入数据中心,按自己的需求进行运算,如图 1－1－23 所示。

2. 嵌入式计算机

通俗地说,嵌入式技术就是"专用"计算机技术,这个专用是指针对某个特定的应用(如针对网络、通信、音频、视频、工业控制等)。从学术的角度,嵌入式系统是以应用为中心,以计算机技术为基础,并且软硬件可裁剪,适用于应用系统对功能、可靠性、成本、体积、功耗有严格要求的专用计算机系统,它一般由嵌入式微处理器、外围硬件设备、嵌入式操作系统和用户的应用程序等 4 个部分组成。

嵌入式计算机在应用数量上远远超过各种通用计算机,一台通用计算机的外部设备中就包含 5～10 个嵌入式微处理器,键盘、鼠标、软驱、硬盘、显示卡、显示器、Modem、网卡、声卡、打印机、扫描仪、数字相机、USB 集线器等,均是由嵌入式处理器控制的。在制造工业、过程控制、通讯、仪器、仪表、汽车、船舶、航空、航天、军事装备、消费类产品等方面,均是嵌入式计算机的应用领域。嵌入式系统是将先进的计算机技术、半导体技术、电子技术和各个行业的具体应用相结合后的产物,这一点就决定了嵌入式系统必然是一个技术密集、资金密集、高度分散、不断创新的知识集成系统。

3. 中间件技术

中间件是介于应用软件和操作系统之间的系统软件,如图 1－1－24 所示。中间件是一种独立的系统软件或服务程序,分布式应用软件借助这种软件在不同的技术之间共享资源。中间件位于客户机/服务器的操作系统之上,管理计算机资源和网络通讯,是连接两个独立应用程序或独立系统的软件。即使相连接的系统具有不同的接口,但通过中间件相互之间仍能交换信息。执行中间件的一个关键途径是信息传递。通过中间件,应用程序可以工作于多平台或 OS 环境。

图 1－1－24　中间件技术

中间件处于操作系统软件与用户应用软件的中间。中间件在操作系统、网络和数据库之上、应用软件的下层,总的作用是为处于自己上层的应用软件提供运行与开发的环境,帮助用户灵活、高效地开发和集成复杂的应用软件。

图 1－1－25　模拟攒机

自主实践活动

(1)通过网络或其他渠道,进一步了解计算机各部件的分类、性能及生产厂家等情况,讨论计算机的系统结构和工作原理。

(2)参照中关村在线(http://www.zol.com.cn)中的"模拟攒机",如图 1－1－25 所示。为自己或同学制定一套装机方案。

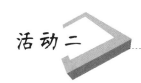

活动二 让计算机动起来

活动要求

硬件组装完成后,计算机还不能进行工作。为了使计算机按照人们的要求进行工作,还必须安装必要的软件。同时,作为一个使用者,必须掌握一定的计算机操作常识与方法,以及常用软件的使用。本活动要求首先要安装好系统软件和各种应用软件,为自己使用计算机开展工作做准备。

活动分析

一、思考与讨论

(1)计算机软件是按什么顺序进行安装的?参见图1-2-1。

(2)你所使用的计算机的配置能否支持 Windows 7 操作系统?

(3)除了准备好 Windows 7 安装系统盘外,还需准备哪些驱动程序软件?

(4)如何安装 Windows 7 操作系统?

(5)如何安装各种设备的驱动程序?

(6)如何安装与卸载各种应用软件?

二、总体思路

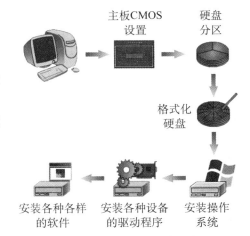

图1-2-1 软件安装顺序

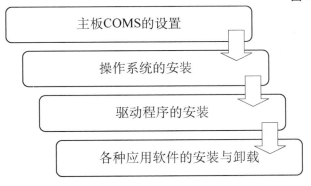

图1-2-2 活动二的流程图

方法与步骤

一、主板 COMS 的设置

CMOS 是主板上的一块可读写的 RAM 芯片,主要用来保存当前系统的硬件配置和操作人员对某些参数的设定。CMOS RAM 芯片由系统通过一块后备电池供电,因此无论是在关机状态中,还是遇到系统掉电的情况,CMOS 信息都不会丢失。

计算机开机时会出现这样的图形或文字,如图1-2-3所示,通常一闪而过,但一定会显示按什么键可以进入 COMS 设置。不同的机型会有不同的按键,一般是按 DEL 或 F2 键不放,直到出现 BIOS

图1-2-3 执行 BIOS 程序

设置的窗口，就可以进行相应设置。在安装操作系统时，最关键的是要设置引导启动顺序，如果是安装光盘，就要先将安装光盘放入光驱，再设置第一启动项为光驱（CD/DVD 或 ODD，代表光驱的一项），存盘退出，并重新启动计算机。

 点拨

如果是 U 盘启动，就设置 U 盘（USB-HDD）为第一启动项。

二、Windows 7 操作系统的安装

设置好 COMS 后，将 Windows 7 操作系统（32位或 64 位）安装光盘放入光驱。重新启动计算机几秒后，屏幕上会出现"Press any key to boot from CD or DVD..."的字样，此时需要按下键盘上的任意键以继续光驱引导，随后进入安装向导界面。

1. 加载文件，设置安装选项，单击"下一步"按钮

选择语言、时间、输入法，如图 1-2-4 所示，单击"下一步"按钮。在打开新的界面，单击"现在安装"按钮，开始系统的安装。在出现许可协议对话框中，选择"我接受许可条款"，如图 1-2-5 所示，单击"下一步"按钮。

图 1-2-4 安装选项

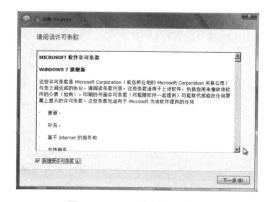

图 1-2-5 同意许可协议

 点拨

同意许可协议是对所使用软件的一种承诺，保护知识产权是诚信品质的一种体现。

2. 选择系统安装位置，对硬盘进行分区和格式化

选择系统安装位置，如图 1-2-6 所示，单击"驱动器选项（高级）"按钮。打开新的界面，如图 1-2-7 所示，单击"新建"按钮，在下面的"大小"处，输入分区的大小，再点"应用"按钮完成硬盘分区（可以分出多个分区）。然后再选中分区，点"格式化"按钮完成硬盘格式化，单击"下一步"按钮。随后将有一段较长的自动安装过程，不需要操作。

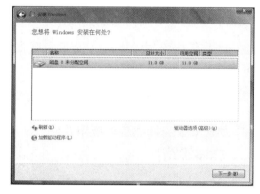

图 1-2-6 选择系统安装位置

图 1-2-7 硬盘进行分区和格式化

3. 设置账户和密码，输入产品密钥

在相应文本框中输入用户名和计算机名称，如图 1-2-8 所示，单击"下一步"按钮。在"为账户设置密码"对话框中的"键入密码"、"再次键入密码"和"键入密码提示"文本框，分别输入用户密码和密码提示，单击"下一步"按钮。在"产品密钥"文本框中，填写产品密钥，选中"当我联机时自动激活Windows"复选框，如图 1-2-9 所示，单击"下一步"按钮。

图 1-2-8　设置账户和密码

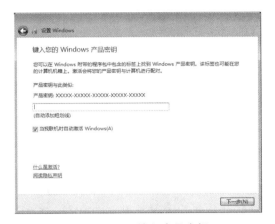

图 1-2-9　输入产品密钥

 点拨

计算机设置密码是对计算机中内容保护的一种手段,一定要记住;软件产品密钥是软件开发者对软件知识产权保护的一种手段,一般随软件一起提供。

4. 进行相关内容的设置,完成系统安装

设置更新、设置时间和日期,进行个性化设置。进入如图 1-2-10 所示界面,完成 Windows 7 系统安装。

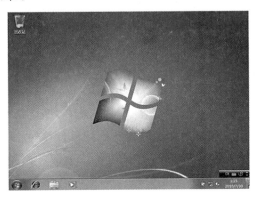

图 1-2-10　完成系统安装

三、驱动程序的安装

Windows 7 操作系统已经安装完毕,计算机可以正常使用,但一些设备还不能达到最佳效果,有的设备甚至还不能正常使用,这时还应该安装有关的驱动程序。

驱动程序的基本安装方法主要有以下 3 种:

(1) 通过驱动程序包中的 Setup(Autoexec. exe)安装文件安装;

(2) 通过第三方软件安装(如驱动精灵、自由天空驱动包等安装);

(3) 通过驱动信息文件 INF 手动安装。

前两种方法都比较简单,只要执行相应安装文件,按照安装向导的提示执行即可。但很多时候下载的驱动文件中并没有可执行的安装程序,只有包含硬件 ID 信息的 INF 文件,这时就需要用第三种方法定位相应的 INF 驱动文件进行安装,这种方法稍显繁琐。

1. 安装网卡驱动

(1) 准备好与 Windows 7 操作系统类型(32位或 64 位)相对应的网卡驱动程序。在“桌面”上右击“计算机”图标,在弹出的快捷菜单中单击“属性”。在出现的“系统”对话框中的“系统类型”项确定操作系统类型,如图 1-2-11 所示。

图 1-2-11　确定操作系统类型

(2) 在“系统”对话框中,单击“设备管理器”按钮,在出现的“设备管理器”对话框中找到“以太网控制器”项,点击右键,在弹出的快捷菜单中选择“更新驱动软件”,如图 1-2-12 所示。

图 1-2-12　更新驱动软件

（3）在"更新设备驱动程序向导"对话框中，如图 1-2-13 所示，选择"浏览计算机以查找驱动程序软件"项。

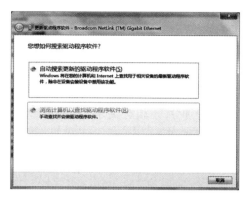

图 1-2-13　浏览计算机以查找驱动程序软件

在出现如图 1-2-14 所示对话框中，单击"浏览"按钮，找到已准备好的网卡驱动程序文件，单击"确定"按钮。

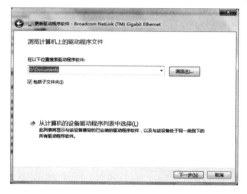

图 1-2-14　更新驱动软件

（4）单击"下一步"按钮，进入安装界面，在出现如图 1-2-15 所示对话框中，单击"关闭"按钮，完成网卡驱动程序的安装。

图 1-2-15　完成网卡驱动程序的安装

2. 其他设备驱动程序的安装

其他设备驱动程序的安装与网卡驱动程序的安装类似，此处略去。

四、打印机设置

利用打印机进行文档打印，必须将打印机连接到计算机。将打印机连接到计算机的方式有多种，选择哪种方式取决于设备本身，以及您是在家中还是在办公室。对打印机的操作分为添加打印机、设置默认打印机及删除打印机。

1. 添加打印机

用来安装打印机的驱动程序，可以安装本地打印机或是网络打印机。其操作步骤如下：

（1）单击"开始"→"控制面板"命令，出现"控制面板"窗口。单击窗口中的"硬件和声音"链接，出现"硬件和声音"窗口。

（2）单击"设备和打印机"下面的"添加打印机"命令，将出现提示向导。可按照提示进行本地打印机或网络打印机的安装。

或者按照以下步骤进行安装：单击"开始"→"设备和打印机"，将弹出"设备和打印机"窗口，单击"添加打印机"命令，根据提示进行安装。

2. 设置默认打印机

如果系统中安装了多台打印机，在执行具体的打印任务时可以选择打印机，或者将某台打印机设置为默认打印机。要设置默认打印机，打开"设备和打印机"窗口，在某台打印机图标上右键单击，在快捷菜单中单击"设为默认打印机"即可。默认打印机的图标左上角有一个"√"标志。

3. 删除打印机

首先要打开"设备和打印机"窗口。右键单击要删除的打印机，单击"删除设备"，然后单击"是"。如果无法删除打印机，请再次右键单击，依次单击"以管理员身份运行"、"删除设备"，然后单击"是"。如果系统提示您输入管理员密码或进行确认，请键入该密码或提供确认。

五、添加或删除程序

1. 添加新程序

（1）从 CD 或 DVD 安装程序：将光盘插入光驱，然后按照屏幕上的说明操作。如果系统提示输入管理员密码或进行确认，请键入该密码或提供确认。

（2）从 CD 或 DVD 安装的许多程序会自动启动程序的安装向导。在这种情况下，将显示"自动播放"对话框，然后可以进行选择运行该向导。

（3）如果程序无法安装，请检查程序附带的信息。该信息可能会提供手动安装该程序的说明。如果无法访问该信息，还可以浏览整张光盘，然后打开程序的安装文件,文件名通常为"Setup. exe"或"Install. exe"。

(4) 如果程序是由 Windows 某个早期版本编写的,运行"程序兼容性疑难解答",按提示操作。

2. 删除程序

(1) 单击"开始"→"控制面板"命令,出现"控制面板"窗口。

(2) 单击"程序"链接,出现如图 1-2-16 所示的窗口。

图 1-2-16 "程序"管理窗口

(3) 单击"程序和功能"链接下的"卸载程序"链接,将出现系统中已安装的所有应用程序名称。

(4) 在窗口的列表中选定要删除的程序。

(5) 单击"卸载"按钮,即可将已经安装的程序从 Windows 7 中进行卸载。

如果安装的应用程序有自带的卸载程序,也可通过"开始"菜单,找到该应用程序所在的文件夹,然后单击其中的"卸载程序"进行卸载。

3. 打开或关闭 Windows 功能

Windows 附带的某些程序和功能(如 Internet 信息服务)必须打开才能使用。某些其他功能默认情况下是打开的,但可以在不使用它们时将其关闭。在 Windows 的早期版本中,若要关闭某个功能,必须从计算机上将其完全卸载。在 Windows 7 版本中,这些功能仍存储在硬盘上,以便可以在需要时重新打开它们。关闭某个功能不会将其卸载,并且不会减少 Windows 功能使用的硬盘空间量。若要打开或关闭 Windows 功能,可按照下列步骤操作:

(1) 依次单击"开始"→"控制面板"→"程序"→"打开或关闭 Windows 功能"。如果系统提示输入管理员密码或进行确认,请键入该密码或提供确认。

(2) 若要打开某个 Windows 功能,请选择该功能旁边的复选框。若要关闭某个 Windows 功能,清除该复选框,最后单击"确定",如图 1-2-17 所示。

图 1-2-17 "打开或关闭 Windows 功能"窗口

知识链接

一、操作系统

1. 操作系统的概念

操作系统是管理和控制计算机所有的硬件和软件资源的一组程序。操作系统合理地组织计算机的工作流程,向用户提供操作使用计算机的各种命令。有了操作系统,用户无需了解计算机的硬件特性和软件运行的复杂过程,只需通过键盘输入操作命令或者用鼠标点击各种菜单提供的功能,就可控制、指挥计算机执行程序,完成相应操作。

一台没有任何软件支撑的计算机称为裸机。人们直接在裸机上编制、运行程序是非常困难的,且效率非常低。操作系统直接运行在裸机之上,是对计算机硬件系统的第一次扩充,在操作系统的支持下,用户才能简单、直观、快捷地操作计算机,计算机才能更好地运行其他各种软件,如图 1-2-18 所示。操作系统具有并发性、共享性、虚拟性和异步性的特性。

图 1-2-18 操作系统

2. 操作系统的功能

操作系统是一个庞大的管理控制程序,按照资源管理的观点,人们把操作系统的功能分为处理器管理、设备管理、文件管理、存储器管理、作业管理。

(1) 处理器管理。主要是对处理器进行处理,又称为进程管理。CPU 是计算机系统的核心部件,是最宝贵的资源,它的利用率高低将直接影响计算机的处理效率。当有一个(或多个)用户提交作业请求服务时,操作系统对进程的管理是协调各作业之间的运行,充分发挥 CPU 的作用,为所有的用户服务,提高计算机的使用效益,使 CPU 的资源得到充分利用。

(2) 设备管理。设备管理是计算机外部设备与用户之间的接口。其功能是对设备资源进行统一管理,负责分配、回收外部设备和控制设备运行。用户使用外部设备时,不是直接调用该设备,而是通过输入命令或程序提出的要求向操作系统提出申请,由操作系统中的设备管理程序负责该任务分配设备并控制运行。任务完成后,操作系统及时回收资源。

(3) 文件管理。文件管理是对计算机系统软件资源的管理。用户的程序和数据都是以文件的形式存放在外存储器上,使用时从外存储器中调入内存,机器才能执行。操作系统负责对文件的组织、存取、删除、保护等管理,以便用户能方便、安全地访问文件。

(4) 存储器管理。主要是对内存储器管理,只有当程序和数据调入内存中,CPU 才能直接访问和执行。操作系统对内存储器的管理主要体现在两方面:对内存储器资源的统一管理,以达到合理利用内存空间的目的,当程序和数据装入内存时,操作系统首先要分配存储空间,任务完成后要收回存储空间供其他程序使用。对内存中的程序和数据进行保护,当程序和数据装入内存后,防止一个用户干扰或破坏另一个用户的程序和数据,存储管理使程序的运行和数据的访问相对独立和安全。

(5) 作业管理。作业就是用户提交给计算机的程序和处理的原始数据。作业管理的功能表现为作业控制和作业调度,使用户的作业能顺利完成,同时为用户提供一个使用计算机系统的友好界面,使用户能方便地运行自己的作业。

3. 操作系统的分类

目前操作系统种类繁多。常见的分类方法包括:

(1) 按使用环境和作业处理方式,分为批处理、分时、实时系统。

(2) 按支持用户数目,分为单用户(如 MS DOS、Windows XP 等)和多用户操作系统(如 UNIX、XENIX、Windows 7 等)。

(3) 按可同时运行任务数量,分为单任务(如早期的 MS DOS)和多任务操作系统(现在常用的操作系统都是多任务)。

(4) 按硬件结构,分为网络和个人计算机操作系统(如 Windows XP/7、Windows NT、UNIX 等)。

(5) 按用户对话界面,分为命令行界面(如 MS DOS、Novell 等)和图形界面操作系统(如 Windows 等)。

一个具体的操作系统可能具有上面多种分类的特点。下面简要介绍批处理系统、分时操作系统、实时操作系统、个人计算机操作系统和网络操作系统。

(1) 批处理系统。用户将作业交给系统操作员,系统操作员将许多用户作业组成一批作业之后输入计算机,在系统中形成一个自动转接的连续的作业流,然后启动操作系统,系统自动、依次执行每个作业。其特点是多道和成批处理。

(2) 分时操作系统。用户接受交互式的向系统提出命令请求,系统接受每个用户的命令,采用时间片轮转方式处理服务请求,并通过交互方式在终端上向用户显示结果。其特点是多路性、交互性、独占性、及时性。典型的分时操作系统有 UNIX、Linux 等。

(3) 实时操作系统。实时操作系统是指使计算机能及时响应外部事件的请求,在规定的严格时间内完成对该时间的处理,并控制所有实时设备和实时任务协调一致地工作。根据具体应用领域的不同,又分为实时控制系统(如导弹发射系统、飞机自动导航系统)和实时信息系统(如机票订购系统、联机检索系统)。

(4) 个人计算机操作系统。供个人使用,功能强、价格便宜,可以在几乎任何地方安装使用。它能满足一般人操作、学习、游戏等方面的需求。采用图形界面人机交互的工作方式,界面友好;使用方便,用户无需专门学习,也能熟练操纵机器。

(5) 网络操作系统。网络操作系统基于计算机网络,是在各种计算机操作系统上按网络体系结构协议标准开发的软件,包括网络管理、通信、安全、资源共享和各种网络应用。

4. 常用操作系统简介

目前常用的操作系统有 MS DOS、Windows、Unix、Linux、Mac OS 等。

(1) MS DOS。MS - DOS 是 Microsoft Disk Operating System 的简称,即美国微软公司提供的磁盘操作系统,一般简称为 DOS。

(2) Windows。Windows 操作系统是美国微软公司在 DOS 基础上发展起来的一种图形界面操作系统。与 DOS 相比,Windows 功能更加强大,用户界面更为直观,操作更为方便,是目前微机上使用最普遍的操作系统。系统版本从最初的 Windows 1.0,到大家熟知的 Windows 95、Windows 98、Windows ME、Windows 2000、Windows 2003、Windows XP、Windows Vista、Windows 7、Windows 8、Windows 8.1、Windows 10(2015 年正式发布)和 Windows Server 服务器企业级操作系统,不断持续更新。微软一直在致力于 Windows 操作系统的开发和完善。

(3) Unix。Unix 是一个功能强大的多用户、多任务操作系统,支持多种处理器架构。经过长期的发展和完善,Unix 已成长为一种主流的操作系统技术和基于这种技术的产品大家族。

(4) Linux。Linux 是一套免费使用和自由传播、类似于 Unix 的操作系统,主要用于基于 x86 系列 CPU 的计算机上。这个系统是由世界各地成千上万的程序员设计和实现的。其目的是建立不受任何商品化软件版权制约、全世界都能自由使用的 Unix 兼容产品。

(5) Mac OS。Mac OS 是一套运行于苹果 Macintosh 系列电脑上的操作系统,是苹果机专用系统,它基于 Unix 内核的图形化操作系统,是首个在商用领域成功的图形用户界面,一般情况下在普通 PC 上无法安装。Mac OS 操作系统界面非常独特,突出形象的图标和人机对话,以简单易用和稳定可靠著称,广泛用于桌面出版和多媒体应用等领域。

 点拨

> 在常用智能手机操作系统中,Google 的 Android(安卓)、苹果的 iOS、微软的 Windows Phone(简称 WP)三足鼎立。

二、二进制

计算机最基本的功能是对数据进行计算和加工处理,这些数据包括数值、字符、图形、图像、声音等。在计算机系统中,这些数据都要转换成 0 和 1 的二进制形式存储,也就是二进制编码。了解这些知识对提高自己的信息素养有很大帮助。

1. 进位记数制

在日常生活中我们经常使用不同的进位计数制,例如,123 就是十进制;一年有 12 个月就用到十二进制;1 小时等于 60 分钟就用到六十进制,而在计算机中所有的数据均采用二进制数表示;为了书写和表示方便,还引进了八进制数和十六进制数。

无论采用哪一种进制表示,都涉及数码、基数、位权三个基本概念。

(1) 数码。该进制中固有的基本符号。例如,十进制有 0,1,2,…,9 共 10 个数码,二进制有 0 和 1 两个数码。

(2) 基数 R。该进制中允许选用的基本数码的个数,用 R 表示。例如,十进制数的基数 R 为 10,进位原则是"逢十进一";二进制数的基数 R 为 2,进位原则是"逢二进一"。

(3) 位权 R^n,又称"权",是指一个数的每一个固定位置所表示的单位值的大小。它是一个常数,用 R^n 表示。例如,十进制数 432,由 4,3,2 三个数码排列而成,4 在百位,代表 400(4×10^2),3 在十位,代表 30(3×10^1),2 在个位,代表 2(2×10^0),它们分别具有不同的位权,4 所在数位的位权为 10^2,3 所在数位的位权为 10^1,2 所在数位的位权为 10^0。再比如二进制的 111,它的位权从左至右分别为 2^2,2^1,2^0。

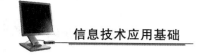

例如:将十进制数 356.27 写成按权展开式的形式为

$$356.27 = 3 \times 10^2 + 5 \times 10^1 + 6 \times 10^0 + 2 \times 10^{-1} + 7 \times 10^{-2}$$

把 $(1011.001)_2$ 写成按权展开式的形式为

$$(1011.001)_2 = 1 \times 2^3 + 0 \times 2^2 + 1 \times 2^1 + 1 \times 2^0 + 0 \times 2^{-1} + 0 \times 2^{-2} + 1 \times 2^{-3}$$

把 $(21.25)_8$ 写成按权展开式的形式为

$$(21.25)_8 = 2 \times 8^1 + 1 \times 8^0 + 2 \times 8^{-1} + 5 \times 8^{-2}$$

把 $(F0A8)_{16}$ 写成按权展开式的形式为

$$(F0A8)_{16} = 15 \times 16^3 + 0 \times 16^2 + 10 \times 16^1 + 8 \times 16^0$$

可以看出,任何一种进位制数都可以表示成按位权展开的多项式之和的形式:

$$(X)_R = D_{n-1} \times R^{n-1} + D_{n-2} \times R^{n-2} + \cdots + D_0 \times R^0 + D_{-1} \times R^{-1} + \cdots + D_{-m} \times R^{-m}$$

其中,X 为 R 进制数,D 为数码,R 为基数,n 是整数位数,m 是小数位数,下标表示位置,上标表示幂的次数。

为了区别各种进制,一般可以在右下角注明进制,或者在数的后面加一个大写字母表示该数的进制,B 表示二进制,D 表示十进制,O 或 Q 表示八进制,H 表示十六进制。例如,$(12)_{10} = 12D = 12$,均表示十进制;$(101)_2 = 101B$,表示二进制;$(23)_8 = 23O$ 或 $23Q$,表示八进制;$(F2)_{16} = F2H$,表示十六进制。

常见进位计数制的表示,如表 1-2-1 所示。

表 1-2-1　常见进位计数制的表示

进位制	基数 R	数码	规则	位权 R^n	标识
二进制	2	0,1	逢二进一,借一当二	2^n	B 或 $(\cdots)_2$
八进制	8	0~7	逢八进一,借一当八	8^n	O,Q 或 $(\cdots)_8$
十进制	10	0~9	逢十进一,借一当十	10^n	D 或 $(\cdots)_{10}$
十六进制	16	0~9,A~F	逢十六进一,借一当十六	16^n	H 或 $(\cdots)_{16}$

2. 不同进位记数制之间的转换

(1) 将 R 进制数转换为十进制数。

方法:按权展开,然后按十进制运算法则把数值相加,即"乘权求和法"。

例 1-2-1　把二进制数 $(11010.101)_2$ 转换为十进制数。

解
$$\begin{aligned}
(11010.101)_2 &= 1 \times 2^4 + 1 \times 2^3 + 0 \times 2^2 + 1 \times 2^1 + 0 \times 2^0 + 1 \times 2^{-1} + 0 \times 2^{-2} + 1 \times 2^{-3} \\
&= 16 + 8 + 0 + 2 + 0 + 0.5 + 0 + 0.125 \\
&= (26.625)_{10}
\end{aligned}$$

例 1-2-2　把八进制数 $(51.32)_8$ 转换为十进制数。

解
$$\begin{aligned}
(51.32)_8 &= 5 \times 8^1 + 1 \times 8^0 + 3 \times 8^{-1} + 2 \times 8^{-2} \\
&= 40 + 1 + 0.375 + 0.03125 \\
&= (41.40625)_{10}
\end{aligned}$$

例 1-2-3　把十六制数 $(2BC.6A)_{16}$ 转换为十进制数。

解
$$\begin{aligned}
(2BC.6A)_{16} &= 2 \times 16^2 + 11 \times 16^1 + 12 \times 16^0 + 6 \times 16^{-1} + 10 \times 16^{-2} \\
&= 512 + 176 + 12 + 0.375 + 0.0390625 \\
&= (700.4140625)_{10}
\end{aligned}$$

(2) 将十进制数转换成 R 进制数。

将十进制数转换成 R 进制数时,应将整数部分和小数部分分别进行转换,然后再相加起来即可得出结果。

整数部分采用"除 R 倒取余"的方法,即将十进制数除以 R,得到一个商和余数,再将商除以 R,又得到一个商和一个余数,如此继续下去,直至商为 0 为止。将每次得到的余数按得到的顺序逆序排列,即为 R 进制的整数部分。

小数部分采用"乘 R 正取整"的方法,即将小数部分连续地乘以 R,保留每次相乘的整数部分,直到小数部分为 0 或达到精度要求的位数为止。将得到的整数部分按得到的顺序排列,即为 R 进制的小数部分。

例 1-2-4 把十进制数 $(126.375)_{10}$ 分别转换成为二进制数数、八进制数、十六进制数。

解

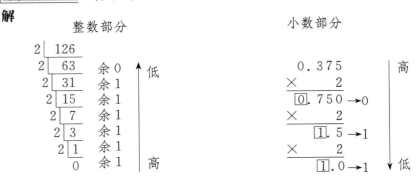

转换二进制的结果为

$$(126.375)_{10} = (1111110)_2 + (0.011)_2 = (1111110.011)_2$$

转换为八进制的结果为

$$(126.375)_{10} = (176)_8 + (0.3)_8 = (176.3)_8$$

转换为十六进制的结果为

$$(126.375)_{10} = (7E)_{16} + (0.6)_{16} = (7E.6)_{16}$$

如果出现乘积的小数部分一直不为 0,则可以根据精度的要求截取一定的位数即可,同时要进行"三舍四入"。例如,

$$(193.12)_{10} \approx (301)_8 + (0.0754)_8 \approx (301.0754)_8 \quad (\text{要求保留 4 位小数})$$

(3) 二、八、十六进制数的相互转换。

由于 $2^3 = 8$,即 3 位二进制数可以对应 1 位八进制数,如表 1-2-2 所示。$2^4 = 16$,即 4 位二进制数可以对应 1 位十六进制数,如表 1-2-3 所示。利用这种对应关系,可以方便地实现二进制数和八进制数、十六进制数的相互转换。

表 1-2-2 二进制数与八进制数转换对照表

二进制数	000	001	010	011	100	101	110	111
八进制数	0	1	2	3	4	5	6	7

表 1-2-3　二进制数与十六进制数转换对照表

二进制数	0000	0001	0010	0011	0100	0101	0110	0111
十六进制数	0	1	2	3	4	5	6	7
二进制数	1000	1001	1010	1011	1100	1101	1110	1111
十六进制数	8	9	A	B	C	D	E	F

① 八进制数、十六进制数转换成二进制数。

方法:将每位八进制数用 3 位二进制数替换,或将每位十六进制数用 4 位二进制数替换,按照原有的顺序排列,即可完成转换。若整数部分最高位为 0,可以把高位的 0 舍掉;若小数部分最低位为 0,可以把低位的 0 舍掉。

例 1-2-5　把八进制数 $(547.36)_8$,$(4E3D.65)_{16}$ 转换成二进制数。

解

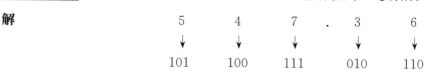

结果为

$$(547.36)_8 = (101100111.01011)_2$$

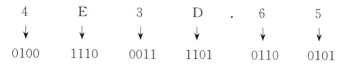

结果为

$$(4E3D.65)_{16} = (100111000111101.01100101)_2$$

② 二进制数转换成八进制数、十六进制数。

二进制数转换成八进制数的方法:以小数点为界,整数部分从右向左每 3 位分为一组,若不够 3 位时,在左面用"0"补足 3 位;小数部分从左向右每 3 位一组,不足 3 位右面补"0",然后将每 3 位二进制数用 1 位八进制数表示,即可完成转换。

二进制数转换成十六进制数的方法:以小数点为界,整数部分从右向左每 4 位分为一组,若不够 4 位时,在左面用"0"补足 4 位;小数部分从左向右每 4 位一组,不足 4 位右面补"0",然后将每 4 位二进制数用 1 位十六进制数表示,即可完成转换。

例 1-2-6　将二进制数 $(10011101.10011)_2$ 分别转换成八进制数、十六进制数。

解

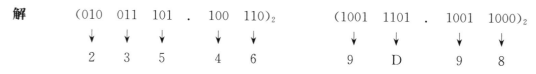

结果为

$$(10011101.10011)_2 = (235.46)_8 = (9D9.8)_{16}$$

③ 八进制数和十六进制数的相互转换。

如果将一个八进制数转换为一个十六进制数,首先将其转换为二进制数,再把该二进制数转换为十六进制数。反之,如果将一个十六进制数转换为一个八进制数,首先将其转换为二进制数,再把该二进制数转换为八进制数。

至此,已经介绍了进位计数制及其相互转换的方法。如果存在一组数据,要求比较大小,则需要将它们转换为同一进制再进行比较。

例 1-2-7　比较 2BH,52O,101001B,44 的大小关系。

解　2BH＝0010 1011B＝101011B

52O＝101 010B＝101010B

44＝ 101100B

所以，

$$44 ＞ 2BH ＞ 52O ＞ 101001B$$

```
2 | 44
2 | 22    余 0    ↑ 低
2 | 11    余 0
2 | 5     余 1
2 | 2     余 1
2 | 1     余 0
    0     余 1    │ 高
```

3. 二进制数的运算

(1) 二进制数的算术运算。

二进制数的算术运算包括加法、减法、乘法、除法运算。

① 二进制数的加法运算。

规则：$0＋0＝0，0＋1＝1＋0＝1，1＋1＝10$（向高位进位）。

例 1－2－8　计算 $(11010110)_2＋(1101)_2$。

解
```
      11010110
 +        1101
   11100011
```

结果为

$$(11010110)_2＋(1101)_2＝(11100011)_2$$

从以上加法的过程可知，当两个二进制数相加时，每一位最多是由 3 个数相加：本位被加数、加数和来自低位的进位。

② 二进制数的减法运算。

规则：$0－0＝0，1－1＝0，1－0＝1，0－1＝1$（借 1 当二）。

例 1－2－9　计算 $(11010110)_2－(1101)_2$。

解
```
      11010110
 -        1101
   11001001
```

结果为

$$(11010110)_2－(1101)_2＝(11001001)_2$$

从以上运算过程可知，当两数相减时，有的位会发生不够减的情况，要向相邻的高位借 1 当 2。所以，在做减法时，除了每位相减外，还要考虑借位情况，实际上每位有 3 个数参加运算。

③ 二进制数的乘法运算。

规则：$0×0＝0，0×1＝0，1×0＝0，1×1＝1$。

例 1－2－10　计算 $(1101)_2×(110)_2$。

解
```
         1101
 ×        110
         0000
         1101
 +      1101
      1001110
```

结果为

$$(1101)_2×(110)_2＝(1001110)_2$$

由以上运算过程可知，当两数相乘时，每个部分积都取决于乘数。乘数的相应位为 1 时，则部分积等于被乘数；乘数的相应位为 0 时，部分积为 0。每次的部分积依次左移一位，将各部分积累起来就得到最终结果。

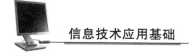

④ 二进制数的除法运算。

规则：$0 \div 0 = 0$，$0 \div 1 = 0$（$1 \div 0$ 无意义），$1 \div 1 = 1$。

例 1 - 2 - 11 计算 $(1101001)_2 \div (101)_2$。

解

$$
\begin{array}{r}
10101 \\
101{\overline{\smash{\big)}\,1101001}} \\
\underline{101} \\
110 \\
\underline{101} \\
101 \\
\underline{101} \\
0
\end{array}
$$

结果为

$$(1101001)_2 \div (101)_2 = (10101)_2$$

（2）二进制数的逻辑运算。

计算机能够进行逻辑判断，能够解决很多复杂问题也是缘于它的逻辑运算。二进制数 1 和 0 在逻辑上可以代表"真(True)"与"假(False)"、"是"与"否"。由此可见，逻辑运算以二进制为基础，主要包括三种基本运算："与"运算(又称逻辑乘法)、"或"运算(又称逻辑加法)和"非"运算(又称逻辑否定)。计算机的逻辑运算与算术运算的主要区别是逻辑运算按位进行，位与位之间没有进位或借位的关系。

① "与"运算。

逻辑与运算常用符号"$\times$"或"$\wedge$"来表示。其运算规则为 $0 \times 0 = 0$；$0 \times 1 = 0$；$1 \times 0 = 0$；$1 \times 1 = 1$，即 0 和任何数相与结果均为 0。在实际生活中，与运算有许多应用。例如，计算机的电源要想接通，必须把实验室的电源总闸、电源开关以及计算机机箱的电源开关都接通才行。这些开关串联在一起，它们按照"与"逻辑接通。

② "或"运算。

逻辑或运算通常用符号"$+$"或"$\vee$"来表示。其运算规则为 $0 + 0 = 0$；$0 + 1 = 1$；$1 + 0 = 1$；$1 + 1 = 1$，即 1 和任何数相或结果均为 1。或运算在实际生活中有许多应用。例如，房间里有一盏灯，装了两个开关，这两个开关是并联的。显然，任何一个开关接通或两个开关同时接通，电灯都会亮。

③ "非"运算。

"非"运算用变量上加横线或变量前加符号"$\neg$"表示。其运算规则为 $\neg 0 = 1$（非 0 等于 1）；$\neg 1 = 0$（非 1 等于 0），即逻辑非运算具有对数据求反的功能。例如，室内的电灯不是亮就是灭，只有两种可能性。

例 1 - 2 - 12 设 $A = 11101100$，$B = 11011110$，对 A 和 B 两数进行与、或、非运算。

解

$$
\begin{array}{c}
11101100 \\
\wedge\,11011110 \\
\hline
11001100
\end{array}
\qquad
\begin{array}{c}
11101100 \\
\vee\,11011110 \\
\hline
11111110
\end{array}
\qquad
\begin{array}{c}
\neg\,11101100 \\
\hline
00010011
\end{array}
\qquad
\begin{array}{c}
\neg\,11011110 \\
\hline
00100001
\end{array}
$$

A 和 B 的与运算结果为 11001100、或运算结果为 11111110，A 的非运算结果为 00010011，B 的非运算结果为 00100001。

4. 二进制的特点

任何形式的数据，进入计算机都必须进行 0 和 1 的二进制编码转换，这主要是因为二进制具有以下特点：

（1）可行性。电子元件一般只有两个稳定状态(如开关的接通和断开、晶体管的导通和截止、磁元件的正负剩磁、电位电平的高与低等)，用二进制的"0"和"1"来模拟这两个状态，二进制在电子器件中有实现的可行性。

（2）简易性。二进制数的运算法则少，运算简单，使计算机运算器的硬件结构大大简化。

（3）逻辑性。由于二进制 0 和 1 正好与逻辑代数的假和真相对应，有逻辑代数的理论基础，用二进制表示逻辑值很自然。

二进制形式适用于对各种类型数据的编码，图、声、文、数字合为一体，使得数字化社会成为可能。因此进入计算机中的各种数据,都要进行二进制编码的转换;同样,从计算机输出的数据,都要进行逆向的转换,过程如图 1-2-19 所示。

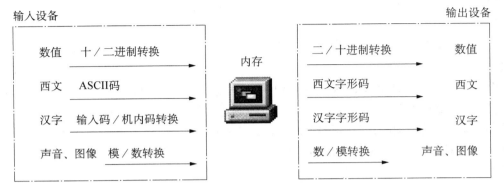

图 1-2-19　各种数据在计算机中的转换过程

三、数据在计算机中的表示

1. 数的编码表示

(1) 机器数和真值。

数值数据有正负之分,那么在计算机中如何表示正、负数值数据呢? 由于在计算机中使用的二进制只有 0 和 1 两种值,人们规定把一个数的最高位定义为符号位,用"0"表示正号,用"1"表示负号,其余位仍为数值。

例 1-2-13 假设机器字长为 8 位,求-28 在计算机中的表示方法。

解 (1) 求出-28 对应的二进制表示形式:-28=-11100B。

(2) 将-11100B 补足 7 位,得到-0011100B。

(3) 将-0011100B 的负号用 1 替换,得到 10011100B,一共 8 位,这个数就是-28 在机器中的表示形式,也叫"机器数"。而-0011100B 就叫该机器数所对应的"真值"。图 1-2-20 即为-28 在机器中的表示。

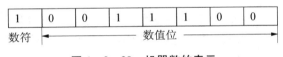

图 1-2-20　机器数的表示

在计算机内部,数字和符号都用二进制码表示,两者合在一起构成数的机内表示形式,称为机器数,而它真正表示的数值称为这个机器数的真值。它们的区别如下:真值为带符号数,长度为机器字长-1;机器数用数字代替符号,长度为机器字长。

(2) 原码、反码、补码的表示。

机器数在计算时,若将符号位和数值一起运算,将会产生错误的结果(以下均假设机器数字长为 8 位)。例如,-4+2 的结果应为-2,但-4 和 2 的机器数运算结果是-6。

$$
\begin{array}{r}
10000100 \rightarrow -4\ 的机器数 \\
+\ 00000010 \rightarrow +2\ 的机器数 \\
\hline
10000110 \rightarrow 运算结果为-6
\end{array}
$$

如果要考虑符号位的处理,那么运算将变得复杂。为解决这个问题,对机器数引入原码、反码与补码三种形式,负数一般以补码形式存放。

① 原码。

一个数 X 的原码[X]$_原$的表示方法如下:符号位用 0 表示正,用 1 表示负;数值部分为 X 的绝对值的二进制形式。

例如:当 X=+1100101B 时,则[X]$_原$=01100101;当 X=-1100101B 时,则[X]$_原$=11100101。注意:[+0]$_原$=00000000,[-0]$_原$=10000000。

② 反码。

一个数 X 的反码[X]$_反$的表示方法如下:若 X 为正数,则其反码和原码相同;若 X 为负数,在原码的基础上,符号位保持不变,数值位按位取反,即"0"变为"1","1"变为"0"。

例如:当 X =+ 1100101B 时,则[X]$_反$ = [X]$_原$ = 01100101;当 X =- 1100101B 时,则[X]$_原$ = 11100101,[X]$_反$ = 10011010。注意:[+0]$_反$ = 00000000,[-0]$_反$ = 11111111。

③ 补码。

一个数 X 的补码[X]$_补$的表示方法如下:当 X 为正数时,则其补码和原码相同;当 X 为负数时,在反码的最低位加1。

例如:当 X =+ 1100101B 时,则[X]$_补$ = [X]$_反$ = [X]$_原$ = 01100101;当 X =- 1100101B 时,则[X]$_原$ = 11100101,[X]$_反$ = 10011010,[X]$_补$ = 10011011。注意:[+0]$_补$ = 00000000,[-0]$_补$ = 00000000。

负数采用补码表示后,加减运算都可以统一用加法运算来实现,符号位也当作数值参与处理,且两数和的补码等于两数补码的和。因此,在许多计算机系统中都采用补码来表示带符号的数。

例 1-2-14 对-4+2进行运算。

解 (1)求解-4,2的二进制。

$$-4 =- 100B, 2 = 10B。$$

(2)补足7位。

$$-4 =- 0000100B, 2 =+ 0000010B$$

(3)写出对应的原码、反码、补码。

$$[-4]_原 = 10000100, [-4]_反 = 11111011, [-4]_补 = 11111100, [2]_原 = [2]_反 = [2]_补$$

(4)由于[X+Y]$_补$ = [X]$_补$+[Y]$_补$,[-4+2]$_补$ = [-4]$_补$+[2]$_补$ = 11111110,运算结果是补码。

$$
\begin{array}{r}
11111100 \rightarrow -4 \text{ 的补码}\\
+\ 00000010 \rightarrow +2 \text{ 的补码}\\
\hline
11111110 \rightarrow \text{运算结果}
\end{array}
$$

(5)一个数补码的补码就是其原码,即[[X]$_补$]$_补$ = [X]$_原$。[11111110]$_反$ = 10000001,[11111110]$_补$ = 10000010,其真值是-0000010,即运算结果是-2D。

(3)定点数和浮点数。

以上介绍的数值数据都是整数,但实际上我们经常大量接触到的是实数(如89.753)。那么,实数在计算机中如何表示?通常有两种约定:一种是约定小数点的位置固定不变,这时机器数称为定点数;另一种是小数点的位置可以浮动,这时的机器数称为浮点数。一般来说,定点数允许的数值范围有限,但要求的处理硬件比较简单。而浮点数允许的数值范围大,但要求的处理硬件比较复杂。

① 定点数。

定点数分为两种:一种小数点的位置约定在最低数值位的后面,用于表示整数,称为定点整数;另一种小数点的位置约定在数符位和数值部分的最高位之间,用于表示纯小数,称为定点小数。定点数的表示方法如图 1-2-21 所示。

图 1-2-21 定点数的表示方法

例 1-2-15 假设机器字长为 16 位,写出十进制整数-234,-0.375 在计算机内的表示。

解
$$-234 =- 11101010B =- 000000011101010B$$
$$-0.375 =- 0.011B =- 0.011000000000000B$$

所以,-234 的表示形式如下:

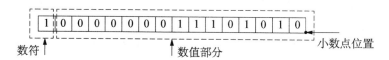

—0.375 的表示形式如下：

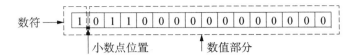

② 浮点数。

如果要处理的数既有整数部分，又有小数部分，采用定点格式就会有些麻烦和困难，因此，计算机中还使用浮点数。浮点数的表示包括两个部分：一部分是阶码（表示指数，记作 E）；另一部分是尾数（表示有效数字，记作 M）。假定一个浮点数用 4 个字节来表示，则一般阶码占用一个字节，尾数占用 3 个字节，且每部分的最高位均用以表示该部分的正负号，其表示方法如下：

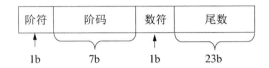

浮点数的思想来源于数学中的指数表示形式：$N = M \times R^c$。例如，十进制数 $256 = 0.256 \times 10^3$，$0.0000295 = 0.295 \times 10^{-4}$。类似地，二进制数 $(1011011)_2$ 可以表示为 0.1011011×2^{111}。

例 1-2-16　求出—234.375 的浮点数表示形式。

解　（1）转换为二进制。

$$-234.375 = -11101010.011B$$

（2）转换为 $N = M \times 2^E$ 形式。

$$-234.375 = -11101010.011B = -0.11101010011 \times 2^{1000}$$

可以看出阶符是正数，数符是负数。

（3）写出浮点数的表示形式，如图 1-2-22 所示。

图 1-2-22　—234.375 的浮点数存储

由以上可见，阶码部分相当于定点整数的表示方法，尾数部分相当于定点小数的表示方法。

2. 字符数据的表示

字符数据包括字母和各种符号，是人们最常使用的数据，也是人与计算机进行交互的桥梁。用户通过敲击键盘上的按键，向计算机内发出命令和数据，计算机把处理后的结果也以字符的形式输出到屏幕或打印机等输出设备。目前使用最为广泛的是美国标准信息交换码 ASCII 码（American standard code for information interchange），它是一种比较完整的字符编码，现已成为国际通用的标准编码。

ASCII 码占用一个字节，最高位为 0，其余 7 位可以编码，从 00000000 到 01111111，共有 $2^7 = 128$ 种编码，可以表示 128 个字符。表 1-2-4 所示为 ASCII 字符编码表。

表 1-2-4　ASCII 字符编码表

$d_6 d_5 d_4$ $d_3 d_2 d_1 d_0$	000	001	010	011	100	101	110	111
0000	NUL	DEL	SP	0	@	P	、	P
0001	SOH	DCI	!	1	A	Q	a	q

（续 表）

$d_6 d_5 d_4$ / $d_3 d_2 d_1 d_0$	000	001	010	011	100	101	110	111
0010	STX	DC2	”	2	B	R	b	r
0011	EXT	DC3	#	3	C	S	c	s
0100	EOT	DC4	$	4	D	T	d	t
0101	ENQ	NAK	%	5	E	U	e	u
0110	ACK	SYN	&.	6	F	V	f	v
0111	BEL	ETB	,	7	G	W	g	w
1000	BS	CAN	(	8	H	X	h	X
1001	HT	EM	)	9	I	Y	i	y
1010	LF	SUB	*	:	J	Z	j	z
1011	VT	ESC	+	;	K	[	k	{
1100	FF	FS	.	<	L	\	l	|
1101	CR	GS	—	=	M	]	m	}
1110	SO	RS	。	>	N	↑	n	～
1111	S1	US	/	?	O	↓	O	DEL

由表 1-2-4 可知 ASCII 码的特点如下：

（1）表内有 33 种控制码，十进制码值为 0～31 和 127（即 NUL～US 和 DEL），位于表的第二列、第三列和右下角位置。主要作用包括：打印或显示时的格式控制；对外部设备的操作控制；进行信息分隔；在数据通讯时进行传输控制等。其中常用的控制字符如表 1-2-5 所示。

表 1-2-5 常用控制字符含义表

控制字符	BS	LF	FF	CAN	SP
含义	退格	换行	换页	作废	空格
控制字符	HT	VT	CR	ESC	DEL
含义	水平制表	垂直制表	回车	换码	删除

（2）其余 95 个字符称为图形字符，为可打印或可显示字符，包括英文大小写字母共 52 个，0～9 数字字符共 10 个，以及其他标点符号、运算符号等共 33 个。

（3）0～9、A～Z、a～z 都是顺序排列的。0 的 ASCII 码是 48（30H）；A 字符的编码为 1000001，即 A 的 ASCII 码是 65（41H）；a 的 ASCII 码是 97（61H），且小写字母比大写字母码值大 32。SP 空格的 ASCII 码是 32。可以看出，

数字的 ASCII 码 < 大写字母的 ASCII 码 < 小写字母的 ASCII 码

例 1-2-17 已知 A 的 ASCII 码是 65，求 d 的 ASCII 码是多少？

解 （1）由于小写字母比大写字母的 ASCII 码值大 32，因此 a 的 ASCII 码是 65＋32＝97。

（2）由于字母 d 比字母 a 相差 3，因此 d 的 ASCII 码是 97＋3＝100。

3. 汉字的存储与编码

英语是拼音文字，由 26 个字母拼组而成，所以使用一个字节表示一个字符足够，但是汉字为象形文字，种类繁多，编码要比英文字符复杂得多。图 1-2-23 所示为汉字的处理过程，汉字输入时需要用输入码；存放时需要用机内码；输出时需要用字模点阵码（或称字形码），且这些编码需要相互转换。

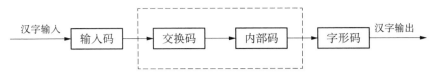

图1-2-23 汉字信息系统处理模型

(1) 汉字输入码。

汉字输入码也叫外码,是为了通过键盘把汉字输入计算机而设计的一种编码。英文输入时,想输入什么字符便按什么键,输入码和内码是一致的。而汉字输入规则不同,可能要按几个键才能输入一个汉字。在众多的汉字输入码中,按照其编码规则主要分为形码、音码与混合码等3类。

① 形码。形码也称义码,它是按照汉字的字型或字义进行编码的方法,常用的形码有五笔字型、郑码等。优点是重码率低、速度快,但需要记忆大量的编码规则和汉字拆分的原则。

② 音码。音码是一类按照汉字的读音(即汉语拼音)进行编码的方法,常用的有全拼拼音输入法、搜狗拼音输入法、智能ABC等。优点是对于学过汉语拼音的人来说很快就可以掌握,但是因为同音字较多,需要通过选字才能得到合适的汉字,而且对于那些读不出音的汉字也就无法输入。

③ 混合码。将汉字的字型(或字义)和字音相结合的编码,也称为音形码或结合码,常用的有自然码等。它兼顾了音码和形码的优点,既降低了重码率,又不需要大量的记忆,不仅使用起来简单方便,而且输入汉字的速度比较快,效率也比较高。

除了以上3类常用汉字编码外,还有其他一些编码,例如,电报码是用数字进行编码的,称为数字码。由此可以看出,由于汉字编码方法的不同,一个汉字可以有许多不同的输入码。

(2) 汉字交换码。

为了便于各计算机系统之间能够准确无误地交换汉字信息,我国于1980年颁布了《中华人民共和国国家标准信息交换汉字编码》(代号GB2312-80),简称国标码。它规定每个字符的编码占用2个字节,每个字节的最高位为"0"。这样,它可以表示$2^7 \times 2^7 = 128 \times 128 = 16\,384$个不同的字符,但实际只使用了7\,445个字符,其中包含6\,763个常用汉字(其中一级汉字3\,755个,二级汉字3\,008个)。

在国标码中,全部国标汉字与图形符号组成一个94×94的矩阵,矩阵的每一行称为一个"区",每一列称为一"位",这样就形成了94个区(01区~94区),每个区内有94位(01位~94位)的汉字字符集。区码和位码合起来称为区位码,它可以确定某一个汉字或图形符号。区位码表的查表方式是先查行(即区码),后查列行(即位码),然后组合起来就是"区位码"。例如,汉字"啊"的区位码为"1601"。需要注意的是,"16","01"均为10进制数,如果用十六进制表示,则把区码和位码分别转换为对应的十六进制数,再组合起来即可。汉字"啊"的区码的十六进制表示为"10H",位码为"01H",即该汉字的区位码为"1001H"。

(3) 汉字机内码。

由于汉字的国标码两个字节最高位均为0,如果在计算机中存放一个"00110000 00100001",就不清楚存放的是两个由ASCII码编码的英文字符,还是一个汉字。为了不造成混乱,将国标码两个字节的最高位分别置为1,变换后的国标码称为机内码。由此可见,国标码与区位码的关系如下:

$$汉字机内码(H) = 汉字国标码(H) + 8080H = 区位码(H) + A0A0H$$
$$国标码(H) = 区位码(H) + 2020H$$

例1-2-18 已知"啊"的国标码是3021H,求出它的机内码。

解 (1) 将"啊"的国标码"3021H"分成30H和21H两部分。

(2) 分别加上80H。

$$30H + 80H = B0H, \quad 21H + 80H = A1H$$

(3) 再把它们组合起来得到B0A1H,即为"啊"的机内码。

由此可以得出,汉字区位码(H) + 2020(H) + 8080(H) = 汉字机内码(H),即汉字区位码(H) +

A0A0(H) = 汉字机内码(H)。

例 1 - 2 - 19 已知"啊"的区位码是 1601D,求出它的机内码(H)。

解 (1) 通过"啊"的区位码 1601D 得到,区码是 16D,位码是 01D。

(2) 区码 16D = 10H,位码 01D = 01H。

(3) 10H + A0H = B0H,01H + A0H = A1H。

(4) 将计算结果组合为 B0A1H,即为"啊"的机内码。

(4) 汉字字型码。

显示/打印汉字时还要用到汉字字型编码。目前普遍使用的汉字字型码是用点阵方式表示的,称为"点阵字模码"。所谓"点阵字模码",就是将汉字像图像一样置于网状方格上,每格是存储器中的一个位,16×16 点阵是在纵向 16 点、横向 16 点的网状方格上写一个汉字,有笔画的格对应 1,无笔画的格对应 0。所有汉字的点阵字型编码的集合称为"汉字库",不同的字体(如宋体、仿宋、楷体、黑体等)对应着不同的字库。

例如,"中"字的 16×16 点阵及点阵的字型编码,如图 1 - 2 - 24 所示。

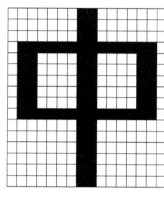
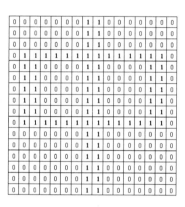

(a) 16×16点阵　　　　　　　(b) 16×16点阵字型编码

图 1 - 2 - 24　字型编码

根据显示或打印的质量要求,汉字字型编码有 16×16,24×24,32×32,48×48 等不同密度的点阵编码。点数越多,显示或打印的字体越美观,但编码占用的存储空间也越大。例如,一个 16×16 的汉字点阵字型编码需占用 32 个字节(16×16÷8 = 32),一个 24×24 的汉字点阵字型编码需占用 72 个字节(24×24÷8 = 72)。

随着多媒体技术与信息处理技术的不断发展,目前已出现汉字语音输入方式、汉字手写输入方式和汉字印刷体自动识别输入方式,其正确输入率逐步提高,应用前景越来越好。但无论采用何种输入方式,最终存储在计算机中的还是汉字机内码;当汉字需要输出时,仍是采用的汉字字型码。

4. 其他信息的数字化

(1) 图像信息的数字化。图像是由一个个的像素点构成的,对图像信息数字化其实质就是对该图像的像素进行编码。若要使数字化的图像更加细腻,色彩更为逼真,就需要更多的二进制位数表示颜色、层次等信息。例如,某幅画面上有 150 000 个像素,每个像素用 24 个比特来表示,则该幅图像的数字化信息就需要 450 000 个字节(约 450 KB)来表示和存储。

(2) 声音信息的数字化。声音是一种连续变化的模拟信息,可以通过 A/D 转换器(即模拟/数字转换器)按一定的频率(时间间隔)对声音信号的幅值进行采样,然后对得到的一系列数据进行量化与二进制编码处理,即可将模拟声音信息转换为相应的比特序列,这样就可以被计算机存储、传输和处理。

(3) 视频信息的数字化。视频数字化就是将视频信号经过视频采集卡转换成数字视频文件存储在数字载体,在使用时将数字视频文件从硬盘读出,再还原成为一幅幅图像加以输出。对视频信号的采集,需要很大的存储空间和数据传输速度。这就需要在采集和播放过程中,对图像进行压缩和解压缩处理。由于信息压缩方法很成熟,计算机硬件性能也不断提高,当今用计算机处理图像和视频信息已经变得相当轻松。

自主实践活动

（1）简要地叙述计算机软件安装的步骤。

（2）讨论：一般应用软件（如 Microsoft Office 2010）的安装与卸载方法。

（3）将已安装好 Windows 7 操作系统、各设备驱动程序和各种应用软件的计算机进行备份和还原。

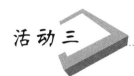

活动三 计算机文件的管理

活动要求

博爱幼儿园为落实课题"李忠忱教学法"在动态性区域活动中的实验研究计划进程,在 11 月开展了教研月活动。为了扩大社会影响,准备举行教研月宣传活动。

宣传资料收集与准备工作落到办公室小李身上,该资料要包含这一个月以来的所有视频文件、网页文件、图片文件及有关文档文件等。所有资料都保存在办公室的计算机内,园长要求小李在办公室计算机 D 盘创建"教研月活动"文件夹,并在此文件夹中再创建"视频"、"图片"、"网站"、"文本"和"其他"5 个子文件夹,分别存放视频、图片、网页、文档和其他相关文件。

活动分析

一、思考与讨论

（1）如何建立合理的文件目录?

（2）如何搜索与查找相关资源?

（3）如何对数据文件进行分类整理?

二、总体思路

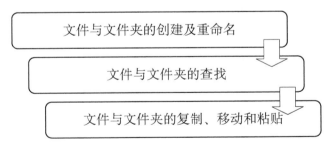

图 1-3-1 活动三的流程图

方法与步骤

一、创建文件目录

（1）在"资源管理器"窗口或"计算机"窗口的左边导航窗格中单击目标驱动器（根目录"D:"）,在右边窗格中的空白处右击鼠标,在弹出的快捷菜单中单击"新建"→"文件夹"命令（或单击工具栏的"新建文件夹"按钮）,如图 1-3-2 所示;在右窗格的文件列表底部会出现一个名为"新建文件夹"的

文件夹（如图标 新建文件夹 ）,输入新文件夹名"教研月活动"后,按【Enter】键。

（2）双击打开新建的"教研月活动"文件夹,按照以上操作,可以新建子文件夹"文本";再创建"视频"、"图片"和"其他"子文件夹,文件夹结构如图 1-3-3 所示。

图1-3-2 新建文件夹

图1-3-3 新建子文件夹

二、查找相关文件或文件夹,并进行复制与移动操作

(1) 在打开的"计算机"窗口中选择D:盘根目录,在搜索框中单击,如图1-3-4所示。

图1-3-4 搜索文件

(2) 输入搜索内容"教研月活动简报.txt"。键入内容后,搜索结果将自动显示在下面的窗口工作区中,并且以黄色字体显示搜索结果,如图1-3-5所示。

图1-3-5 搜索结果

(3) 单击此文件,按组合键【Ctrl+C】(复制),然后在"D:\教研月活动\文本"文件夹中按组合键【Ctrl+V】(粘贴),将此文件复制到该子文件夹中。

(4) 再次单击搜索框,输入搜索内容"＊.jpg",在搜索结果界面中,单击任意一个文件;按组合键【Ctrl+A】(全选),选中所有结果,如图1-3-6所示。单击右键,选择快捷菜单中的"复制"命令。

图1-3-6 筛选器搜索的结果

(5) 选中"D:\教研月活动\图片"文件夹,单击右键,选择快捷菜单中的"粘贴"命令,复制所有全选的jpg图片,如图1-3-7所示。

图1-3-7

(6) 在搜索框中单击,输入搜索内容"网页",在D:盘根目录中进行搜索。

(7) 单击此文件夹,按组合键【Ctrl+X】(剪切),然后在"D:\教研月活动"文件夹中按组合键【Ctrl+V】,将此文件夹移动到该子文件夹中。

三、整理文件或文件夹,并进行重命名操作

(1) 打开资源管理器,展开到"D:\教研月活动"文件夹,选中"网页"文件夹,单击右键,选择快

捷菜单中的"重命名"命令,如图 1-3-8 所示。

置,目录结果如图 1-3-9 所示。

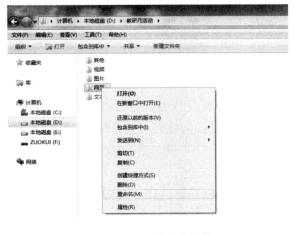

图 1-3-8　重命名操作

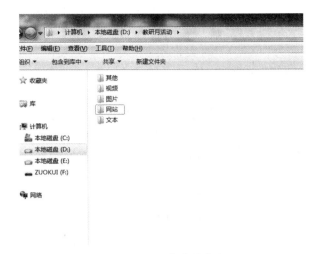

图 1-3-9　完成重命名

(2)输入"网站",按【Enter】键完成重命名设

知识链接

一、文件、文件夹和库的基本概念

计算机中的一切数据都是以文件的形式存放在磁盘中的,文件夹是文件的集合,而库是 Windows 7 中一个新增加的术语。

1. 文件

文件是 Windows 中最基本的存储单位,它是文本、图像、声音及数值数据等信息的集合。不同的信息种类保存在不同的文件类型中。Windows 中的任何文件都是由文件名来标识的。文件名的格式为"文件名.扩展名"。通常,文件类型是用文件的扩展名来区分的,根据保存的信息内容和保存方式的不同,将文件分为不同的类型,并在计算机中以不同的图标进行显示,如表 1-3-1 所示。

表 1-3-1　Windows 常用的扩展名及其含义

扩展名	含义	扩展名	含义
COM	命令文件	EXE	可执行文件
SYS	系统文件	DOCX	Word 2010 文档文件
HTML	超文本文件	PPT	PowerPoint 演示文稿文件
BMP	位图文件	TXT	文本文件
WAV	声音文件	ZIP/RAR	压缩文件/WinRaR 压缩文件
Mp3	采用 MPEG-1 Layout 3 标准压缩的音频文件	TIFF	图像文件

Windows 文件的最大改进是使用长文件名,支持最长 255 个字符的长文件名,可以使文件名更容易识别。文件名的命名规则如下:

(1)在文件或文件夹名字中,用户最多可使用 255 个字符。如果用汉字命名,最多可以有 127 个汉字。

(2)用户可使用多个间隔符(.)的扩展名,但以最后一个扩展名来区分文件类型,例如,mywordfile. doc. docx。

(3)文件名允许使用空格,但不允许使用下列字符(英文输入法状态):

<>/\:"*?|

(4)Windows 保留文件名的大小写格式,但不能利用大小写区分文件名。例如,README. TXT 和 readme. txt 被认为是同一文件。

（5）同一文件夹中不能有同名文件和文件夹。

（6）当搜索和显示文件时，用户可使用通配（？和＊）。其中，问号（？）代表一个任意字符，星号（＊）代表一系列字符。例如，"C?.DOCX"表示文件名由两个字符组成，第一个字符为C，后一个为任意字符，扩展名为"DOCX"的文件类型，即 C1.DOCX、DB.DOCX、C5.DOCX 等。"＊.DOCX"表示扩展名为"DOCX"的所有文件。

2. 文件夹

文件夹用于存放和管理计算机中的文件，是为了更好地管理文件而设计的。通过将不同的文件归类存放到相应的文件夹，可以快速找到所需的文件。文件夹中还可以包含文件夹，包含的文件夹通常称为"子文件夹"。文件夹的外观由文件夹图标和文件夹名称组成。

3. 盘

文件和文件夹是存放在"盘"中的。一个硬盘通常具有多个逻辑盘，一般使用"大写英文字母＋冒号"进行表达，称为盘符，具体可简称为C盘、D盘等。一个盘可能是一个硬盘或一个硬盘中的一部分（逻辑分区），也可能是一张光盘、一个优盘。另外，现在很多具有存储功能的电子设备与计算机相连接后，也以逻辑盘形式出现，如手机、MP3、数码相机等。

盘也可以另外取名字以方便用户识别和使用，这就是"标识"，即盘的标识符号。每个盘都有一个称为"根目录"的文件夹，它是一个盘的最高层目录，在书写中通常使用"\"表示。

磁盘上所有文件、文件夹组织在一起，像一棵倒置的树，这种结构也称为树形目录结构。在计算机系统的整个完整树形目录结构中，处于最顶层的是桌面，计算机上所有的资源都组织在桌面上，从桌面开始可以访问任何一个文件和文件夹，桌面本身就是最大的一个文件夹。

4. 库

库是 Windows 7 的新增术语，Windows 具有四个默认库：文档、音乐、图片和视频，用户还可以新建库。库是用于管理文档、音乐、图片和其他文件的位置。可以使用与在文件夹中浏览文件相同的方式浏览文件，也可以查看按属性（如日期、类型和作者）排列的文件。

5. 文件、文件夹及库的关系

库的概念并非传统意义上的存放用户文件的文件夹，它其实是一个强大的文件管理器。库所倡导的是通过建立索引和使用搜索快速地访问文件，而不是传统的按文件路径的方式访问。建立的索引也并不是把文件真的复制到库里，而只是给文件建立了一个快捷方式而已，文件的原始路径不会改变，库中的文件也不会额外占用磁盘空间。库里的文件还会随着原始文件的变化而自动更新。这就大大提高了工作效率，管理那些散落在各个角落的文件时，我们再也不必一层一层打开它们的路径，只需要把它添加到库中。

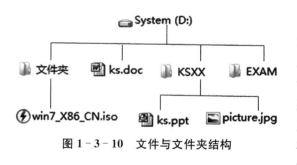

图 1-3-10 文件与文件夹结构

6. 文件与文件夹的路径

路径是指文件与文件夹在计算机中存储的位置，当打开某个文件夹时，在地址栏中即可看到该文件夹的路径。路径的结构一般包括磁盘名称、文件夹名称和文件名称，它们之间用"\"隔开，形式为[D:][Path][Filename[.ext]]，其中，"D:"表示驱动器，"Path"表示路径，"Filename"表示文件名，"ext"表示文件扩展名，"[ ]"表示其内的项目可根据需要省略，如图 1-3-10 所示。文件路径分为绝对路径和相对路径两种。

绝对路径是指从根目录开始到某个文件的路径。一个文件的绝对路径是固定不变的，在任何时间、任何地点都是一样的。

相对路径是指从当前目录（当前选中、正在使用的目录）开始到某个文件的路径。随着当前目录的不同，一个文件的相对路径也是不同的。在相对路径中，"."表示当前目录，".."表示上一级目录。

二、Windows 7 资源管理器

管理文件和文件夹需要资源管理器，Windows 7 的资源管理器功能十分强大，与以往 Windows 操作系统相比，在界面和功能上有了很大改进，增加了预览窗格以及内容更加丰富的详细信息栏。Windows

资源管理器和计算机窗口有基本相同的界面、功能和使用方法。

1. "资源管理器"或"计算机"窗口的打开与关闭

（1）打开"资源管理器"窗口的方法有以下 4 种：

① 直接单击"任务栏"中的"Windows 资源管理器"按钮 。

② 单击"开始"菜单，选择"开始"菜单的"所有程序"，然后单击"附件"中的"Windows 资源管理器"。

③ 右击"开始"菜单，在弹出的快捷菜单中单击"打开 Windows 资源管理器"。

④ 启动"资源管理器"后，将出现如图 1-3-11 所示的窗口。

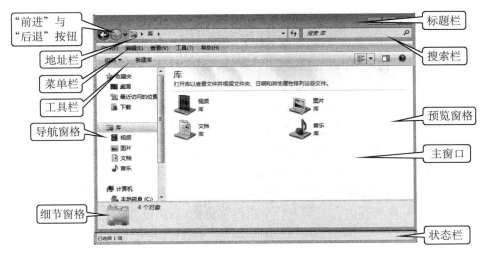

图 1-3-11　Windows 资源管理器

（2）关闭"资源管理器"窗口的方法有以下 4 种：

① 单击窗口标题栏右侧的"关闭"按钮。

② 单击"文件"菜单的"关闭"命令。

③ 单击窗口标题栏左侧或右击标题栏的空白处，在弹出的菜单中单击"关闭"命令。

④ 按键盘组合键【Alt＋F4】。

（3）"计算机"窗口的打开与关闭方法。

在桌面上直接双击"计算机"图标，可打开"计算机"窗口，其布局与资源管理器类似。关闭方法也可借鉴"资源管理器"窗口的关闭方法。

2. 资源管理器窗口

Windows 资源管理器主要由标题栏、地址栏、搜索框、菜单栏（默认状态下为隐藏）、工具栏、窗口工作区、导航窗格和细节窗格等部分组成。

（1）标题栏。标题栏位于窗口的最上方，用于显示文档、程序或文件夹的名称，其中左侧是控制菜单按钮，右侧设有"最小化"、"最大化/还原"和"关闭"三个窗口控制按钮。通过标题栏可以进行移动窗口、改变窗口的大小和关闭窗口等操作。（只用程序窗口才显示标题，系统窗口不显示标题，资源管理器窗口是系统窗口。

（2）"后退"与"前进"按钮。"后退"与"前进"按钮位于地址栏左侧，可以导航至已打开的其他文件夹或库，而无需关闭当前窗口。这两个按钮可与地址栏一起使用。

（3）地址栏。地址栏位于标题栏的下方，用于显示和输入浏览位置的详细路径信息。Windows 7 使用级联按钮取代传统的纯文本方式，在地址栏中将不同层级路径由不同按钮分割，用户通过单击按钮即可跳转至不同的文件夹或库，或返回上一文件夹或库。如图 1-3-12 所示，当前位置的路径就是"库\音乐"，单击"库"下拉按钮，弹出下拉列表，其

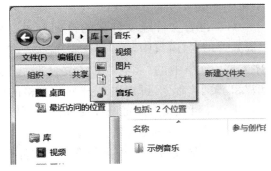

图 1-3-12　"资源管理器"地址栏

中列有该文件夹中的项目。单击其中的项目(如"图片"),地址栏立即跳转到新的"图片"地址。

(4)搜索栏。搜索栏用于在计算机中搜索各种文件。用户在搜索栏中输入需要搜索的目标文件名称,即在工作区中显示搜索结果。

(5)菜单栏。位于标题栏的下面,它列出在该窗口内可以用来操作的菜单项,每一个菜单项都有一个下拉菜单,每个下拉菜单中均列出相应的一些操作命令。

图 1-3-13 "组织"按钮

(6)工具栏。工具栏位于菜单栏的下面,当用户打开不同的窗口或选择不同类型的文件时,工具栏的按钮会有所变化,但是其中有 3 项始终不变,分别是"组织"按钮、"视图"按钮和"显示预览窗格"按钮。

通过"组织"按钮,用户可以完成对文件和文件夹的许多常用操作(如剪切、复制、粘贴和删除等)。可以用来设置"菜单栏"、"细节窗格"、"导航窗格"以及"库窗格"的显示或隐藏,如图 1-3-13 所示。

(7)导航窗格。Windows 7 资源管理器中的导航窗格功能非常强大和实用,与以前版本相比,其中增加了"收藏夹"、"库"、"家庭组"和"网络"等节点,用户可以通过这些节点快速切换到需要跳转的目录。例如,"收藏夹"默认有"下载"、"桌面"和"最近访问的位置"3 个目录,允许用户将常用的文件夹以链接的形式加入到此节点。

(8)预览窗格。使用预览窗格可以查看大多数文件的内容。例如,如果选择电子邮件、文本文件或图片,无须在程序中打开即可查看其内容。如果看不到预览窗格,则可以单击工具栏中的"预览窗格"按钮打开预览窗格。

(9)细节窗格。提供了有关当前文件夹、文件的信息。

(10)状态栏。它位于窗口的最下端,随时提醒我们窗口的状态。(Windows 7 中状态栏一般是不显示的,要在"菜单栏"单击"查看",在弹出的下拉菜单中点选"状态栏"。)

3. 资源管理器的使用

(1)查看当前文件夹内容。在"资源管理器"窗口左侧导航栏窗格的树型目录中选中一个文件夹,窗口就显示该文件夹中所包含的文件和文件夹。若文件夹包含子文件夹时,其左侧显示一个展开符号" ▷ ",单击该符号,展开文件夹,并且符号变为折叠符号" ◢ "。单击折叠符号,则将文件夹折叠,并且折叠符号变成展开符号。双击文件夹图标或文件名,也可以展开或折叠文件夹。

(2)改变文件和文件夹的显示方式。在"资源管理器"或"计算机"窗口中,单击"查看"菜单或工具栏中的 ▤▾ 按钮,拖动滑动条或单击"超大图标"、"大图标"、"中等图标"、"小图标"、"列表"、"详细信息"、"平铺"、"内容"命令,可以选择文件和文件夹的显示方式,如图 1-3-14 所示。也可以在右边窗格的空白处右键单击,选择快捷菜单"查看"子菜单中的某种显示方式。

(3)设置文件或文件夹的排列方式。在"资源管理器"窗口中,单击"查看"菜单→"排序方式"命令中的"名称"、"修改日期"、"类型"和"大小"命令,可以重新排列右窗格的内容,并且还可以按升序或降序排列。也可以在右边窗格的空白处右键单击,选择快捷菜单中的"排序方式"确定子菜单中的某种排列方式。

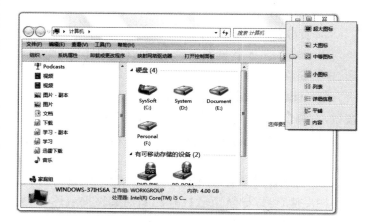

图 1-3-14 文件和文件夹的显示方式

(4)设置文件和文件夹的选项。文件和文件夹被隐藏后,如果要访问它们,必须开启查看隐藏文件功能,通过"文件夹选项"对话框来实现。操作方法是单击资源管理器"工具栏"的"组织"按钮,选择"文件夹和搜索选项",打开"文件夹选项"对话框,如图1-3-15所示。单击"查看"选项卡,通过选择或取消"显示隐藏的文件、文件夹和驱动器"和"隐藏已知文件类型的扩展名"来实现相应的操作。也可以单击"工具"菜单中的"文件夹选项"来打开"文件夹选项"对话框。

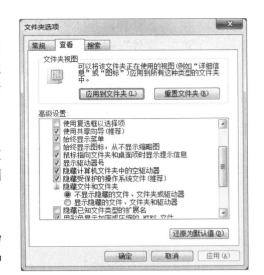

图1-3-15 "文件夹选项"对话框

三、Windows 7 文件及文件夹管理

管理文件和文件夹是资源管理器应用最多的功能,文件和文件夹的操作主要包含文件和文件夹的选定、新建、复制、移动、删除、重命名、属性设置等。

1. 选定文件或文件夹

要对文件或文件夹进行操作,首先要选定文件或文件夹。为了便于用户快速选择文件和文件夹,Windows 系统提供了多种文件和文件夹的选择方法。

(1)选定单个对象:单击要选定的对象。

(2)选定连续的多个对象:先单击要选定的第一个对象,按住【Shift】键,再单击最后一个要选定的对象。

(3)选定不连续的多个对象:先按住【Ctrl】键,再依次单击要选定的各个对象。

(4)框选对象:用鼠标在选定区域中拖出一个虚线框,释放后虚线框中的所有文件被选定。

(5)选定所有对象:单击"编辑"→"全部选定"命令或按【Ctrl+A】组合键。

(6)选定已选定对象之外的其他对象:单击"编辑"→"反向选择"命令。

(7)撤消一项选定:按住【Ctrl】键,单击要取消的对象。

(8)撤消所有选定:在已选定文件之外的任意位置下单击。

2. 文件和文件夹的新建

可以在桌面或磁盘上任何文件夹中创建新的文件或文件夹,在创建新的文件或文件夹之前,应该先确定它的位置(即路径),确定路径的方法是通过"资源管理器"的导航窗格或窗口工作区来实现。主要有以下几种创建方法:

(1)新建文件夹。

① 在"资源管理器"窗口或"计算机"窗口中的导航窗格或右边窗格中确定目标驱动器或文件夹。

② 单击"文件"→"新建"→"文件夹"命令,在右窗格的文件列表底部会出现一个名为"新建文件夹"的文件夹(如图标 新建文件夹),输入新文件夹名后,按【Enter】键。

新建文件夹还可以用以下的方法:

① 在右边窗格中的空白处右击鼠标,在弹出的快捷菜单中单击"新建"→"文件夹"命令,输入新文件夹名后,按【Enter】键。

② 确定目标驱动器或文件夹,单击工具栏上的"新建文件夹",输入新文件夹名后,按【Enter】键。

(2)新建文件。

① 确定目标驱动器或文件夹。

② 单击"文件"→选择"新建"子菜单中的一种文件类型,如"文本文档"、"Microsoft Word 文档"等,右窗格的文件列表底部会出现一个文件图标,输入新文件名,按【Enter】键即可。

要新建文件,还可以用以下方法:

在右边窗格中的空白处右击鼠标,在弹出的快捷菜单中单击"新建"→选择"新建"子菜单中的一种文件类型,输入新文件夹名后,按【Enter】键。

3. 文件和文件夹的重命名

在 Windows 中,允许用户根据实际需要更改文件和文件夹的名称,以方便对文件和文件夹进行统一管理。操作步骤如下:

（1）在"资源管理器"窗口中,单击选定目标文件或文件夹。

（2）单击"文件"→"重命名"命令。

（3）输入新文件或文件夹名,按【Enter】键。

文件与文件夹的更名方法还有以下几种:

（1）鼠标右击要改名的文件或文件夹,从弹出的快捷菜单中单击"重命名"命令,输入新名称,按【Enter】键确定。

（2）单击要改名的文件或文件夹,将其选定后,再次单击该文件或文件夹的名称,输入新名称,按【Enter】键确定。

（3）选定要更名的文件或文件夹,单击工具栏上的"组织"→"重命名"命令,输入新名称,按【Enter】键确定。

4. 文件和文件夹的复制和移动

（1）复制文件或文件夹。

① 确定要复制的文件或文件夹所在的磁盘或文件夹,选定要复制的文件或文件夹。

② 单击"编辑"菜单→"复制"命令。

③ 打开存放文件或文件夹的目标磁盘或文件夹。

④ 单击"编辑"菜单→"粘贴"命令。

（2）移动文件或文件夹。

① 确定要移动的文件或文件夹所在的磁盘或文件夹,选定要移动的文件或文件夹。

② 单击"编辑"菜单→"剪切"命令。

③ 打开存放文件或文件夹的目标磁盘或文件夹。

④ 单击"编辑"菜单→"粘贴"命令。

（3）文件和文件夹复制和移动的其他方法。

方法 1：

① 选定要复制或移动的文件或文件夹。

② 按组合键【Ctrl＋C】复制或【Ctrl＋X】剪切。

③ 打开存放文件或文件夹的目标磁盘或文件夹。

④ 按组合键【Ctrl＋V】。

方法 2：

① 选定要复制或移动的文件或文件夹。

② 单击工具栏上的"组织"→"复制"或"剪切"命令。

③ 打开存放文件或文件夹的目标磁盘或文件夹。

④ 单击工具栏上的"组织"→"粘贴"命令。

方法 3：

① 选定要复制或移动的文件或文件夹。

② 单击右键,选择快捷菜单中的"复制"或"剪切"命令。

③ 打开存放文件或文件夹的目标磁盘或文件夹。

④ 单击右键,选择快捷菜单中的"粘贴"命令。

方法 4：

① 选定要复制或移动的文件或文件夹。

② 调整"资源管理器"窗口中"文件夹窗格"的内容,让目标文件夹或磁盘可见。

③ 按住【Ctrl】键的同时,用鼠标左键将选定对象拖动到目标文件夹或磁盘上(变为高亮显示),即完成复制操作。若在不同盘间进行复制操作,可直接拖动实现。

④ 若要在同一个盘上移动文件或文件夹,不要按住【Ctrl】键,直接将对象拖动到目标文件夹;若要在不同驱动器之间移动对象,则按住【Shift】键将选定对象拖动到目标文件夹或磁盘上。

方法5：

① 选定要复制或移动的文件或文件夹。

② 调整"资源管理器"窗口中文件夹窗格的内容，让目标文件夹或磁盘可见。

③ 鼠标右键将选定对象拖动到目标文件夹或磁盘（变为高亮显示）后，释放鼠标键。

④ 在弹出的快捷菜单上单击"复制到当前位置"或"移动到当前位置"命令，可实现复制或移动操作。

 点拨

"剪贴板"是内存中开辟的临时存储区域。"剪贴板"在 Windows 中无时不在，剪切、复制和粘贴信息（包括文件、文件夹、文本、图片等）时，都要使用"剪贴板"。可以将计算机的整个屏幕或当前窗口进行复制。按键盘上的【PrtSc SysRq】键，可将整个屏幕图像复制到"剪贴板"中。同时按【Alt＋PrtSc SysRq】组合键，可将当前活动窗口图像复制到"剪贴板"中。

5. 文件和文件夹的删除

删除文件或文件夹一般是把它们放入回收站，也可以直接删除。

（1）操作步骤。

在"资源管理器"窗口中，选定文件或文件夹，选择下列操作之一：

① 按【Delete】键。

② 单击"文件"→"删除"命令。

③ 单击"组织"→"删除"命令。

④ 右击选定对象，从弹出的快捷菜单中选择"删除"命令。

⑤ 直接拖到回收站图标中。

以上操作都会出现"确认文件删除"对话框，在该对话框中单击"是"按钮，将文件放入回收站删除。

（2）彻底删除文件或文件夹。

要彻底删除文件或文件夹的方法有两种：

① 按住【Shift】键的同时，按上述删除方法操作。

② 在回收站中再删除一次，操作方法如上所述。

6. 回收站的管理

回收站是计算机硬盘的一块存储区域，放入回收站的资源同样占用硬盘空间，可以将其中没有用的文件或文件夹彻底删除以释放磁盘空间。如果误删文件或文件夹，还可以将其恢复到原来的位置。

（1）恢复文件或文件夹。

在"资源管理器"窗口左侧的导航栏中单击"回收站"图标，或者双击桌面"回收站"图标，打开如图 1－3－16 所示的"回收站"窗口，选定需要恢复的文件与文件夹。选择下列操作之一：

① 单击"文件"菜单中的"还原"命令。

② 单击工具栏上的"还原此项目"按钮。

③ 右击被选定的文件与文件夹，在弹出的快捷菜单中单击"还原"命令。

（2）清空回收站。

打开"回收站"窗口，选择如下操作之一：

① 单击"文件"菜单中的"清空回收站"命令。

② 单击工具栏上的"清空回收站"命令。

③ 在导航栏窗口中右击"回收站"，在弹出的快捷菜单中单击"清空回收站"命令。

④ 在右侧窗口的空白处单击右键，选择快捷菜单中的"清空回收站"命令。

图 1－3－16　"回收站"窗口

⑤ 在桌面上右键单击回收站,在弹出的快捷菜单中单击"清空回收站"命令。

图 1-3-17 "回收站属性"对话框

(3) 设置回收站属性。

右击桌面"回收站"图标,在弹出的快捷菜单中单击"属性"命令,打开如图 1-3-17 所示的"回收站属性"对话框。根据需要设置各驱动器回收站的空间大小、是否删除时不将文件移入回收站而是彻底删除等。

打开回收站属性对话框还有其他方法。例如,在"资源管理器"或"计算机"窗口导航栏选择回收站图标,单击"组织"→"属性";在导航栏中右击回收站图标,在弹出的快捷菜单中选择"属性",或在右边窗口中的空白处单击右键,在弹出的快捷菜单中单击"属性"。

7. 文件或文件夹的发送

在 Windows 操作系统中可以通过"发送到"功能(方法同创建"桌面快捷方式"),直接把选择的文件或文件夹复制到"文档"、"邮件接收者"、"移动磁盘"(移动磁盘必须接入计算机)等位置。

8. 文件或文件夹的属性设置

在 Windows 资源管理器的窗口工作区中,用户能很方便地查看文件或文件夹的属性,并且对它们进行修改。文件或文件夹的属性包含三种:只读、隐藏和存档。查看或修改文件、文件夹的属性时,先选定查看属性的文件或文件夹,然后单击"文件"→"属性",或直接右击选择快捷菜单中的"属性"。

9. 文件或文件夹的搜索

Windows 7 提供了强大的搜索功能,用户利用搜索功能可快速地查找到所需的文件或文件夹,并且搜索操作简单且方便。搜索将遍历系统中的程序以及个人文件夹(包括"文档"、"图片"、"音乐"、"桌面"以及其他常见位置)中的所有文件夹。它还可以搜索用户的电子邮件、已保存的即时消息、约会和联系人。还可以搜索文件中与搜索关键词相同的内容。搜索操作可通过两种方法实现,以搜索 Winword. exe 为例进行介绍。

(1) "开始"菜单上的搜索。单击桌面左下角的"开始"菜单,然后在搜索框内键入要搜索的内容"Winword. exe"。键入之后,搜索结果将自动显示在"开始"菜单左边窗格中的搜索框上方,单击任一搜索结果可将其打开。还可以单击"查看更多结果"以显示整个搜索结果,此时是以黄色字体显示搜索结果。

(2) 资源管理器窗口中的搜索。资源管理器窗口的搜索默认的搜索范围为地址栏的指定位置,其搜索操作方法如下:在打开的"计算机"窗口的搜索框中单击,输入搜索内容"Winword. exe"。键入内容后,搜索结果将自动显示在下面的窗口工作区中,并且以黄色字体显示搜索结果。

如果在特定库或文件夹中无法找到要查找的内容,则可以扩展搜索。在搜索框中输入要搜索的内容后,通过滚动条显示窗口工作区的底部,在"在以下内容中再次搜索"选择"计算机"进行搜索。根据搜索对象的不同,还可以选择"自定义"或"Internet"进行搜索。

四、Windows 7 库的基本操作

库可以收集不同文件夹中的内容。可以将不同位置的文件夹包含到同一个库中,然后以一个集合的形式查看和排列这些文件夹中的文件,并且可以对库中的文件或文件夹进行各种各样的操作,就像操作本地文件和文件夹一样。

1. 库的新建

(1) 打开资源管理器,单击导航窗格上的"库",如图 1-3-18 所示。然后单击窗口工具栏上的"新建库",键入库的名称,然后按【Enter】键即可。

(2) 在资源管理器中,单击导航窗格上的"库",然后单击"文件"菜单的"新建"子菜单中的"新建库",或者在导航窗格上的"库"上右击,在弹出的快捷菜单的"新建"中选择"新建库",也可以单击导航窗格上的"库"后,在右边的窗口工作区

图 1-3-18 资源管理器中的库

中任意空白处右击,在弹出的快捷菜单的"新建"中选择"新建库"。这些方法均可建立新的库。

（3）根据已有文件夹设置新库。打开资源管理器,找到要设立新库的文件夹,右击该文件夹,在弹出的快捷菜单中选择"包含到库中",然后单击"创建新库",则以该文件夹为名自动建立一个新库。

2. 将文件夹添加到已有库中

（1）在"资源管理器"窗口中选择库,如果是新建库,单击右侧窗口中的 包括一个文件夹 ,将弹出一个对话框。找到要包含到库的文件夹,单击"包含文件夹"即可。

（2）若要将已有的文件夹加入到库中,在导航窗格中找到要添加的文件夹,右击该文件夹,在弹出的快捷菜单选择"包含到库中"的某个库,该文件夹将自动添加到该库中。

（3）如果库已有文件夹,在右侧窗口已打开的库的上方信息栏"[n]个位置"上单击,将弹出一个对话框。单击对话框右边的"添加"命令,将弹出一个新的对话框,找到要包含到库的文件夹,单击"包含文件夹",最后单击"确定"。

3. 库中文件夹的删除

这里所指的文件夹是指添加到库中的文件夹,即库中所看到的第一级文件夹。从库中删除文件夹时,不会从原始位置删除该文件夹及其内容。删除方法有以下两种:

（1）在导航窗格中找到要删除的库中的文件夹,右击该文件夹,在弹出的快捷菜单中选择"从库中删除位置"命令,即实现删除文件夹操作。

（2）单击文件夹所在的库,在右边的库窗格中"包括"右边的"[n]个位置"单击,将弹出一个对话框。在对话框中选定要删除的文件夹,单击"删除",该文件夹将在窗口中消失,单击"确定"命令,完成删除。若单击"取消",则文件夹没有删除。

4. 库本身的操作

库本身的操作相当于一个文件或文件夹的操作,除了包括前面所介绍的库的建立外,还包括库的复制、重命名、建立快捷方式、删除及属性设置,其操作方法类似于文件或文件夹的相应操作。

（1）库的复制。库的复制涉及两种操作,一种是在库中将某个库进行备份,另一种是将库复制到其他指定位置。

① 操作一:打开资源管理器,找到要进行复制的库,右击该库,在弹出的快捷菜单中选择"复制"命令,然后右击库中的任意空白处,在弹出的快捷菜单中选择"粘贴"命令,在库中将出现该库的备份文件。复制和粘贴命令还可以在"编辑"菜单中选择,或者按【Ctrl＋C】和【Ctrl＋V】,也可以用鼠标拖动的方法实现复制操作。

② 操作二:打开资源管理器,找到要进行复制的库,右击该库,在弹出的快捷菜单中选择"复制"命令,然后确定目标位置(目标位置不在库中),右击目标位置的任意空白处,在弹出的快捷菜单中选择"粘贴"命令,在目标位置将出现所选的完整文件夹及其内容,成为一个独立的文件夹而不是依附于库。

（2）库的重命名。其操作方法与文件或文件夹的重命名类似,可参照文件或文件夹的重命名方法。

（3）建立库的快捷方式。在库中建立某个库的快捷方式是指该库的快捷方式会自动放到桌面上,而不是放在库中。例如,建立"学习"库的快捷方式的操作方法,是右击"学习"库,在弹出的快捷菜单中选择"创建快捷方式",该快捷方式将自动放到桌面上。也可以在快捷菜单中选择"发送到"子菜单中的"桌面快捷方式"来实现。

（4）库的删除。在资源管理器窗口左侧的导航栏中选择要删除的库,右击该库,在弹出的快捷菜单中选择"删除",将弹出是否删除的确认对话框,单击"是",完成删除。如果删除库,会将库自身移动到"回收站"。由于在该库中访问的文件和文件夹存储在其他位置,因此不会删除。如果意外删除四个默认库(文档、音乐、图片或视频)中的一个,可以在导航窗格中将其还原为原始状态,方法是右键单击导航窗格中的"库",然后在弹出的快捷菜单中单击"还原默认库"命令。

（5）库的属性设置。打开资源管理器,找到某个库,右击该库,在弹出的快捷菜单中选择"属性"命令,弹出一个对话框,通过选定或取消"显示在导航窗格中"和"已共享"前面的复选框实现属性设置。在对话框中的"库位置"处,显示了该库包含的文件夹,其中带"√"的文件夹为默认保存位置,可以选择其他文件夹,单击"设置保存位置"来实现改变默认保存位置。单击"包含文件夹",可以将其他文件夹增加到该库中。若选定某个文件夹,单击"删除"命令,可实现将选定的文件夹从库中移除其位置。单击"优化此库"下面的下拉列表框,可以优化库,目前只能优化默认的有文档、音乐、图片和视频四种库。单击"确定"或"应用"可使各项操作有效,单击"取消"可使操作无效。

(6)库中文件和子文件夹的操作。建立新库及将某个文件夹加入到该库中,可在资源管理器的右侧相应库窗口中对其中的文件或子文件夹进行各种操作(如文件或子文件夹的新建、复制、移动、删除、重命名、属性设置等)。这些操作也会直接反映到原始文件或子文件夹中,就像在原始位置上操作一样,所以在库中进行文件或子文件夹删除操作时要特别注意,若在库中进行删除操作,则原始位置处的相应文件或子文件夹也被删除。

(a) 系统图标　　(b) 快捷方式图标

图 1 - 3 - 19　桌面图标

五、计算机的个性化设置

1. 桌面图标的设置

图标是代表文件、文件夹、程序和其他项目的小图像,它由形象的图片和说明文字两部分组成。用户为了操作方便,可以将经常使用的程序、文件和文件夹随时添加到桌面上,形成桌面图标,以便快速访问。桌面图标主要分为系统图标和快捷方式图标,系统图标是指系统桌面上的默认图标,快捷方式图标的特征是其左下角显示箭头标志,如图1 - 3 - 19所示。

(1)添加或删除常用的系统图标。常用的系统图标包括"计算机"、"用户的文件"、"回收站"、"控制面板"和"网络"图标。首次启动 Windows 7 时,用户将在桌面上至少看到一个系统图标,即"回收站"。

右键单击桌面上的空白区域,单击"个性化"命令,打开"个性化"窗口,如图1 - 3 - 20所示。在左侧窗格中,单击"更改桌面图标"选项。在"桌面图标"下面,选中想要显示到桌面的每个图标的复选框,或清除想要从桌面上隐藏的每个图标的复选框,然后单击"确定"按钮。其操作界面如图1 - 3 - 21所示。

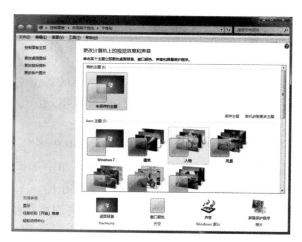 

图 1 - 3 - 20　在"个性化"窗口中设置　　　**图 1 - 3 - 21　桌面常用系统图标添加或删除界面**

(2)移动单个图标。用鼠标左键单击某个图标,并拖动鼠标到桌面任意位置,释放鼠标。

(3)移动矩形框所包含的多个图标。先选定要移动的多个图标(用鼠标在桌面上拖出一个矩形框,包含的图标为选中的图标),再拖动鼠标到桌面任意位置,释放鼠标。

(4)显示图标。右击桌面空白处,在弹出的快捷菜单中选择"查看"→"大图标"、"中等图标"或"小图标"命令,观察操作后的结果。弹出的快捷菜单如图1 - 3 - 22所示。

(5)排列图标。右击桌面空白处,在弹出的快捷菜单中选择"排序方式"→"名称"、"项目类型"、"大小"或"修改日期"命令,观察操作后的结果。弹出的快捷菜单如图1 - 3 - 23所示。

(6)保持桌面现状。右击桌面空白处,在弹出的快捷菜单中选择"查看"→"自动排列图标"命令。此命令表示对图标的其他调整(如移动)将失效。

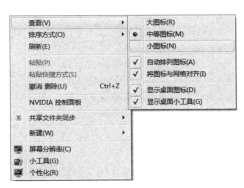

图 1-3-22　桌面图标调整菜单项

图 1-3-23　桌面图标排列方式菜单项

（7）显示/隐藏桌面。右击桌面空白处,在弹出的快捷菜单中选择"查看"→"显示桌面图标"命令,则隐藏桌面上的所有图标,显示为一片空白。再单击"显示桌面图标"命令,则恢复显示。

（8）显示/隐藏桌面小工具。右击桌面空白处,在弹出的快捷菜单中选择"查看"→"显示桌面小工具"命令,可实现桌面小工具的显示或隐藏,此操作的前提是桌面上已显示有小工具。

2. 任务栏的设置

任务栏包括"开始"按钮、快速启动区、已打开的应用程序区、语言栏、系统提示区和"显示桌面"按钮,如图 1-3-24 所示。

图 1-3-24　任务栏

（1）向任务栏中添加工具。右击任务栏空白处,在弹出的快捷菜单中选择"工具栏",然后选择要添加的工具(如选择"地址",则"地址"工具栏将出现在任务栏中),或单击"新建工具栏"以选择某个项目添加到任务栏中。

（2）锁定及解锁"任务栏"中的快速启动程序图标。选定某应用程序图标,直接拖到任务栏的快速启动区域(同时会出现提示"附到任务栏",表示添加到任务栏上),释放鼠标;如果程序正在运行,则右击"任务栏"中的程序图标,单击"将此程序锁定到任务栏"即可。如果需要去掉某个快速启动图标,则右击该图标,在弹出的快捷菜单中选择"将此程序从任务栏解锁"命令。

（3）调整任务栏高度。鼠标指向任务栏上边界,鼠标指针变成双向箭头"↕"时,上下拖动鼠标,即可改变任务栏的高度。如果鼠标指向任务栏边界时,指针未出现"↕"形状,表示任务栏已锁定,可右击任务栏,在弹出的快捷菜单中单击"锁定任务栏"命令,然后再调整任务栏高度。

（4）改变任务栏位置。将鼠标指向任务栏的空白处(此是鼠标指针仍然是 ↖ 形状),拖动任务栏到屏幕的上部、左部或右部,再释放鼠标。若任务栏被锁定,此操作无效。可右击任务栏,在弹出的快捷菜单中单击"锁定任务栏"命令,然后可实现此操作。

（5）设置任务栏属性。

① 右键单击桌面左下角的"开始"菜单 ,在弹出的快捷菜单中单击"属性"命令,会出现对话框,再单击"任务栏"标签。或者右击任务栏空白处,在弹出的快捷菜单中选择"属性"选项,弹出任务栏和开始菜单"属性"对话框,如图 1-3-25 所示。在对话框中可修改属性参数,其中, ☑ 表示选中该属性, ☐ 表示清除该属性。

② 在"任务栏"选项卡中,选择"自动隐藏任务栏",则任务栏被隐藏,但鼠标指向任务栏在屏幕上所处

图 1-3-25 "任务栏和开始菜单属性"对话框

图 1-3-26 "自定义"对话框

区域,即可再次显示任务栏;选择"锁定任务栏",则用户不能调整任务栏;选择"使用小图标",任务栏的应用程序图标将缩小显示。还可以对任务栏右边的应用程序图标进行设置,单击"自定义"命令。

③ 在"任务栏"选项卡中,单击"自定义"按钮,出现如图 1-3-26 所示的"自定义"窗口。可以隐藏或显示任务栏右侧应用程序的图标,设置完成后单击"确定"按钮。

3. 设置桌面主题、背景和屏幕保护程序

(1)桌面上的所有可视元素和声音的组合,统称为 Windows 桌面主题。在桌面的空白处单击右键,选择快捷菜单中的"个性化",在弹出的"个性化"窗口的右侧拖动垂直滚动条,如图 1-3-26 所示。"Aero主题"预置了多个主题,直接单击所需主题即可改变当前桌面外观。

(2)单击"个性化"窗口左下角的"桌面背景"链接,弹出如图 1-3-27 所示的对话框。在上面的"图片位置"下拉列表中,选择自己喜欢的图片作为墙纸。也可以单击"浏览"按钮从磁盘中选择图片。在下面的"图片位置"下拉列表框中,选择一种图片展示方式。单击"居中"、"平铺"或"拉伸"等。单击"保存修改"按钮,可以保存设置并关闭对话框。

(3)单击"个性化"窗口右下角的"屏幕保护程序"链接,弹出如图 1-3-28 所示的对话框。在"屏幕保护程序"下拉列表框中选择自己喜欢的屏幕保护程序,其余参数可以根据需要进行设置(如"等待"时间、在恢复时显示登录屏幕)。单击"应用"按钮,再单击"确定"按钮,可以保存设置并关闭对话框。

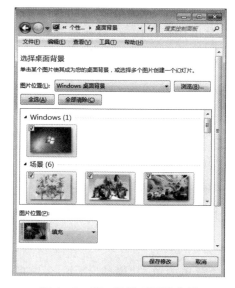

图 1-3-27 设置桌面的背景

图 1-3-28 设置屏幕保护程序

4. 设置显示器的分辨率

(1)在桌面的空白处单击右键,选择快捷菜单中的"屏幕分辨率",弹出如图 1-3-29 所示的对话框。

(2)单击"分辨率"下拉列表框,可以选择适合的分辨率。在"方向"下拉列表框中选择一种方向。还可以单击"高级设置",在弹出的对话框中对"适配器"、"监视器"等进行设置。

（3）单击"应用"按钮后还可继续进行其他参数的设置。

（4）单击"确定"按钮,可以保存设置并关闭对话框。

图 1-3-29　设置屏幕的分辨率　　　　图 1-3-30　设置日期和时间对话框

5. 调整系统日期/时间

（1）打开"日期和时间属性"对话框。单击任务栏右边的"日期和时间"所在区域,在弹出的小窗口中单击"更改日期和时间设置",将弹出如图 1-3-30 所示的对话框。

（2）设置系统的日期和时间。

① 在"日期和时间设置"对话框中,将日期和时间设置成所需要的日期及时间,单击"确定"。

② 单击"更改日历设置",将分别弹出"区域和语言"和"自定义格式"对话框,可以对数字、货币、时间、日期等项目进行设置。

③ 单击"确定",退出设置操作。

6. 用户账号管理

Windows 7 是一个多用户、多任务的操作系统,具有强大的用户账户管理功能,可以在一台计算机中为多个使用者创建不同的用户账户,使其在独立的用户环境内工作而互不影响。Windows 还提供了强大的权限管理机制,可限制用户更改系统设置,以确保计算机安全。

（1）打开"账户管理"窗口。

单击"开始"菜单→"控制面板"命令,出现"控制面板"窗口。单击"用户账户和家庭安全"链接下面的"添加或删除用户账户"命令,打开如图 1-3-31 所示的"管理账户"窗口。可以在"控制面板"窗口中单击"用户账户和家庭安全",在打开的窗口中单击"添加或删除用户账户"命令,打开"管理账户"窗口。

（2）创建账户。

① 单击"管理账户"窗口中的"创建一个新账户"命令。

图 1-3-31　"管理账户"窗口

② 键入要为用户账户提供的名称,单击账户类型,然后单击"创建账户"。

（3）更改账户。

① 在"管理账户"窗口中单击要更改的账户,将弹出一个更改账户的窗口。

② 在打开的窗口中,可以对选择的用户进行账户名称、创建密码、更改图片、设置家长控制、更改账户类型、删除账户等操作。

六、Windows 7 窗口与对话框

窗口与对话框是 Windows 作为图形界面操作系统最为显著的外观特征。通过 Windows 操作系统提供的各种窗口和对话框,用户可以方便地使用计算机,并对计算机中的各种资源进行管理。用户可以根据需要打开多个窗口和对话框,窗口和对话框是 Windows 的基本组成部件。

1. 窗口的组成

窗口一般被分为系统窗口和程序窗口。系统窗口一般指"计算机"、"资源管理器"窗口等 Windows 7 操作系统的窗口,主要由标题栏、地址栏、搜索框、工具栏、窗口工作区和细节窗格等部分组成,如图 1 - 3 - 32 所示。程序窗口根据程序和功能不同,与系统窗口有所差别,但其组成部分大致相同,如图 1 - 3 - 33 所示。

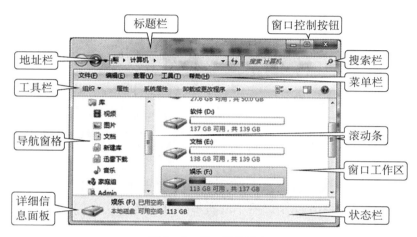

图 1 - 3 - 32　系统窗口

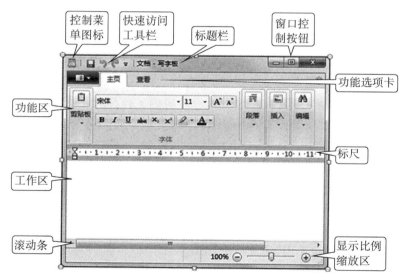

图 1 - 3 - 33　程序窗口

 点拨

　　某些窗口的标题栏下还有菜单栏,菜单栏由各个菜单项组成,单击菜单项,可弹出下拉菜单,从中可选择菜单项执行相应的操作。

2. 窗口的操作

鼠标双击桌面上的"计算机"图标,出现如图 1 - 3 - 34 所示的窗口。

（1）窗口信息的浏览。

① 在窗口中双击 C 盘图标，浏览其中的信息，双击其中要浏览的文件或文件夹。例如，双击文件夹"windows"，可浏览该文件夹中的所有资源。

② 在"前进"与"后退"按钮中，单击 ⬅ 按钮，可返回到前一次浏览的文件夹或磁盘；单击 ➡ 按钮，可返回到后一次选择的文件夹或磁盘。

③ 单击地址栏中的三角按钮，可选择同级目录。单击地址栏中的任一目录，可定位对应目录。

（2）窗口的基本操作。

① 调整窗口大小。分别单击标题栏右侧的最大化按钮或最小化按钮，观察窗口显示效果。将鼠

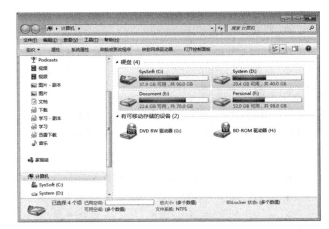

图 1－3－34　"计算机"窗口

标指针指向窗口边框或窗口角，待鼠标指针变成"↔"、"↕"、"↘"、"↗"时，按住左键拖动鼠标，可调整窗口的大小。当窗口最大化后，最大化按钮变成还原按钮 ▯ ，单击还原按钮可还原窗口，单击关闭按钮可关闭窗口。单击窗口标题栏左侧的"控制菜单"按钮，选择其中的"最小化"或"最大化"命令项，可以完成相应的最小化或最大化/还原及关闭窗口的操作。

② 移动窗口。将鼠标指针指向标题栏，然后按住鼠标左键将窗口拖动到合适位置释放。当拖动到桌面顶部边缘时，窗口自动变为全屏最大化。

③ 浏览窗口信息。当窗口内不能显示完所有信息时，会出现垂直滚动条或水平滚动条，此时拖动滚动条或单击滚动按钮可以浏览信息。

④ 排列窗口。双击桌面图标"回收站"、"计算机"或其他应用程序，打开至少三个窗口。鼠标右击任务栏的空白区域，在弹出的快捷菜单中分别单击"层叠窗口"或"堆叠显示窗口"或"并排显示窗口"，观察多个窗口的排列关系，如图 1－3－35 所示。

（a）层叠窗口

（b）堆叠显示窗口

（c）并排显示窗口

图 1－3－35　排列窗口

⑤ 窗口切换。窗口切换是指在活动窗口和非活动窗口之间切换，在打开的多个窗口中，当前正在使用的窗口（在最前面）称为活动窗口，其他窗口都是非活动窗口。分别用以下方法在打开的"计算机"、"回收站"及应用程序窗口之间实现切换：

● 单击要进行操作的窗口的任意部分，该窗口即成为当前活动窗口。

● 鼠标单击任务栏中窗口对应的应用程序任务按钮实现窗口切换。

● 按键盘组合键【Alt ＋ Tab】或者【Alt ＋ Esc】键，选择要操作的窗口实现切换。

● 按住键盘上的【Win】键不放，按【Tab】键可在打开的窗口之间切换，释放【Win】键后，选中的窗口为当前活动窗口。

⑥ 关闭窗口。分别用以下方法关闭已打开的"计算机"、"回收站"及应用程序窗口。

● 单击窗口标题栏右侧的"关闭"按钮 ✕ 。

- 单击窗口标题栏左侧的"控制菜单"图标位置,在弹出的菜单中单击"关闭"命令。
- 双击窗口标题栏左侧的"控制菜单"图标位置。
- 按键盘组合键【Alt＋F4】,直接关闭当前活动窗口。
- 右键单击窗口在"任务栏"上对应的图标,在弹出的快捷菜单中单击"关闭窗口"命令。

（3）窗口的定制。

① 布局设置。双击桌面上的"计算机"图标,打开"计算机"窗口后,单击菜单栏下面的"组织"→"布局"级联菜单,可以控制界面各部分显示区域。

- 单击"组织"→"布局"→"菜单栏"命令,可显示/隐藏菜单栏。
- 单击"组织"→"布局"→"细节窗格"命令,可显示/隐藏细节窗格。
- 单击"组织"→"布局"→"预览窗格"命令,可显示/隐藏预览窗格。
- 单击"组织"→"布局"→"导航窗格"命令,可显示/隐藏导航窗格。

② 文件夹展开及折叠。

- 在导航窗格中单击图标左侧的▷图标,可显示其中的子文件夹。
- 在导航窗格中单击图标左侧的◢图标,可隐藏其中的子文件夹。
- 在导航窗格中单击文件夹图标,或在内容显示区中双击文件夹图标,可在右侧的窗口中显示其文件夹中的所有内容。

3. 对话框

对话框是特殊类型的矩形框,当程序或 Windows 需要用户进行响应以继续操作时,经常会看到弹出的对话框,它给用户提供输入信息、选择某项内容或显示警告信息等功能。对话框中的元素主要包括选项卡、单选按钮、复选框、文本框、命令按钮、列表框、下拉列表框、数值框等,如图 1-3-36 所示。

（a）文件夹选项对话框　　　　　　　　　　（b）鼠标属性对话框

图 1-3-36　对话框

图 1-3-37　"Internet 选项"对话

4. 对话框的操作

双击桌面上的 IE 浏览器图标,打开浏览器窗口。单击"工具"→"Internet 选项"命令,出现如图 1-3-37 所示的对话框。

（1）对话框的移动:将鼠标指向标题栏并拖动鼠标到目标位置,再释放鼠标。

（2）对话框的关闭:单击 ✕ 按钮、"确定"按钮或"取消"按钮。

（3）帮助信息:单击 ❓ 按钮,将打开 Windows 帮助中心。

（4）在对话框中的移动:用鼠标可任意在对话框的各选项之间进行移动。也可用【Tab】键或【Shift＋Tab】键进行移动。在同一组选项中,可用方向键来移动。

（5）执行命令：按【Alt＋"下划线字母"】来执行相应命令。

（6）对话框中各参数的设置。单选按钮和复选框：单选按钮形如 ◉ 或 ◉，前者为没有选中，后者为选中。复选框形如 □ 或 ☑，前者为没有选中，后者为选中。文本框显示为一个矩形框，可输入文字或数字。命令按钮是以圆角矩形显示且带有文字说明的按钮（如 ___确定___）。单击命令按钮，会立即执行一个命令。列表框以矩形框形式显示列出可供选择的选项。下拉列表框与列表框类似，只是将选项折叠起来，右侧有一个下三角按钮，单击此按钮后会弹出所有选项。数值框用于输入或选中一个数值，由文本框和微调按钮组成（如 0.13 厘米 ◆）。可以直接在数值框中输入数值，也可以通过后面的 ◆ 按钮设置数值。

自主实践活动

最近学生会正在筹办校园文化艺术节，内容有歌唱比赛、摄影展览、知识竞赛和时事辩论赛。小赵是学生会的秘书，具体负责选手报名、歌曲准备、摄影作品收集、题目汇总等工作。一开始小赵把这些文件随意放在 E 盘"艺术节"文件夹内。随着文化艺术节活动的不断深入开展，该文件夹中的内容越来越杂乱无章。为此，小赵决定整理该文件夹，将音乐文件放在"歌曲"文件夹内，将图片文件放在"摄影"文件夹内、将文本文件放在"题目"文件夹内，并删除多余的文件；在系统中建立一个新库，库名为"文化艺术节"，将文件夹"歌曲"、"摄影"和"题目"添加到"文化艺术节"库中，并在桌面上建立"文化艺术节"库的快捷方式。请你一起来帮小赵完成该项工作。

综合测试

知识题

一、选择题

1. 由于计算机应用的普及，计算机已成为（　　）。
   A．生产的工具　　　　　　　　　　　B．学习的工具
   C．获取和处理信息的工具　　　　　　D．娱乐的手段

2. 促使计算机技术发展极为迅速的根本原因是（　　）。
   A．人类社会的进步和发展　　　　　　B．微机出现，计算机走向家庭
   C．计算机自身的特点　　　　　　　　D．计算机的广泛应用

3. 用计算机进行资料检索属于计算机应用中的（　　）。
   A．数据处理　　　　　　　　　　　　B．科学计算
   C．实时控制　　　　　　　　　　　　D．人工智能

4. 在计算机系统中，CAD 表示（　　）。
   A．辅助教学　　　　　　　　　　　　B．辅助设计
   C．辅助测试　　　　　　　　　　　　D．辅助制造

5. 计算机系统是指（　　）。
   A．主机和外部设备　　　　　　　　　B．主机、显示器、键盘、鼠标
   C．运控器、存储器、外部设备　　　　D．硬件系统和软件系统

6. 计算机中的运算器能进行（　　）。
   A．加法和减法运算　　　　　　　　　B．算术运算和逻辑运算
   C．加、减、乘、除运算　　　　　　　D．字符处理运算

7. CPU 能直接访问的存储器是（　　）。
   A．硬盘　　　　　　B．ROM　　　　　　C．光盘　　　　　　D．优盘

8. USB 是一种（　　）。
   A．中央处理器　　　　　　　　　　　B．通用串行总线接口
   C．不间断电源　　　　　　　　　　　D．显示器

9. 微型计算机系统采用总线结构连接 CPU、存储器和外部设备。总线通常由三部分组成，它们是（　　）。
   A．数据总线、地址总线和控制总线　　B．数据总线、信息总线和传输总线
   C．地址总线、运算总线和逻辑总线　　D．逻辑总线、传输总线和通讯总线

10. 获取指令、决定指令的执行顺序、向相应硬件部件发送指令，这是（　　）的基本功能。

A．运算器　　　　　　　　B．控制器　　　　　　C．内存储器　　　　　　D．输入/输出设备

11. 在计算机系统的硬件设备中，获取指令、决定指令的执行顺序、向相应硬件部件发送指令，这是（　　　）的基本功能。

A．输入/输出设备　　　　B．内存储器　　　　　C．控制器　　　　　　D．运算器

12. 在以下描述中，正确的是（　　　）。

A．8个二进制位称为一个机器字

B．计算机中存储和表示信息的基本单位是机器字

C．计算机中存储和表示信息的基本单位是位

D．计算机中存储和表示信息的基本单位是字节

13. 计算机的内存储器由许多存储单元组成，为了使计算机能识别和访问这些单元，给每个单元一个编号，这些编号称为（　　　）。

A．名称　　　　　　　　B．名号　　　　　　　C．地址　　　　　　　D．栈号

14. 我们通常所说的"裸机"是指（　　　）。

A．只装备有操作系统的计算机　　　　　B．不带输入输出设备的计算机

C．未装备任何软件的计算机　　　　　　D．计算机主机暴露在外

15. 计算机存储器单位 Byte 称为（　　　）。

A．位　　　　　　　　B．字节　　　　　　　C．机器字　　　　　　D．字长

16. 关于随机存储器 RAM，不具备的特点是（　　　）。

A．信息不能长期保存　　　　　　　　　B．信息可读可写

C．是一种半导体存储器　　　　　　　　D．用来存放计算机本身的监控程序

17. 以下有关叙述中，正确的是（　　　）。

A．存储容量的最小单位是字节

B．计算机只能进行数值运算

C．计算机中信息的存储和处理都使用二进制

D．计算机中信息的输入和输出都使用二进制

18. 计算机系统的软件是指所使用的（　　　）。

A．各种程序的集合　　　　　　　　　　B．有关的文档资料

C．各种指令的集合　　　　　　　　　　D．数据、程序和文档资料的集合

19. Visual BASIC 是一种（　　　）的程序设计语言。

A．面向机器　　　　　　B．面向过程　　　　　C．面向事件　　　　　D．面向对象

20. 操作系统是一种（　　　）。

A．编译程序系统　　　　　　　　　　　B．高级语言

C．用户操作规范　　　　　　　　　　　D．系统软件

21. 计算机指令的有序集合称为（　　　）。

A．计算机语言　　　　　　　　　　　　B．程序

C．软件　　　　　　　　　　　　　　　D．机器语言

22. 在计算机内部，一切信息的存取、处理和传送都是以（　　　）形式进行的。

A．BCD 码　　　　　　　　　　　　　B．ASCII 码

C．十进制　　　　　　　　　　　　　　D．二进制

23. 将十进制数 17 转换为等价的二进制数是（　　　）。

A．1001　　　　　　　　　　　　　　B．10010

C．10001　　　　　　　　　　　　　　D．10000

24. 十进制数 259 转换为二进制数的结果为（　　　）。

A．111111111　　　　　　　　　　　B．100000011

C．100001000　　　　　　　　　　　D．110000010

25. 十进制数 13 转换为等价的二进制数的结果为（　　　）。

A．1101　　　　　　　B．1010　　　　　　　C．1011　　　　　　　D．1100

26. 下面最大的数是（　　　）。

A．(10101111)2　　　　B．(210)8　　　　　　C．(AC)16　　　　　　D．170

27. 在 ASCII 码基本集编码规则中，使用（　　　）位二进制来表示所有的英文字符。

A. 4 　　　　　　　　　　　　　　　　　B. 7

C. 8 　　　　　　　　　　　　　　　　　D. 16

28. 计算机中的字符一般采用 ASCII 码编码方案。若已知"I"的 ASCII 码值为 49H,则可能推算出"S"的 ASCII 码值为( )H。

A. 47 　　　　　　　　　　　　　　　　B. 53

C. 59 　　　　　　　　　　　　　　　　D. 65

29. 计算机系统中使用的 GB2312－80 编码是一种( )。

A. 英文的编码 　　　　　　　　　　　　B. 汉字的编码

C. 通用字符的编码 　　　　　　　　　　D. 信息交换标准代码

30. 存储一个 24＊24 点阵的汉字需要( )字节存储空间。

A. 32 　　　　　　B. 48 　　　　　　　C. 72 　　　　　　　D. 128

31. 在 Windows 系统中,搜索文件时可使用通配符"＊",其含义是( )。

A. 匹配任意多个字符 　　　　　　　　　B. 匹配任意一个字符

C. 匹配任意两个字符 　　　　　　　　　D. 匹配任意三个字符

32. 在计算机操作系统中,以下文件中( )被称为文本文件或 ASCII 文件。

A. 以 TXT 为扩展名的文件 　　　　　　B. 以 COM 为扩展名的文件

C. 以 EXE 为扩展名的文件 　　　　　　D. 以 DOC 为扩展名的文件

33. 下面属于操作系统软件的是( )。

A. Windows 　　　　　　　　　　　　　B. Office

C. Internet Explorer 　　　　　　　　　D. PhotoShop

34. 在 Windows 系统及其应用程序中,菜单是系统功能的体现。若当前某项菜单中有淡字项,则表示该功能( )。

A. 其设置当前无效 　　　　　　　　　　B. 用户当前不能使用

C. 一般用户不能使用 　　　　　　　　　D. 将弹出下一级菜单

35. Windows 系统所提供的剪贴板,实际上是( )。

A. 一段连续的硬盘区域 　　　　　　　　B. 一段连续的内存区域

C. 一个多媒体应用程序 　　　　　　　　E. 应用程序之间进行数据交换的工具

二、判断题(正确的打"√",错误的打"×"。)

1. 计算机被称为电脑,它完全可以代替人进行工作。　　　　　　　　　　　　　　　( )

2. 计算机与其他智能设备的本质区别是它能够存储和控制程序。　　　　　　　　　( )

3. 机器语言又叫机器指令,是能够直接被计算机识别和执行的计算机程序设计语言。( )

4. 微机的运算速度通常是用单位时间内执行指令的条数来表示的。　　　　　　　　( )

5. 程序的存储式执行是当前计算机自动工作的基本核心。　　　　　　　　　　　　( )

6. 在内存或磁盘中使用 ASCII 码或汉字内码保存信息,是因为这两种代码最简单、科学和形象。( )

7. 文字处理软件是一个系统软件,因为我们使用计算机时都要用到它。　　　　　　( )

8. 在计算机系统中,硬件是基础,软件是灵魂,它们只有很好地协调配合,才能充分地发挥计算机所具有的功能。( )

9. 计算机内是以二进制代码来表达信息的。　　　　　　　　　　　　　　　　　　( )

10. 在计算机内部,一切信息的存放、处理和传递均采用二进制的形式。　　　　　　( )

11. 若在一个非零无符号二进制整数右边加两个零形成一个新的数,则新数的值是原数值的四倍。( )

12. 随机存储器 RAM 中的信息固定不变,只能读不能重写。　　　　　　　　　　　( )

13. 高级语言 C 是能够直接被计算机识别和执行的计算机程序设计语言。　　　　　( )

14. 由于计算机能直接识别的是 0,1 代码表示的二进制语言,而用户使用 Vfoxpro 编制的程序不是用二进制代码表示的,因此,计算机不能执行 Foxpro 源程序。( )

15. 计算机系统的硬件和软件是有机联系的,二者相辅相成,缺一不可。　　　　　　( )

16. 计算机用于机器人的研究属于人工智能的应用。　　　　　　　　　　　　　　　( )

17. 十进制数的小数部分转换为二进制小数,可采用乘 2 取整的方法。　　　　　　　( )

18. CAD/CAM 是计算机辅助设计/计算机辅助制造的缩写。　　　　　　　　　　　( )

19. 计算机的 CPU 能直接读写内存、硬盘和光盘中的信息。　　　　　　　　　　　( )

20. 机器语言又叫机器指令,是能够直接被计算机识别和执行的计算机语言。　　　　( )

21. 文件的扩展名一定代表该文件的类型。 （　　）

22. 存储在任何存储器中的信息，断电后都不会丢失。 （　　）

23. 一台计算机上只能同时安装有一种操作系统。 （　　）

24. 操作系统的内核或核心程序随系统的运行而驻留在内存中，而另一部分程序存放在外存中，需要时由外存调入内存运行。 （　　）

25. Windows 系统的"控制面板"主要是用来对当前系统进行硬件设备管理和设置用户操作环境。 （　　）

26. 在 Windows 操作系统中，关闭计算机后回收站内的内容将自动清除。 （　　）

27. 启动 Windows 就是把硬盘中的 Windows 系统装入内存储器的指定区域中。 （　　）

28. 在 Windows 系统中，既可使用鼠标，又可使用键盘进行操作。因此，二者缺一不可。 （　　）

29. 在 Windows 系统中，可随时按【F1】键获取在线帮助。 （　　）

30. 将剪贴板中的内容粘贴到文档中后，其内容在剪贴板中将不存在。 （　　）

三、填空题

1. 在计算机系统中，总线是 CPU、内存和外部设备之间传送信息的公用通道。微机系统的总线由数据总线、地址总线和（　　　　）3 个部分组成。

2. 要在计算机上外接其他设备（如优盘、数字化仪等），应插入（　　　　）接口。

3. 计算机中指令的执行过程可以用 4 个步骤来描述，它们依次是取出指令、（　　　　）、执行指令和为下一条指令做好准备。

4. 微处理器是把运算器和（　　　　）作为一个整体，采用大规模集成电路集成在一块芯片上。

5. 微机的 CPU 通过（　　　　）与外部设备交换数据。

6. （　　　　）语言是计算机能直接识别的计算机语言。

7. 十进制数 33 转换为等价的二进制数为（　　　　）。

8. 十进制数 20.5 转换为二进制数为（　　　　）。

9. $(16)_{10} = (　　　　)_2$。

10. 二进制数 100001011.1 等价的十进制数为（　　　　）。

11. 若某汉字的国标码是 5031H（H 表示十六进制），则该汉字的机内码是（　　　　）。

12. 以国标码为基础的汉字机内码是两个字节的编码，每个字节的最高位衡定为（　　　　）。

13. 按照 16×16 点阵存放国标码 GB2312-80 中一级汉字的汉字库（3 755 个汉字），所占的存储空间数大约（　　　　）KB。

14. 存储 100 个 24×24 点阵的汉字字模，需要（　　　　）KB 的存储空间。

15. 在 Windows 系统的操作过程中，按（　　　　）键一般可获得联机帮助。

16. 在 Windows 系统及其应用程序中，进行文字处理时，经常需要进行中文和英文输入法的切换操作。这两种输入法间直接切换的组合键为（　　　　）。

17. Windows 系统的回收站是一个（　　　　　　　　　　　　　　　　　）。

18. Windows 系统的剪贴板应用程序是一个（　　　　　　　　　　　　　　　　　）。

19. Windows 系统控制面板的作用是（　　　　　　　　　　　　　　）。

20. 操作系统中对文件及文件夹进行管理时，将路径分为绝对路径和（　　　　）两种。

项目一 归纳与小结

对信息技术的基础知识与基本操作进行总结,如图1-4-1所示。

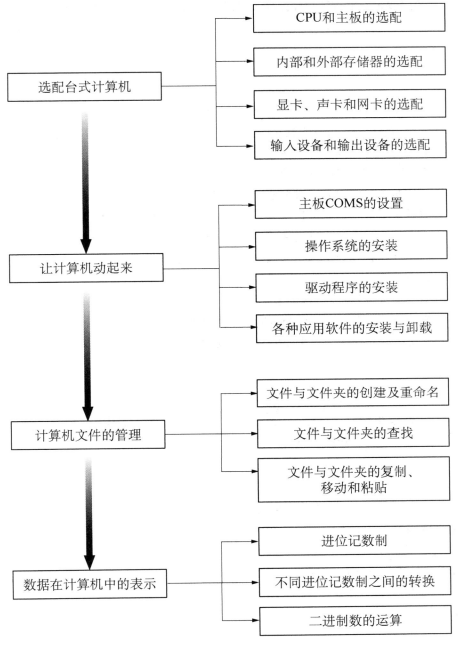

图1-4-1 项目一的流程图

项目二 文 字 处 理

幼儿亲子活动相关文档的制作

亲子活动是一种辅助日常教育活动的有效活动形式,是促进家长转变观念的有效途径,对提高幼儿园的教育质量起着积极促进作用,也为完美幼儿人格奠定了基础。我们应有效地组织与开展亲子活动这一新颖教育形式,以改善家长育儿观念、增进亲子关系、促进家园共育,从而为孩子健康快乐地成长提供有效途径。

孩子们对十月一日国庆节这个节日已经有了初步的认识,但对于大班孩子来说,他们渴望了解更多有关国庆、祖国的知识,这些可从孩子的日常交谈中发现。例如,孩子们会问:"为什么会有国庆节?""国庆节是谁的节日?""外国人也有国庆节吗?"根据孩子们已有的知识经验及与节日活动相结合,我们将举办一次以"缤纷异彩庆国庆"为主题的亲子活动。

在本项目中,将通过亲子活动方案的制订、亲子活动海报的设计与制作、亲子活动安排表的制作、亲子活动简报的制作和幼儿园十月份月刊的制作等5个活动,逐步熟练使用 Word 软件进行文字处理的基本技术。

 亲子活动方案的制订

活动要求

随着学校教育信息化水平的不断提高,教师之间教学经验和活动方案的交流互动越来越频繁,交给学校的很多资料和文档都是 Word 编辑制作的电子文档。

幼儿园要求于9月底举办一次"缤纷异彩庆国庆"为主题的亲子活动,各班先完成一份亲子活动方案。

参考样例如图 2-1-1 所示。

活动分析

一、思考与讨论

(1)要设计一份亲子活动方案,应该围绕亲子活动的主题进行设计,并且要明确方案必须涉及哪几个版块。

(2)在运用 Word 文档进行文字录入时,对文档要进行哪些基本的处理。

(3)在文字录入以后,为了使方案版面更加美观、清晰,你准备把亲子活动方案的哪些地方进行美化?

(4)为了凸显亲子活动方案中的多处关键字、关键词,可以通过什么方法进行设置?

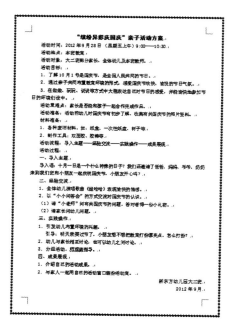

图 2-1-1 亲子活动方案样例

二、总体思路

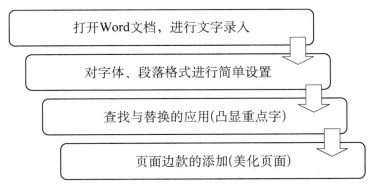

图 2-1-2　活动一的流程图

方法与步骤

一、亲子活动方案制订

根据"缤纷异彩庆国庆"的主题,利用 Word 2010 制订一份亲子活动方案。

(1) 打开文字处理软件 Word,在文件菜单中单击"新建"标签　,也可以使用【Crtl＋N】组合键,建立新文档。

(2) 单击"文件"→"保存"命令,在弹出的"另存为"对话框中,选择保存位置到指定的文件夹;输入文件名"亲子活动方案";设置保存类型为"Word 文档",如图 2-1-3 所示;单击"保存"按钮,保存自己的文档。

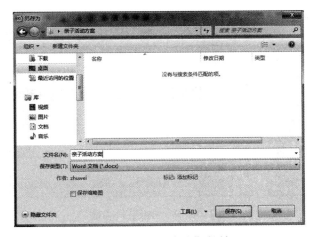

图 2-1-3　"另存为"对话框

(3) 文字录入。

① 输入栏目名称"亲子活动方案",录入速度应达到汉字 20 字/分钟。

② 使用自己最拿手的输入法,可以使用【Crtl＋Shift】进行不同的输入法切换;使用【Crtl＋＞】切换中英文标点。以搜狗输入法为例,如图 2-1-4 所示。

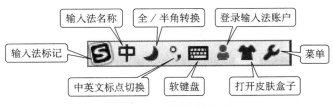

图 2-1-4　搜狗输入法

二、美化文字,整理段落

(1) 打开亲子活动方案,按下快捷键【CTRL＋A】,选中整篇文档,单击格式工具栏中的"字体"下拉列表框,选中"宋体",再在"字号"下拉列表框中选择"小四号"。

(2) 选择亲子活动方案名称"缤纷异彩庆国庆",切换到"开始"选项卡,在"字体"选项组中单击"字体"列表框右侧的下拉箭头,打开"字体"下拉列表,在弹出的"字体"对话框中单击"字体"选项卡。分别设置中文字体为"黑体"、字形为"常规"、字号为"二号"、效果为"空心",如图 2-1-5 所示,单击

图 2-1-5　"字体"对话框 1

"确定"按钮。再单击"段落"选项组中的"右对齐"按钮 ▤。

（3）使用与上一步相同的方法，设置方案标题"缤纷异彩庆国庆"为"楷体"、"加粗"、"一号"、"阴影"，再选择"字体"对话框中的"字符间距"选项卡，设置间距为"加宽"、磅值为"3磅"，如图2-1-6所示，单击"确定"按钮。再单击"段落"选项组中的"居中"按钮 ▤。

图2-1-6 "字体"对话框2

（4）选中正文，在"段落"选项组中单击"段落"列表框右侧的下拉箭头，打开"段落"下拉列表，在弹出的"段落"对话框中单击"缩进和间距"选项卡。设置为"两端对齐"、"首行缩进2字符"、"段前段后间距各0.5行"、"单倍行距"，如图2-1-7所示，单击"确定"按钮。

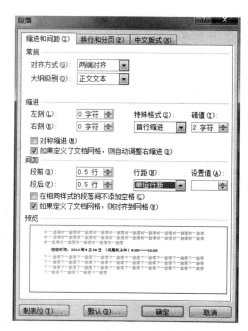

图2-1-7 "段落"对话框

（5）选中文末"新东方幼儿园大二班"，打开"段落"下拉列表，在弹出的"段落"对话框中单击"缩进和间距"选项卡。设置缩进"左侧："30字符，单击"确定"按钮完成。

（6）使用与上一步相同的方法，将文末日期"2012年9月25日"左缩进31字符。

三、点睛之笔

（1）切换到"开始"选项卡，在"编辑"选项组中单击"查找"按钮，或按【Ctrl＋F】组合键，或单击快速访问工具栏的"查找"按钮，打开"导航"对话框，在选项中选择"高级查找"，打开"查找和替换"对话框，如图2-1-8所示。

图2-1-8 "查找"对话框

① 在"查找内容"下拉列表中输入要查找的"亲子"。

② 单击"查找下一处"按钮，开始查找文本。

③ 当Word 2010找到第一处要查找的文本时，就会停下来，并把找到的文本高亮显示。若要继续查找，只需要再单击"查找下一处"按钮。

（2）单击"替换"按钮，设置"替换为：亲子"，如图2-1-9所示。

图2-1-9 "替换"对话框

（3）然后单击"更多"按钮，在展开的菜单中单击"格式"按钮的下拉菜单"字体"命令。在弹出的"替换字体"对话框中单击"字体"选项卡，设置中文字体为"隶书"、字形为"加粗"、字号为"三号"、字体颜色为"红色"。

（4）最后单击"全部替换"按钮，完成关键字的强调转换，如图2-1-10所示。

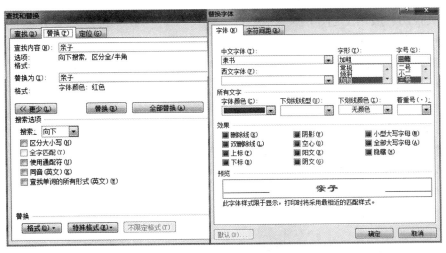

图 2-1-10 "查找和替换"对话框

四、美化页面,检查文件

（1）切换到"开始"选项卡,在"段落"选项组中单击"边框"按钮 的下拉箭头,打开"边框"下拉菜单,在"边框"下拉菜单中选择"边框和底纹"命令,在弹出的"边框与底纹"对话框中单击"页面边框"选项卡。在"艺术型"下拉列表中选择如图 2-1-11 所示的边框图案,单击"确定"按钮。

（2）单击"文件"→"保存"命令,再次保存好完成的亲子活动方案。

（3）切换到"文件"选项卡"打开" ,在弹出的"打开"对话框中设置文件类型为"所有 Word 文档";找到"'缤纷异彩庆国庆'亲子活动方案.docx"文件,单击"打开"按钮,打开文件。

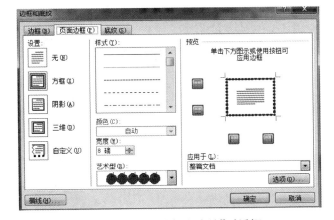

图 2-1-11 "边框和底纹"对话框

（4）仔细校对文字,如果有错误,修改正确后重新保存。

知识链接

一、设置输入法

打开 Windows 控制面板中的"更改键盘或其他输入法"对话框,单击"更改键盘"按钮,或者右击 Windows 任务栏中的输入法图标 ,在快捷菜单中选择"设置"命令,都可以打开"文字服务和输入语言"对话框,如图 2-1-12 所示。在"设置"选项卡中可以选择默认输入语言,添加或删除输入法,设置语言栏和快捷键。

二、选择视图模式

Word 中有"页面视图"、"阅读版式视图"、"Web 版式视图"、"大纲视图"、"草稿"5 种显示模式,它们的作用各不相同。可以通过"视图"菜单命令来进行模式的切换,也可以使用快捷按钮,如图 2-1-13 所示。

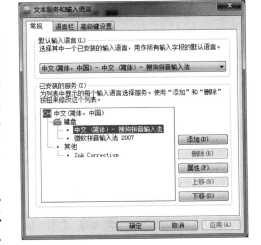

图 2-1-12 "文字输入"对话框

（1）页面视图除了能够显示普通视图方式所能显示的所有内容之外,还能显示页眉、页脚、脚注及批注等,适于进行绘图、插入图表操作和一些排版操作。可以说页面视图是一种排版视图,在此视图中可以完成任何排版工作。

图 2-1-13 文档视图

（2）阅读版式视图是一种专门用来阅读文档的视图，在这种视图下进行阅读会感到非常方便快捷。

（3）Web 版式视图一般用于创建网页文档。

（4）大纲视图模式能够显示文档的结构。

（5）"草稿视图"取消了页面边距、分栏、页眉页脚和图片等元素，仅显示标题和正文，是最节省计算机系统硬件资源的视图方式。当然现在计算机系统的硬件配置都比较高，基本上不存在由于硬件配置偏低而使 Word 2010 运行遇到障碍的问题。

三、插入特殊符号

当输入一些特殊字符（如希腊字母、日文假名、数学符号等）时，可以单击"插入"→"符号"→"其他符号"命令。在"符号"和"特殊字符"对话框中，选择相应的字符集，再单击所需的符号，即完成输入任务。在"符号"选项卡中单击"子集"右侧的下拉三角按钮，在打开的下拉列表中选中合适的子集（如"箭头"）。然后在符号表格中单击选中需要的符号，并单击"插入"按钮即可，如图 2-1-14 所示。

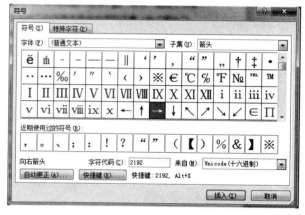

图 2-1-14　"符号"对话框

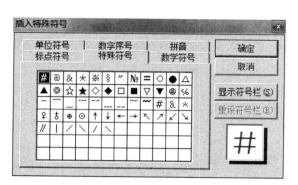

图 2-1-15　"特殊符号"对话框

四、使用帮助

使用 Word 中的帮助功能，可以解决许多在文字处理中遇到的问题，有助于我们主动学习，大家可以在"帮助"菜单中找到多种使用方法。

自主实践活动

开学一个月后就将迎来祖国母亲的生日——国庆节，我们将在九月底开展一次"缤纷异彩庆国庆亲子活动"，随着活动举办日期的临近，为了更好地完成本次亲子活动，要求每个班级使用 Word 先设计一份"告家长书"。

具体要求如下：

（1）合理设置字体、段落属性，"告家长书"名称等关键字突出醒目。

（2）为整个"告家长书"添加页面边框。

活动二　亲子活动海报的制作

活动要求

开学一个月后就将迎来祖国母亲的生日——国庆节。孩子们对这个节日已经有了初步的认识，但对于大班的孩子来说，他们渴望了解更多有关国庆、祖国的知识，幼儿园大班将在九月底举办一次"缤纷异彩庆国庆"亲子活动。为了更好地组织宣传好这次活动,特要求各班设计一份"缤纷异彩庆国庆"亲子活动宣传海报。

参考样例如图2-2-1所示。

活动分析

一、思考与讨论

(1)要设计与制作一份亲子活动海报,围绕亲子活动海报的主题,可以通过什么来充分展现海报的视觉冲击力?海报中图片与文案的比例如何分配更好?

(2)在制订亲子活动方案时学习了页面的设置,为了使海报更有吸引力,页面除了边款的设置外还可以怎样设置?

(3)在制订亲子活动方案时学习了文字的录入,那么在亲子活动海报中是不是可以采用同样的方法进行文字录入?

(4)为了使亲子活动海报更加突出主题,可以绘制海报的爱心标志,如何绘制爱心标志呢?

(5)为了更好地制作出一份美观的亲子活动海报,并请在纸上规划设计一张亲子活动海报草图。

图2-2-1 亲子活动海报样例

二、总体思路

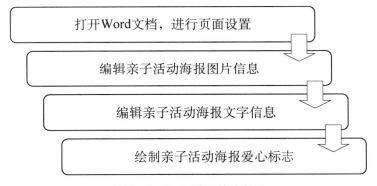

图2-2-2 活动二的流程图

方法与步骤

海报最基本、最重要的功能是宣传信息。海报设计首先要有一个明确的主题,可以通过图片和色彩来展现充分的视觉冲击力,表达的内容要精练,以图片为主、文案为辅,内容不可过多,要有相关的点明主题的宣传语。

一、亲子活动海报页面设置

(1)打开文字处理软件 Word,在文件菜单中单击"新建"标签 ,也可以使用【Crtl+N】组合键,建立一个空白文档。

(2)切换到"页面布局"选项卡,在"页面设置"选项组中单击右下角的向右下箭头,在弹出的"页面设置"对话框中单击"页边距"选项卡,设置页边距上、下、左、右均为"0",纸张方向为"纵向",如图2-2-3所示。

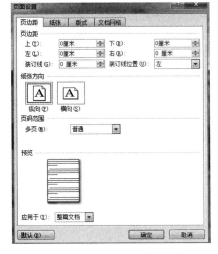

图2-2-3 "页面设置"对话框1

(3)再单击"页面设置"对话框中的"文档网

格"选项卡,设置"无网格",如图2-2-4所示,单击"确定"按钮。

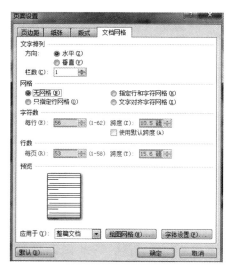

图2-2-4 "页面设置"对话框2

(4)单击"文件"→"保存"命令,在弹出的"另存为"对话框中,第一次保存时选择"另存为"命令,并输入文件名"亲子活动海报",确定保存自己的文档。

二、编辑亲子活动海报图形信息

1. 为海报设置背景图片

切换到"页面布局"选项卡,在"页面背景"选项组中单击"页面颜色"按钮,打开"页面颜色"下拉菜单,如图2-2-5所示。选择"页面颜色"下拉菜单的"填充效果"选项,打开如图2-2-6所示的"填充效果"对话框,选项"背景.jpg"作为填充背景,单击"确定"按钮。

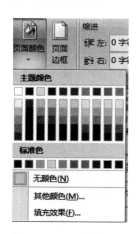 

图2-2-5 "填充效　图2-2-6 设置填充图片背景
　　果"对话
　　框

2. 插入图片丰富海报页面

切换到"插入"选项卡,在"插图"选项组中选择

"图片"按钮,在弹出的"插入图片"对话框中,选择要插入的海报LOGO图片文件"LOGO.jpg",单击"插入"按钮,将图片插入到文档中。

3. 对插入的图片进行设置

单击要设置的图片,在"格式"选项卡中有一个"排列"选项组,选择这个选项组中的命令对图片进行页面排版。在"排列"选项组中单击"位置"按钮,选择"其他布局选项",单击"位置"选项卡,设置垂直对齐:对齐方式为"下对齐",相对于"页面",如图2-2-7所示。单击"确定"按钮,完成图片的定位。"文字环绕"方式为"衬于文字下方"。

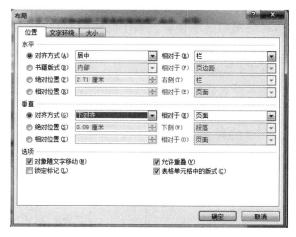

图2-2-7 布局对话框

三、编辑亲子活动海报文字信息

接下来用Word的艺术字功能为亲子活动海报制作一个漂亮的标题。

1. 为海报标题添加艺术字

(1)切换到"插入"选项卡,在"文本"选项组中单击"艺术字"按钮,在弹出的"艺术字库"对话框中选择"三行一列"的样式,如图2-2-8所示,单击"确定"按钮。

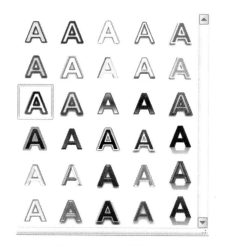

图2-2-8 艺术字库

（2）接着在弹出的"编辑'艺术字'文字"对话框中输入文字"缤纷异彩庆国庆"，切换到"开始"选项卡，在"字体"选择中设置字体为"黑体"，字号为"初号"，如图2-2-9所示。单击"确定"按钮，艺术字被插入到页面中。

缤纷异彩庆国庆

图2-2-9 编辑艺术字

（3）右击艺术字，在右键快捷菜单中选择"其他布局选项"命令，在弹出的"布局"对话框中，单击"版式"选项卡，选择环绕方式"浮于文字上方"，如图2-2-10所示，单击"确定"按钮，就可以用鼠标拖曳将艺术字摆放在页面上的任何位置。

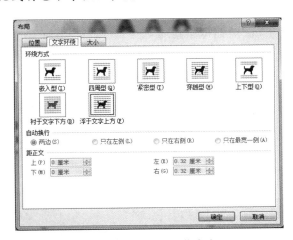

图2-2-10 设置艺术字

（4）使用完全相同的方法，再插入一组艺术字"亲子活动"，使用"三行四列"的样式，字体为"方正舒体"，字号为"36"，"加粗"，版式设置为"浮于文字上方"。

2. 为海报添加文字信息

（1）切换到"插入"选项卡，在"文本"选项组中单击"文本框"按钮，打开下拉菜单，选择"绘制文本框"命令，在页面中需要的位置单击或拖动，插入文本框，版式设置为"浮于文字上方"。

（2）在文本框中输入活动安排内容文本信息，并设置字体为"宋体"、字号为"五号"、"加粗"、"左对齐"。双击该文本框，在"形状样式"选项卡中"形状填充"为"无填充颜色"、"形状轮廓"为"无轮廓"，如图2-2-11所示，单击"关闭"按钮，使该文本框完全透明，内部的文字可以随文本框在页面上随意移动。

图2-2-11 "设置文本框样式"对话框

（3）使用相同的方法再插入一个横排文本框，输入活动的时间、地点、对象等文本信息，并设置字体为"黑体"、"四号"、"红色"、"左对齐"。

双击该文本框的边框，在"形状样式"选项卡中"其他形状样式"对话框，选择第三行第七列文本样式，如图2-2-12所示。

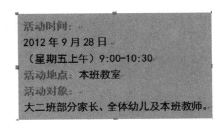

图2-2-12 设置文本框样式效果

四、绘制亲子活动海报爱心标志

切换到"插入"选项卡，在"插图"选项组中单击"形状"按钮，打开下拉菜单，在"基本形状"中选择"心形"，如图2-2-13所示，在页面合适的位置，拖曳获得适当的心形大小。"线条颜色"与"填充颜色"分别设置为"白色"和"红色"，并在图形里添加文本信息"联系方式"，如图2-2-14所示。

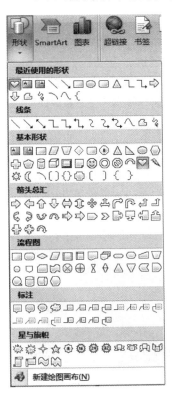

图2-2-13 形状库下拉菜单

图2-2-14 自选图形爱心标志

知识链接

一、撤销误操作

在工作中经常会出现失误的时候,这时可以通过单击快速访问工具栏的"撤销"按钮 ,或按【Ctrl+Z】组合键,就可以撤销上一步的操作。如果又不想撤销该操作了,还可以单击快速访问工具栏的"恢复" 按钮来还原操作。

图 2-2-15 "首字下沉"对话框

单击"撤销"按钮旁边的下拉箭头,Word 将显示最近执行的可撤销操作列表,再单击要撤销的操作条目,即可撤销该操作。

点拨

撤销某项操作的同时,也将撤销列表中该项操作之上的所有操作。

二、首字下沉

选 中一个文字段落,单击"插入"→"首字下沉"命令,单击"首字下沉选项",在弹出的"首字下沉"对话框中设置如下:位置为"下沉",字体为"宋体",下沉行数为"2",距正文"0 厘米",如图 2-2-15 所示,单击"确定"按钮,即可得到如本段段首所显示的效果。

三、字数统计

在 Word 2010 主页面的状态栏提供了页面和字数统计器,可以直接在状态栏上看到文档的页数和字数,如图 2-2-16 所示。另外,也可以切换到"审阅"选项卡,在"校对"选项组中单击"字数统计"按钮,打开"字数统计"对话框,如图 2-2-17 所示,在"字数统计"对话框中显示文档的统计信息。

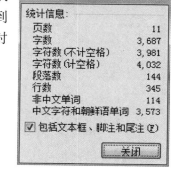

图 2-2-17 "字数统计"对话框

图 2-2-16 "字数统计"工具栏

四、设置图片透明度

在 Word 2010 中,可以根据需要设置图片的透明度。

(1)在文档中选择"LOG0 图片"双击。

(2)在"调整"选项区中单击"重新着色"按钮,在弹出的列表框中选择"设置透明色"选项,如图 2-2-18 所示。

图 2-2-18 设置图片透明度

自主实践活动

在 3 月 22 日"世界水日"即将到来之际,为了培养幼儿从小养成爱护水源、节约用水的好习惯,幼儿园将开展"节约用水,从我做起"的主题活动。让幼儿在活动中了解地球用水紧缺的现状,在活动中发现生活离不开水,没有水就无法生存。

为了更好地宣传本次活动,让每一个孩子了解水的珍贵,懂得节约用水从我做起。要求使用 Word 制作一张"节约用水"的宣传海报。

具体要求如下:

(1) 尺寸大小:A4 纸。

(2) 必须包含活动的主题"节约用水,从我做起"、活动的时间为 3 月 3 日。

(3) 必须包含的图片:节约用水的 LOGO 和宣传图片。

(4) 色彩明快,具有时代感。

(5) 主体形象能反映节约用水的目的:向每一位家长和小朋友宣传"世界水日"以及水的重要性,号召人人都来节约用水。

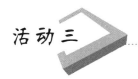

活动三　亲子活动安排表的制作

活动要求

为了更好地举办本次"缤纷异彩庆国庆"亲子活动,要求各班用 Word 制作一份准确且美观的活动安排表,以便于家长更好地参与本次亲子活动。

表格的制作一般包含两步:一是制作表格,包括表格的插入、表格的编辑;二是表格的修饰,包括输入文字、文字的编辑和修饰边框。

参考样例如图 2-3-1 所示。

新东方幼儿园大二班亲子活动安排表

活动意图:
1. 了解 10 月 1 号是国庆节,是全国人民共同的节日。
2. 通过亲子共同布置教室环境的形式,感受国庆节欢快、愉悦的节日气氛。
3. 在做做、玩玩、说说等方式中大胆表达自己对节日的感受,并能愉快地参加节日的环境创设中。

序号	时间		活动名称
1	9:00－9:40	教学汇报	早操
			歌曲《亲亲我》《碰一碰》《袋鼠》《小手拍拍》等
			儿歌《小叶子的话》《小与大》等
			识字
2	9:50－10:20	亲子手工活动	给祖国妈妈过生日,分享蛋糕
			做国旗
3	10:20－10:30	布置下个月活动材料	每个家长带一个球,幼儿园搞全民健身活动
			重阳节爷爷奶奶来园参加活动
			幼儿秋游,征求家长意见
			家长知识讲座

说明:表格中的活动是根据可能会根据当天活动实际发展情况做适当调整。

图 2-3-1　亲子活动安排表样例

活动分析

一、思考与讨论

(1) 制作一份亲子活动安排表,具体要设计哪些环节?每个环节中要安排哪些活动内容?

(2) 根据亲子活动安排内容,请在纸上先手工绘制表格。

(3) 根据手工绘制的表格,应该设计成几行几列?每"列"表示什么信息?每"行"表示什么信息?

（4）编辑完亲子活动安排表后,可能发现表格比较乱,如何对表格进行调整? 根据手工绘制的表格,有的单元格需要合并,有的单元格需要拆分成两个或几个单元格,如何进行单元格的合并和拆分?

（5）为了更加美观、清晰地显示,可以把亲子活动安排表的各个部分设置成怎样的格式?

二、总体思路

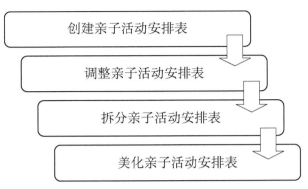

图 2-3-2　活动三的流程图

方法与步骤

一、创建亲子活动安排表

（1）要制作亲子活动安排表,首先要确定在文档中插入表格的位置,并将光标移动至该处,切换到"插入"选项卡,在"表格"选项组中单击"表格"按钮，就会弹出"表格"下拉菜单,如图 2-3-3 所示。

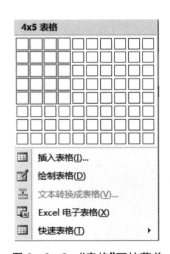

图 2-3-3　"表格"下拉菜单

（2）将表格指针指向"表格"下拉菜单中的网格,向右下方拖动鼠标,鼠标指针掠过的单元格将被全部选中,并以高亮显示。同时在网格上部提示栏显示被选定的表格的行数和列数。当达到预定所需要的行数和列数后单击,Word 就会在文档中插入一个表格,它的行数和列数与示意图网络中所选择的行数和列数相同,如图 2-3-4 所示。

（3）利用"表格"下拉菜单的网格制作的表格最多是 8 行 10 列,而要制作的"亲子活动安排表"

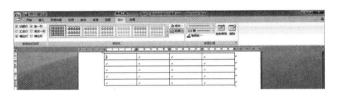

图 2-3-4　使用"插入表格"按钮创建的表格

为 13 行 4 列,就需要使用菜单命令制作表格。

切换到"插入"选项卡,在"表格"选项组中单击"表格"按钮,然后在下拉菜单中选择"插入表格"命令。打开"插入表格"对话框,如图 2-3-5 所示,在"表格尺寸"选项组的"列数"、"行数"文本框中输入 4 列 13 行的数字。在"'自动调整'操作"选项组中,选择"根据内容调整表格"选项。最后单击"确定"按钮,就可以产生表格。

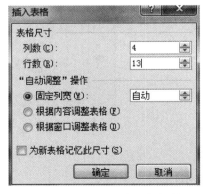

图 2-3-5　"插入表格"对话框

二、调整亲子活动安排表

编辑完亲子活动安排表后,可能会发现表格比较乱。Word 中提供了自动调整的功能,可以很方便地调整表格。

（1）首先选中要调整的表格或表格的若干行、列或单元格，切换到"布局"选项卡，在"单元格大小"选项组中单击"自动调整"按钮，就会打开如图2-3-6所示的"自动调整"下拉菜单。在这个菜单中，列出了"根据内容自动调整表格"、"根据窗口自动调整表格"、"固定列宽"3个命令。

图 2-3-6　"自动调整"下拉菜单

（2）选择"根据内容自动调整表格"方法，Word将根据单元格中内容的多少自动调整单元格的大小，如图2-3-7所示即为应用该命令后的效果。如果以后对这个单元格的内容进行增减操作，单元格也会自动调整大小，相应地表格的大小也随之变动。

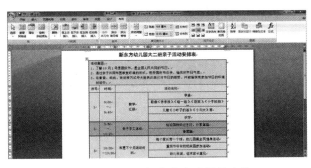

图 2-3-7　根据内容自动调整表格

三、拆分亲子活动安排表

考虑亲子活动安排表的整体效果，有些单元格需要合并，有的单元格需要拆分成两个或几个单元格。

（1）选定要合并的单元格，如图2-3-8所示。切换到"布局"选项卡，在"合并"选项组中单击"合并单元格"按钮，或其右键快捷菜单中选择"合并单元格"命令，Word就会删除所选定单元格的边界，使其组合成一个新的单元格，如图2-3-9所示。

（2）也可以将一个单元格拆分为多个单元格，选定要拆分的单元格，如图2-3-10所示。切换到"布局"选项卡，在"合并"选项组中单击"拆分单元格"按钮，或右击该单元格，在弹出的快捷菜单中选择"拆分单元格"命令，打开"拆分单元格"对话

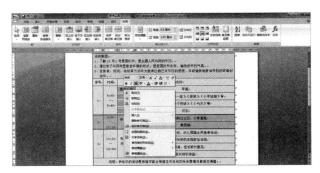

图 2-3-8　选定要合并的单元格

图 2-3-9　合并单元格后的效果

框，如图2-3-11所示。

在"列数"微调框中输入要将单元格拆分的列数"1"，在"行数"微调框中输入要将单元格拆分的行数"4"，最后单击"确定"按钮。

图 2-3-10　选定要拆分的单元格

图 2-3-11　"拆分单元格"对话框

四、美化亲子活动安排表

为了使活动安排表既美观大方又能一目了然，可以给表格设置边框与底纹，分别如图2-3-12和图2-3-13所示。

（1）选定亲子活动表格中需要添加边框和框线的单元格或整个表格。

① 切换到"设计"选项卡，在"表样式"选项组中单击"边框"按钮右侧下的三角按钮，选择相应的边框类型，如图2-3-12所示。

图 2-3-12 “边框”下拉菜单

图 2-3-14 “笔样式”下拉列表框

② 切换到“设计”选项卡，在“绘图边框”选项组的“笔样式”下拉列表框中选择框线线型，如图 2-3-14 所示。

③ 从“笔划粗细”下拉列表框中选择框线的宽度，如图 2-3-15 所示。

④ 单击“笔颜色”按钮，弹出一个调色板，从中选择框线颜色，如图 2-3-16 所示。然后绘制既定样式的表格框线。

(2) 选定亲子活动表格中需要设置底纹和填充色的单元格或表格。

切换到“设计”选项卡，在“表格样式”选项组中单击“底纹”按钮，从弹出的调色板中选择所需要的底纹颜色。利用“设计”选项卡设置底纹的效果，如图 2-3-17 所示。

图 2-3-13 “底纹”下拉菜单

图 2-3-15 “笔划粗细”下拉列表框

图 2-3-16 “笔颜色”下拉菜单

新东方幼儿园大二班亲子活动安排表

活动意图：
1. 了解 10 月 1 号是国庆节，是全国人民共同的节日。
2. 通过亲子共同布置教室环境的形式，感受国庆节欢快、愉悦的节日气氛。
3. 在做做、玩玩、说说等方式中大胆表达自己对节日的感受，并能愉快地参加节日的环境创设中。

序号	时间	活动名称

图 2-3-17 表格设置底纹后的效果

知识链接

一、文本与表格的相互转换

Word 2010 支持文本和表格的相互转换。

(1) 将文本转换成表格时，使用逗号、制表符或其他分隔符来标识文字分隔的位置，同时确定行、列的数量。例如，有一段文字需要转换为表格如下：

时间	活动名称
9:00—9:10	早操
9:10—9:20	歌曲《亲亲我》、《碰一碰》、《袋鼠》、《小手拍拍》等
9:20—9:30	儿歌《小叶子的话》、《小与大》等
9:30—9:40	识字

选中要转换的全部文本，切换到“插入”选项卡，在“表格”选项组中单击“表格”按钮，然后在下拉菜单中选择“文本转换成表格”命令。打开“将文字转换成表格”对话框，如图 2-3-18 所示。

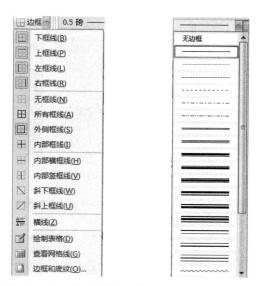

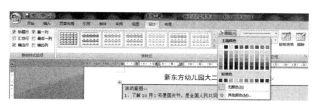

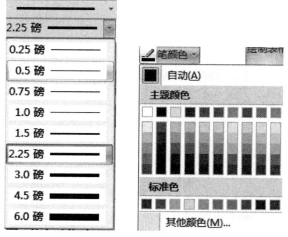

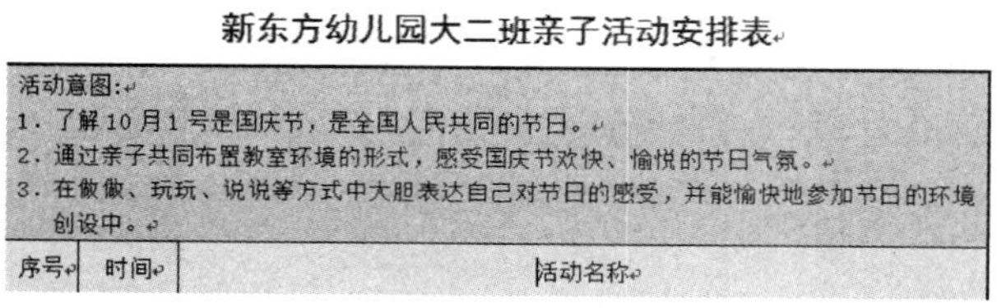

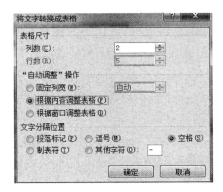

图2-3-18 "文本转换成表格"对话框　　　图2-3-19 "表格转换成文本"对话框

（2）将表格转换成文本时，选择要转换为段落的行或表格，切换到"布局"选项卡，在"数据"选项组中单击"转换为文本"按钮，打开"表格转换成文本"对话框，如图2-3-19所示。

在该对话框中选择将原表格中各单元格文本转化成文字后的分隔符，共有"段落标记"、"制表符"、"逗号"、"其他字符"4个单选按钮，可根据需要选择一种。最后单击"确定"按钮完成转换。

例如，把图2-3-20所示的表格转换为文本（将分隔符设置为制表符），其效果如图2-3-21所示。

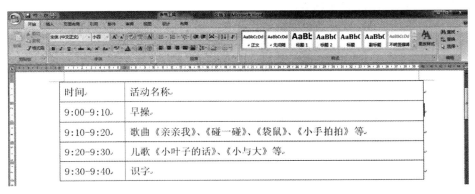

图2-3-20 转换前的表格

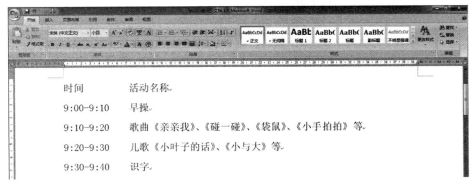

图2-3-21 将表格转换成文本的效果

二、斜线表头

将光标定位于表格的第1行第1列，切换到"设计"选项卡，在"表格样式"中选择"边框"按钮，在"边框"下拉菜单中选择"斜下框线"，如图2-3-22所示。

将光标定位于表格的第1行第1列，切换到"设计"选项卡，在"表格样式"中选择"边框"按钮，在"边框"下拉菜单中选择"斜下框线"，如图2-3-22所示。

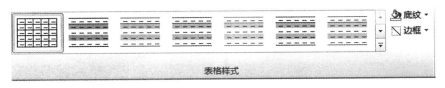

图2-3-22 "插入斜线表头"对话框

这样最基本的斜线表头就完成了,如果需要将单元格分为三栏或多栏,这类方法就行不通了,而 Word 2010 中没有之前版本自带的"绘制表头"功能按钮,可以通过插入形状的方法来完成,如图 2-3-23 所示。

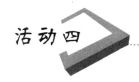

图 2-3-23 "插入多斜线表头"方法

自主实践活动

每学期开学之前都要设计制作课程表,在制作之前可以先大致梳理一下幼儿园一周的日程安排。一般幼儿园除了正常科目外,还有早操、广播、午餐、午休等项目。事先考虑周到,能够方便确定所要制作的课程表的行数和列数。根据幼儿园一周的日常安排,使用 Word 制作一张课程表。

具体要求如下:

(1) 文字醒目,表格布局合理。

(2) 自动调整表格,使表格符合课程表的要求。

(3) 为了课程表的整体效果,合并、拆分单元格。

(4) 使用 Word 表格的边框和底纹功能使课程表清晰美观。

活动四 亲子活动简报的制作

活动要求

12 月 23 日上午,新东方幼儿园成功举办了"庆圣诞,迎新年"亲子活动,这是幼儿园十分重视的一项庆祝活动。小朋友们在爸爸妈妈的带领下,快乐地玩着各种游戏,每个小朋友的脸上都洋溢着快乐的微笑,感受到了节日的温暖。通过亲子活动,加深了家园情、师生情、亲子情,相信这是孩子们度过的最难忘的一次活动。

为了更好宣传本次活动,幼儿园决定举办一次"庆圣诞,迎新年"亲子活动简报制作比赛,要求在页面版式的安排上,尽量做到简洁清晰、灵活多变,以便于浏览和增加读者的阅读兴趣。

参考样例如图 2-4-1 所示。

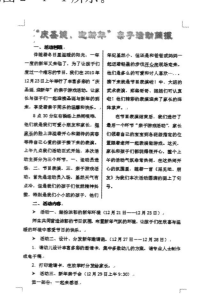

图 2-4-1 亲子活动简报样例

活动分析

一、思考与讨论

（1）制作一份亲子活动简报具体要设计哪几个版面？每个版面需要安排哪些活动内容？请在纸上规划设计一张亲子活动简报草图。

（2）在制订亲子活动方案和制作亲子活动海报时都学习了页面的设置，那么在制作亲子活动简报时，在页面版式的安排上准备怎么处理？简报中的图片与文案的比例如何分配？

（3）在制作亲子活动海报时初步学习了图片的处理，那么在制作亲子活动简报时对图片还可以进行怎样的编辑？

（4）一份简洁清新的亲子活动海报制作完成后，在打印之前准备对打印属性进行哪些设置？

二、总体思路

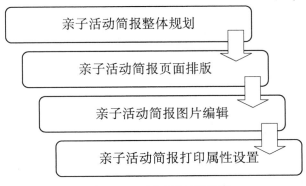

图 2-4-2　活动四的流程图

方法与步骤

一、亲子活动简报页面排版

（1）打开书后所附光盘"亲子活动简报素材.docx"文件，选中第一部分"活动回顾"内容，切换到"页面布局"选项卡，在"页面设置"选项组中单击"分栏"按钮，打开下拉菜单，选择"更多分栏"命令，打开"分栏"对话框，在"分栏"对话框中设置"预设"、"两栏"；勾选"栏宽相等"；勾选"分隔线"，如图 2-4-3 所示，单击"确定"按钮。

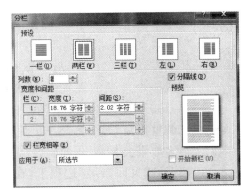

图 2-4-3　分栏对话框

（2）按住【Ctrl】键选中活动内容中的"活动一"、"活动二"、"活动三"不连续的 3 段，单击"段

落"选项组中"项目符号"按钮 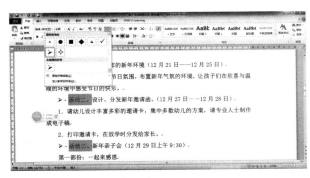 右侧的下拉箭头，弹出"项目符号"下拉菜单，在下拉菜单的"项目符号库"中选择一种项目符号，单击鼠标，图 2-4-4 所示即为添加了项目符号后的效果。

图 2-4-4　添加项目符号后的效果

二、亲子活动简报图片编辑

（1）单击要修改样式的图片。

（2）切换到"格式"选项卡，在"图片样式"选项组中单击"其他"按钮，打开预设的图片样式库。

移动鼠标指针到不同的样式上，就可以预览不同样式的效果，如图 2-4-5 所示。在"格式"选项卡的"图片样式"选项组中，可以看到预设的 20 多种图片样式和对图片的处理效果,这样就可以不用花费太多的功夫对图片预设处理,也可以制作出专业级别的特殊效果。

图 2-4-5 选择图片样式后的效果

(3)切换到"大小"选项卡,在"裁剪"选项组中单击"裁剪为形状"按钮,打开下拉菜单,选择相应的图形,则可以对图片框线进一步处理,效果如图 2-4-6 所示。

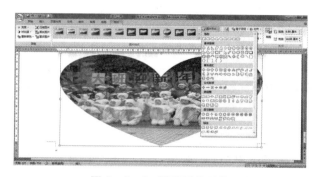

图 2-4-6 修改图片形状

三、亲子活动简报打印属性设置

(1)亲子活动简报制作完成后,单击"文件"→"打印"命令,检查排版效果,如图 2-4-7 所示。

图 2-4-7 检查打印预览效果

(2)单击"文件"→"打印"命令,在弹出的"打印"对话框中选择打印机,设置打印范围、份数、内容、缩放比例等,如图 2-4-8 所示,单击"打印"按钮完成打印。

图 2-4-8 "打印"对话框

(3)单击"文件"→"保存"命令,保存最终制作好的亲子活动简报。

知识链接

一、栏宽和栏数的调整

如果对所分的栏宽和栏数不满意,这时就需要对栏宽和栏数进行调整。

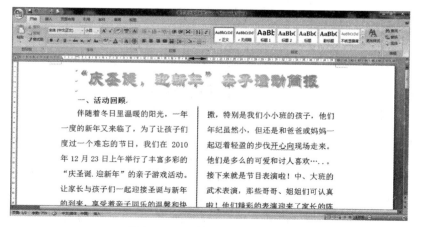

图 2-4-9 使用鼠标调整栏宽

移动鼠标指针到要改变栏宽的栏的左边界或右边界,等鼠标指针变成一个水平的黑箭头形状时,就可以按下鼠标左键,拖动栏的边界来调整栏宽,如图 2-4-9 所示。

如果要精确地调整栏宽,可以切换到"页面布局"选项卡,在"页面设置"选项组中单击"分栏"按钮,打开下拉菜单,选择"更多分栏"命令,打开"分栏"对话框。在该对话框的"宽度和间距"选项组中设置所需要的栏宽,单击"确定"按钮。

调整栏数可以在"分栏"对话框中的"列数"微调框中直接输入栏数值。

二、图片的裁剪

先选定要裁剪的图片,然后单击"裁剪"按钮,在文档区域内光标会变为箭头形状与按钮图标的组合。

将光标置于图片边框上的 8 个控制点中的一个,按住鼠标左键并拖动鼠标,则会出现一黑线框随着鼠标拖动的方向扩大或缩小,如图 2 - 4 - 10 所示。

图 2 - 4 - 10 裁剪图片后的效果

自主实践活动

儿童节也叫"六一国际儿童节",是全世界少年儿童的节日。每年的这一天,幼儿园都会举办"六一"亲子活动。运用书后所附光盘所给的文字、图片素材,使用 Word 制作一份"六一"亲子活动简报。

具体要求如下:

(1) 在两张 A4 纸大小范围内排版制作,版面布局合理。

(2) 使用项目符号和编号,正确地设置小标题。

(3) 使用分栏、边框和底纹等技术,将版面自然分割。

(4) 插入图片并对图片进行修改,美化页面。

 幼儿园十月份月刊的制作

活动要求

"缤纷异彩庆国庆"亲子活动已经圆满结束。活动的第一项内容就是举行隆重的升旗仪式,当孩子们看着五星红旗在国歌声中冉冉升起、和爸爸妈妈齐声唱起《义勇军进行曲》时,他们被这庄严的气氛感染了。接着进行团体操表演《国旗国旗红红的哩》。最后进行亲子手工以及环保手工颁奖活动。在手工制作活动中,有的制作灯笼、有的制作鞭炮、有的制作国旗、有的画脸谱……丰富多彩的活动吸引了家长和孩子们的参与兴趣。通过这一系列的庆国庆活动,孩子们了解了许多中华民族文化的知识,在他们幼小的心灵中播下了热爱祖国的种子,这也是幼儿园开展传统礼仪教育的序曲,相信这一天会使孩子们难忘。

要求结合每月一次的幼儿园月刊制作及本次亲子活动,举办一期"缤纷异彩庆国庆"亲子活动为主题的月刊制作比赛。

活动分析

一、思考与讨论

(1) 一份完整的月刊包含封面和内页,封面的设计除了最基本的文字信息外还要包括哪些元素? 内

页的设计可以分成哪些版块?

（2）通过项目活动已经学习了海报与简报的设计与制作,可以把学过的哪些技能运用到月刊的制作中?

（3）为了更好地制作出一份主题鲜明、美观的月刊,并请在纸上规划设计一张月刊草图。

二、总体思路

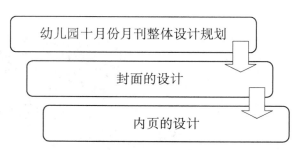

图 2-5-1　综合活动的流程图

方法与步骤

一、封面设计

好的封面能提高视觉效果,给人以愉悦的感受,使阅读者在未看月刊内容之前就有一个良好的初步印象。

月刊的封面一般采用图文混排的模式,要求文字清晰醒目,整体美观大方:

（1）文字内容应包含幼儿园的最基本的信息,让人一目了然,一般包括月刊的主题、幼儿园园名、出版日期、联系方式。

（2）图像可以采用和本次月刊主题有关的图片或幼儿园的标志等,也可以纯为装饰性图案,反映出本次月刊的主题思想。

参考样张如图 2-5-2 所示。

图 2-5-2　月刊封面样例

二、内页设计

一份好的月刊可以分成几大版块,每一版块主题一致,图文并茂。

参考样例如图 2-5-3 所示。

图 2-5-3　月刊主题版块样例

综 合 测 试

第一部分 知识题

一、选择题

1. 快速访问工具栏中的 ↶ 按钮功能是( )。

  A．加粗   B．设置下划线   C．重复上次操作   D．撤销上次操作

2. "另存为"选项位于( )。

  A．"插入"选项卡中   B．"文件"选项卡中

  C．"开始"选项卡中   D．"页面布局"选项卡中

3. 要改变字体第一步应该是( )。

  A．选定将要改变成何种字体   B．选定原来的字体

  C．选定要改变字体的文字   D．选定文字的大小

4. "字体"下拉按钮位于"开始"选项卡的( )

  A．"字体"组   B．"文本"组   C．"符号"组   D．"样式"组

5. 在 Word 2010 中插入艺术字后,通过绘图工具不可以进行( )操作。

  A．删除背景   B．艺术字样式   C．文本   D．排列

6. 在 Word 2010 中,不属于"文档视图"方式的有( )。

  A．页面视图   B．阅读版式视图   C．Web 版式视图   D．大纲视图   E．草稿

7. 如果要使 Word 2010 编辑的文档可以用 Word 2003 打开,下列说法正确的是( )。

  A．文档另存为"Word 97 - 2003 文档"   B．文档另存为"Word 文档"

  C．将文档直接保存即可   D．Word 2010 编辑直接保存的文件可以用 Word 2003 打开

8. 在 Word 2010 编辑状态下,若要进行文字效果的设置(如上、下标等),首先应打开( )。

  A．"字体"对话框   B．"段落"对话框   C．"格式"对话框   D．"编辑"对话框

9. "首字下沉"功能是在( )选项卡下。

  A．开始   B．插入   C．页面设置   D．引用

10. 关于 Word 2010 的文本框,下列说法中错误的是( )。

  A．Word 2010 提供了横排和竖排两种类型的文本框

  B．通过改变文本框的文字方向可以实现横排和竖排的转换

  C．在文本框中可以插入图片

  D．在文本框中不可以使用项目符号

11. 如果用户想保存一个正在编辑的文档,但希望以不同文件名存储,可用( )命令。

  A．保存   B．另存为   C．比较   D．限制编辑

12. 下面有关 Word 2010 表格功能的说法,不正确的是( )。

  A．可以通过表格工具将表格转换成文本   B．表格的单元格中可以插入表格

  C．表格中可以插入图片   D．不能设置表格的边框线

13. 在 Word 中,如果在输入的文字或标点下面出现红色波浪线,表示( ),可用"审阅"功能区中的"拼写和语法"来检查。

  A．拼写和语法错误   B．句法错误   C．系统错误   D．其他错误

14. 在 Word 2010 中,可以通过( )功能区中的"翻译"把文档内容翻译成其他语言。

  A．开始   B．页面布局   C．引用   D．审阅

15. 给每位家长发送一份《告家长书》时,用( )命令最为简便。

  A．复制   B．信封   C．标签   D．邮件合并

16. 在 Word 2010 中,可以通过( )功能区对不同版本的文档进行比较和合并。

  A．页面布局   B．引用   C．审阅   D．视图

17. 在 Word 2010 中,可以通过( )功能区对所选内容添加批注。

  A．插入   B．页面布局   C．引用   D．审阅

18. 在 Word 2010 中,默认保存后的文档格式扩展名为( )。

  A．*．dos   B．*．docx   C．*．html   D．*．txt

19. 打印文档时,表示页码范围有 4 页的是( )。

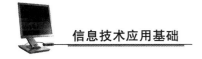

A．2～6 B．1,3～5,7 C．1～2,4～5 D．1,4

20. 在 Word 2010 编辑状态下,设定打印页面方向时,应当使用"页面布局"选项卡中的( )按钮。

A．文字方向 B．页边距 C．纸张大小 D．纸张方向

二、判断题

1. 在最近打开的文档中,可以把常用文档进行固定而不被后续文档替换。 ( )
2. 在 Word 2010 中可以插入表格,而且可以对表格进行绘制、擦除、合并和拆分单元格、插入和删除行列等操作。 ( )
3. 在 Word 2010 中,表格底纹设置只能设置整个表格底纹,不能对单个单元格进行底纹设置。 ( )
4. 在 Word 2010 中,只要插入的表格选取了一种表格样式,就不能更改表格样式和进行表格的修改。 ( )
5. 在 Word 2010 中,不但可以给文本选取各种样式,而且可以更改样式。 ( )
6. 在 Word 2010 中,"行和段落间距"或"段落"提供了单倍、多倍、固定值、多倍行距等行间距选择。 ( )
7. 在 Word 2010 中,不能创建"书法字帖"文档类型。 ( )
8. 在 Word 2010 中,可以插入"页眉和页脚",但不能插入"日期和时间"。 ( )
9. 在 Word 2010 中,通过"文件"按钮中的"打印"选项同样可以进行文档的页面设置。 ( )
10. 在 Word 2010 中,插入的艺术字只能选择文本的外观样式,不能进行艺术字颜色、效果等其他设置。 ( )

三、填空题

1. 在 Word 2010 中,选定文本后会显示出(   ),可以对字体进行快速设置。
2. 在 Word 2010 中,想对文档进行字数统计,可以通过(   )功能区来实现。
3. 在 Word 2010 中,给图片或图像插入题注是选择(   )功能区中的命令。
4. 在"插入"功能区的"符号"组中,可以插入(   )和"符号"、编号等。
5. Word 2010 中的邮件合并除需要主文档外,还需要已制作好的(   )支持。
6. 在 Word 2010 中插入表格后,会出现(   )选项卡,对表格进行"设计"和"布局"的操作设置。
7. 在 Word 2010 中进行各种文本、图形、公式、批注等搜索,可以通过(   )来实现。
8. 在 Word 2010"开始"功能区的"样式"组中,可以将设置好的文本格式进行"将所选内容保存为(   )"的操作。
9. 在 Word 2010 中,在(   )选项卡的(   )组中,可以插入公式和"符号"、编号等。
10. 段落缩进是指在段落中的文本与页边距之间,Word 2010 提供了左缩进、右缩进、(   )、悬挂缩进四种段落缩进格式。

第二部分　操作题
"放飞梦想,快乐成长"宣传海报的制作

一、项目背景

六一,是一个充满希望的季节,六月,是歌声飞扬的季节。为了加强家长与子女之间的情感交流,增加老师与家长之间的沟通机会,幼儿园特举办"放飞梦想,快乐成长——暨'六一儿童节'幸福家庭亲子游园会",要求以 Word 文件格式制作一张宣传海报。

二、项目任务

根据"放飞梦想,快乐成长"亲子活动方案,运用 Word 软件制作一张宣传海报。

三、设计要求

(1)能根据幸福家庭亲子游园会活动主题收集素材。
(2)海报主题明确,表达内容要精练。
(3)海报的版面以图片为主、文案为辅,要有相关的点明主题的宣传语。

四、制作要求

(1)海报的主题鲜明,图文并茂,标题使用艺术字。
(2)海报要有相关的点明主题的宣传语。
(3)活动流程安排以表格的形式呈现,并作适当修饰。
(4)活动内容、时间、地点、对象等文字信息使用文本框排版。

五、参考操作步骤

1. "放飞梦想,快乐成长"宣传海报草图设计

2. 根据"放飞梦想,快乐成长"幸福家庭亲子游园会活动主题收集背景素材

3. "放飞梦想,快乐成长"宣传海报制作

(1)参考如图2-6-1所示的样张制作"放飞梦想,快乐成长"宣传海报。

(2)把纸张页面设置成上、下、左、右均为"0",方向为"纵向"。

(3)海报背景。插入所收集的背景图片,设置图片格式为"版式:浮于文字下方",根据实际需要调整背景图片亮度与对比度,并把图片调整为整个页面大小。

(4)海报主标题使用"艺术字",副标题使用文本框插入文字。

(5)海报活动流程安排使用插入表格,设置表格属性→文字环绕→环绕,并根据实际修饰表格。

(6)文字皆用"文本框"形式给出,与图片、表格等元素都设置为混排效果。

图2-6-1 宣传海报样张

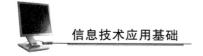

归纳与小结

利用文字处理软件进行文本处理的基本过程和方法如图2-7-1所示。

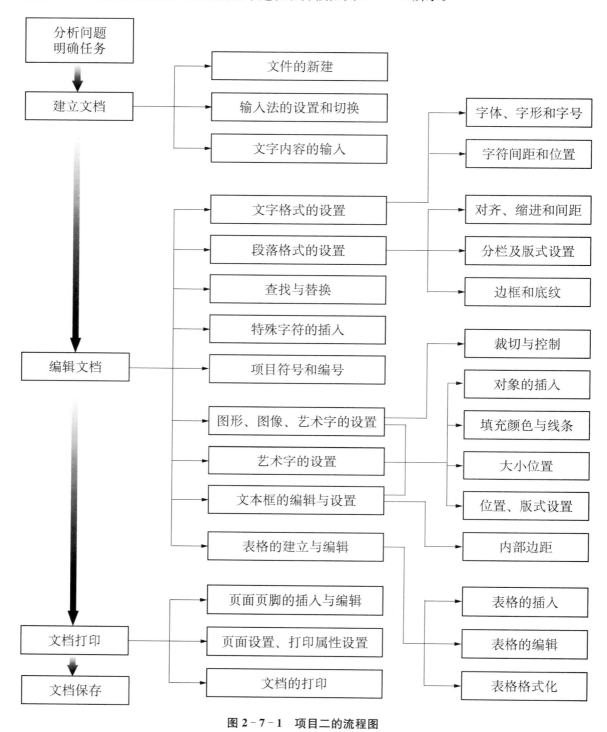

图2-7-1 项目二的流程图

项目三　因特网应用
幼儿园数码相机的选购和图片博客的创建

家庭是幼儿园重要的合作伙伴,为了在日常活动中争取家长的理解、支持和主动参与,幼儿园领导准备开展一次家校互动活动,让家长了解自己孩子的成长环境以及在幼儿园的生活状态。幼儿园相关领导决定本次活动在网络上开展,先拍摄反映孩子日常学习生活状态的照片,然后将照片上传到网络上便于家长浏览。因此,学校需要购买数码相机,分管领导需要你先去了解一下目前主流数码相机的功能参数与价格,并尽快向他汇报。

根据分管领导的要求,先要利用因特网搜集当前主流数码相机的性能、价格等信息,将搜集的信息利用 Word 制作"数码相机选购方案"(活动一),并使用邮箱发送给分管领导,利用网络交流工具 QQ 实时与分管领导交流和讨论方案(活动二)。确定具体产品型号后,网购所选择的数码相机(活动三)。利用所购买的数码相机拍摄反映孩子生活学习状态的活动照片以及孩子的作品成果,创建图片博客,并将照片上传到博客,开展与家长的互动(活动四)。

活动一　数码相机信息的获取与整理

活动要求

由于目前市场上数码相机种类繁多,要从众多的数码相机产品中挑选适合学校需求的一种,也并非易事。因此在购买前需要搜集各类主流数码相机产品,获取数码相机的功能、参数、价格等信息。然后,对这些信息进行加工、处理,形成采购方案(如一张表格)。参考样例如图 3-1-1 所示。

图片	产品	功能参数	价格
 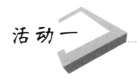	佳能 600D	机身特性:APS-C 规格数码单反; 有效像素:1 800 万;显示屏尺:3 英寸 104 万像素液晶屏;高清摄像:全高清(1080);传感器尺:22.3 * 14.9 mm CMOS;产品重量:约 515 g(仅机身);防抖性能:不支持;存储卡类:SD/SDHC/SDXC	￥4 300
	佳能 D3100	机身特性:APS-C 规格数码单反;有效像素:1 420 万;显示屏尺:3 英寸 23 万像素 TFT 液晶;高清摄像:全高清(1080);传感器尺:23.1 * 15.4 mm CMOS;产品重量:约 455 g(仅机身);防抖性能:不支持;存储卡类:SD/SDHC/SDXC	￥3 200
	尼康 D5100	机身特性:APS-C 规格数码单反;有效像素:1 620 万;显示屏尺:3 英寸 92.1 万像素液晶屏;高清摄像:全高清(1080);传感器尺:23.6 * 15.6 mm CMOS;产品重量:约 510 g(仅机身),560 g;存储卡类:SD/SDHC/SDXC 卡;机身颜色:黑色	￥4 300
	佳能 600D 套装	机身特性:单反;有效像素:1 800 万;显示屏尺:3 英寸 104 万像素液晶屏;光学变焦:3 倍;等效 35 mm:29~88 mm;高清摄像:全高清(1080);传感器尺:22.3 * 14.9 mm CMOS;产品重量:约 517 g	￥4 600
……	……	……	……

图 3-1-1　活动样例

活动分析

一、思考与讨论

（1）为制作关于数码相机的采购方案，需要了解当前主流数码相机的性能、参数、价格等信息，因特网搜索工具可以提供较为便捷的途径。如何利用搜索工具快速地查找到所需要的数码相机性能、参数和价格等信息呢？

（2）如何将查找到的关于数码相机的相关信息保存到 Word 文档中？根据采购需要应该保存哪些信息？

（3）直接将网页中的信息复制到 Word 文档中格式是较乱的，Word 提供了表格的设计功能，请思考表格应该具有几行几列？列标题应该如何设计？将搜索的结果以表格的形式清晰地呈现。

（4）如何将格式很乱的表格中的内容进行格式调整，包括字体和图片格式、单元格格式等设置操作，让采购方案美观、整齐。

二、总体思路

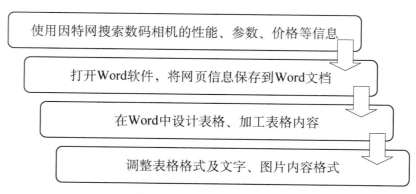

图 3-1-2　活动一的流程图

方法与步骤

一、使用因特网搜索数码相机的性能、参数、价格等信息

1. 在浏览器中打开搜索引擎网址

双击电脑桌面上的"Internet Explorer"图标，启动 IE 浏览器，如图 3-1-3 所示。

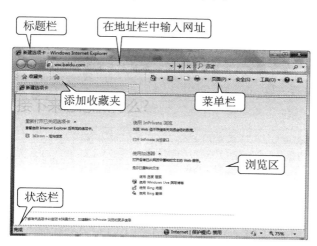

图 3-1-3　在浏览器中输入网址

如果只知道所要查找的信息内容，而不知道具

体的网站，可以在地址栏中输入搜索引擎网站的网址"http://www.baidu.com"，如图 3-1-4 所示，进入百度搜索网站的主页。

图 3-1-4　输入搜索关键字

2. 输入搜索关键字，查找数码相机的相关信息

在百度的搜索输入框中输入所要查找的关键

字"数码相机",如图3-1-4所示。单击"百度一下"按钮,有关数码相机的信息页面就会显示出来,如图3-1-5所示。

图3-1-5 搜索结果

打开搜索结果中的网页,仔细阅读网页内容,查看相关内容。

如果要缩小搜索范围,可以通过增加关键字重新进行搜索。例如,将关键字改为"数码相机 单反",搜索到的结果就是与单反数码相机有关的信息。

3. 保存网页信息

(1)将网页上有关数码相机的信息保存到Word文件中。通过百度搜索得到的数码相机信息如图3-1-6所示,按以下步骤对所有文字和图片信息进行保存:

图3-1-6 搜索找到的结果

① 选择所需要的文字和图片信息,按【Ctrl+C】键。

② 运行Word程序,在新建的文件中选择菜单"开始"→"粘贴"或者按【Ctrl+V】键,把网页信息上数码相机的相关信息粘贴到Word文件中,如图3-1-7所示。

③ 保存Word文件,选择"Office按钮"→"保存"。

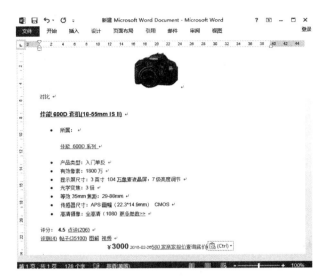

图3-1-7 信息保存到Word

二、对获取的信息进行加工、整理,并形成方案

对信息进行一些分析和筛选,把符合需求的信息组合起来保存,成为一篇简易的调查报告(见图3-1-1),提交给分管领导参考,以决定购买哪种型号的数码相机。

1. 在Word中插入表格

新建Word文档,将其命名为"数码相机选购方案"。在文档中输入标题"数码相机选购方案",并设定标题格式。

在标题下插入4列6行的空白表格。在第一行,输入表格的表头信息,分别在第一行的各列中输入"图片"、"产品"、"功能参数"、"价格",结果如图3-1-8所示。

数码相机选购方案

图片	产品	功能参数	价格

图3-1-8 表格的表头设置

2. 复制网页内容到表格中

在图3-1-5的页面中,在图片处右击鼠标,在弹出的菜单中选择"复制",将图片复制到第一列的单元格中。然后将产品型号、功能参数和价格的内容分别复制在表格的第二、第三和第四列中,如图3-1-9所示。

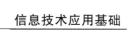

图片	产品	功能参数	价格
	佳能 600D 套机 （18—55 mm ISII）	● 产品类型：入门单反 ● 有效像素：1 800 万 ● 显示屏尺：3 英寸 104 万像素液晶屏，7 级高度调节 ● 光学变焦：3 倍 ● 等效 35 mm 焦距：29—88 mm ● 传感器尺寸：APS 画幅(22.3 * 14.9 mm)CMOS ● 高清摄像：全高清(1080)	￥3 000

图 3-1-9 选购方案

3. 调整表格单元格内容

将网页结果的内容直接复制到表格后，格式很乱。可以在 Word 中对单元格的内容进行格式调整，具体包括字体设置、单元格格式设置等操作。具体结果可参考如图 3-1-1 所示的活动样例。

知识链接

一、因特网基础知识

1. 因特网

因特网是一个全球性的由采用 TCP/IP 协议族的众多计算机网相互连接而成的最大的开放式计算机网络，也称为互联网（Internet）。因特网发展迅速，在拥有丰富的信息资源的同时，也提供各种各样的服务功能，如电子邮件（E-mail）、文件传输（FTP）、远程登录（Telnet）、万维网（World Wide Web，WWW）、聊天系统（Chat）、新闻组（Newsgroup/Usenet）和电子公告牌（BBS）等。其中万维网是因特网最广泛的用途。

万维网中包含文本、图片、声音、动画和视频以及将它们连接在一起的文件，这个含有链接的文件称为网页（文件），而存放这些文件的服务器称为网站。在万维网上的每一个网页都可以通过特定的地址（网址）找到，这个地址也叫统一资源定位器（URL），只要在浏览器的地址栏输入这个地址即可访问网页。

2. IPv4 和 IPv6

全球因特网所采用的协议族是 TCP/IP 协议族，IP 是 TCP/IP 协议族中网络层的协议，是 TCP/IP 协议族的核心协议。因特网上的每台计算机都依靠各自惟一的 IP 地址来标识，用来相互区分和联系，目前因特网使用的地址都是 IPv4 地址，IPv4 地址用 32 位二进制的形式表示，例如，

11001010011100101100111011001010

其划为 4 组，每组 8 位，由小数点分开，用 4 个字节来表示。例如，

11001010.01110010.11001110.11001010

为了便于记忆，4 个字节被分开用十进制写出，中间用点分隔，用点分开的每个字节的数值范围是 0～255。例如，

202.114.206.202

由于 IPv4 使用 32 位（4 字节）地址，因此地址空间中只有 4,294,967,296(2^{32})个地址。近年来因特网呈指数级飞速发展，导致 IPv4 地址空间几近耗竭，IPv4 地址资源紧张限制了互联网应用的进一步发展，移动和宽带技术的发展也要求更多的 IP 地址。IPv6 正处在不断发展和完善的过程中，在不久的将来它将取代目前仍被广泛使用的 IPv4。

IPv6 地址的长度为 128 位，它的地址空间有 2^{128} 个 IP 地址，如此庞大的地址空间，足以保证地球上每个人拥有一个或多个 IP 地址。IPv6 地址的 128 位（16 个字节）写成 8 个 16 位的无符号整数，每个整数用 4 个十六进制位表示，这些数之间用冒号（:）分开。例如，

3ffe:3201:1401:1:280:c8ff:fe4d:db39

3. 域名

网站的地址信息有两种：一种是 IP 地址，另一种是域名地址。域名地址是为解决 IP 地址中长长的数字串不好记忆的问题而提出的，它用有意义的字符来代替数字。例如，复旦大学网站的域名为 www. fudan. edu. cn。域名一般也由 4 个部分组成，其中从左数第一组字串为国家名，第二组为组织名，第三组为单位名，第四组为计算机名（服务器）。

在因特网上域名与 IP 地址之间是一一对应的，域名虽然便于记忆，但机器之间只能识别 IP 地址，它们之间的工作便称为域名解析。域名解析需要由专门的域名解析服务器来完成，整个过程自动进行。例如，在地址栏中输入"www. fudan. edu. cn"的域名之后，计算机会向域名系统（DNS，Domain Name System）服务器查询该域名所对应的 IP 地址 202. 120. 224. 5，然后计算机就可以调出那个 IP 地址所对应的网页，并将网页在浏览器上显示。

4. 上网设置

电脑在安装了新系统后，需要对电脑的网络连接进行设置，才能连接到因特网。可以使用有线和无线网络两种方式接入因特网。

（1）宽带连接设置。在正确插入网线后，在系统托盘图标中找到网络图标，单击右键选择"打开网络和共享中心"，在打开的界面中，选择"设置新的连接和网络"，如图 3 - 1 - 10 所示。选择"PPPoE 连接方式"，然后点击该连接方式，输入 ISP 服务商提供的用户名和密码，即可成功建立宽带连接。在"连接宽带连接"核对输入的用户名和密码，点击"连接"完成上网设置。

图 3 - 1 - 10　网络和共享中心

（2）无线网络设置。笔记本电脑都具有无线网卡，在具有 Wi - Fi 接入点的地方，需进行设置后才能上网。打开电脑的开始菜单，依次点击"控制面板"→"网络和 Internet"→"网络和共享中心"→"设置新的连接或网络"→"连接到 Internet"，点击"下一步"。单击"无线"，桌面右下角系统托盘图标中出现搜索到的无线网络，选择要连接的无线网络，点击"连接"，如图 3 - 1 - 11 所示。如果无线网络有密码，则输入密码后连接即可。

图 3 - 1 - 11　无线上网设置

5. 因特网的接入方法

用户并不是将自己的计算机直接连接到因特网上，而是连接到其中的某个网络，再由该网络通过网络干线与其他网络相连。网络干线之间通过路由器互联，使得各个网络上的计算机都能相互进行数据和信息传输。接入因特网需要向因特网提供服务商（Internet Service Provider，ISP）提出申请，ISP 的服务主要是因特网接入服务，通过网络连线把计算机或者其他终端设备连接因特网（如中国电信、网络、联通等网络），这样才能访问因特网。常见的接入方式包括：

（1）拨号接入方式。配置一台外置调制解调器（MODEM）或内置 MODEM 卡，申请一个动态 IP 地址，用一根普通电话线即可实现上网。

（2）专线接入方式。综合业务数字网（Integrated Service Digital Network，ISDN）接入技术采用数字传输和数字交换技术，将电话、传真、数据、图像等多种业务，综合在一个统一的数字网络中进行传输和处理。用户利用一条 ISDN 用户线路，可以在上网的同时拨打电话、收发传真，就像两根电话线一样。

（3）局域网接入方式。局域网是指在某一区域内由多台计算机互联成的计算机组。局域网可以实现文件管理、应用软件共享、打印机共享、工作组内的日程安排、电子邮件和传真通信服务等功能。常用的局域网接入方式为通过路由器将局域网与因特网主机相连，使整个局域网加入到因特网中成为一个开放式局域网，局域网中所有工作站都可以有自己的 IP 地址。

（4）无线接入方式。通过无线介质将用户终端与网络节点连接起来，以实现用户与网络间信息传递的一种接入方式。无线接入与有线接入的一个重要区别在于可以向用户提供移动接入业务。

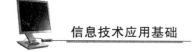
二、浏览器与搜索技巧

1. 浏览器

网页浏览器是显示网页服务器或档案系统内的文件，并让用户与文件互动的一种软件。它用来显示在万维网或局部局域网络等内的文字、影像及其他资讯。这些文字或影像，可以是连接其他网址的超链接，用户可以迅速轻易地浏览各种资讯。常见的网页文件格式为 HTML。有些网页需使用特定的浏览器才能正确显示。手机浏览器是运行在手机上的浏览器，可以通过 GPRS 进行上网浏览因特网内容。目前使用的浏览器种类繁多，主要有微软公司的因特网探索者（Internet Explorer，IE）、360 浏览器、开源的火狐（Firefox）浏览器、搜狗浏览器、谷歌浏览器等。

在浏览器的地址栏输入一个 URL，就可以显示相应的网页内容。例如，在地址栏输入"http://www. yejs. com. cn"，可浏览中国幼儿教师网站上的内容，如图 3-1-12 所示。

图 3-1-12 中国幼儿教师网

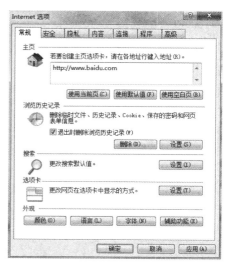

图 3-1-13 首页设置

2. 浏览器首页的设置

打开浏览器的第一个网页称为主页（首页），通过主页上的超链接，就可以找到自己感兴趣的信息。点击菜单栏的"工具"→"Internet 选项"，在弹出的窗口中输入所需要的网址，将其设置为主页，然后点击"应用"，如图 3-1-13 所示。

3. 搜索引擎与搜索技巧

搜索引擎是一种提高使用因特网使用效率的优秀工具。搜索引擎其实也是一个网站，只不过这个网站专门为用户提供信息"检索"服务，是万维网环境中的信息检索系统，它使用特有的（引擎）程序把因特网上的所有信息归类，以帮助人们快速地在浩如烟海的信息海洋中搜寻到自己所需要的信息。现在搜索引擎的功能已经不仅仅局限在资料的查找。只要有一台能连接因特网的计算机，许多烦恼的问题都可以让它帮忙解决。

百度（www. baidu. com）是目前最常用的中文信息检索系统，该搜索引擎具有很强的智能性，会根据用户输入的中文信息，自动判断用户的需求。例如，用户在输入框输入手机号，系统会返回该手机号的归属地信息；输入计算器，系统会自动提示关于计算器的相关应用程序，可供用户选择使用。还可以尝试输入以下内容，直接获取所要获得的信息或者答案。例如，

1 磅=? 克（2.5 磅=? 克）

1+1=?

1 公里等于多少米

……

通过百度提供的更多服务功能（如搜索论文的百度文库、翻译工具、百度百科、MP3 和视频下载等），可以根据用户的需求选择不同的应用。

三、网页信息的保存

1. 保存为"网页类型"文件

例如，要保存有关"幼儿教育课改纲要"的信息，可以单击图3-1-12中的"幼教理论"→"专题研究"→"课改纲要"，在显示的页面中单击第一篇文章链接，就可以找到需要的页面，显示如图3-1-14。

点击工具菜单"文件"→"另存为"命令。

2. 查找并保存为"文本类型"文件

先找到所需的信息，以图3-1-14为例。例如，要在此页面中查找"教育活动"，可以借助于浏览器的命令来帮助查找。

在图3-1-14中的查找输入框输入"教育活动"，对在此页面中找到的内容将以黄色字体高亮显示。

图3-1-14　打开网页

点击菜单"页面"→"另存为"命令，在保存类型中选择"文本文件（txt）"，如图3-1-15所示，之后按"保存"按钮。保存文件中只有文字信息，而没有图片等其他信息。

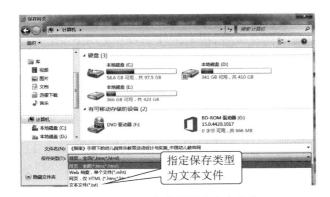

图3-1-15　保存网页为文本文件

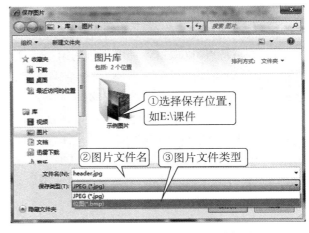

图3-1-16　保存网页图片具体操作

3. 仅保存图片信息

找到所需的信息后，如果只需要保存其中的图片信息，在所需保存的图片上单击鼠标右键，在弹出的快捷菜单中执行"图片另存为（S）"命令，显示如图3-1-16；在"保存图片"对话框中，选择保存的位置和文件名，单击"保存（S）"按钮，将图片保存到电脑中。

四、信息道德意识与版权意识

1. 信息道德意识

因特网在为社会创造巨大价值的同时，也带来了诸如计算机犯罪、危害信息安全、侵犯知识产权、计算机病毒、信息垃圾、信息污染、网络黑客、网络迷信等一系列棘手的问题。每人都要明确上网目的，正确对待因特网的娱乐功能，努力规范自己的上网行为，增强网络法制和网络伦理道德观念，提高是非的辨别能力，做一名符合法律法规和社会公德的网民。

2. 版权意识

从因特网上获取信息（下载软件、音像制品）时，要自觉做到不侵犯他人的知识产权。

（1）商业软件。商业软件是在计算机软件中被作为商品进行交易的软件，一般是付费软件。这些软件一般采取网上订购、网下交易等方式获取。

（2）共享软件。共享软件指可以随意下载、传播但不能进行商业性（收费）传播的软件。这种软件的一大特点是需要支付一定的注册费，才能使用软件的全部功能或可以无限期使用软件。不要试图对这些软件进行功能或时间限制的破除，否则就是盗版行为。

（3）自由软件。它是共享软件的前身，一般是一种免费的软件，甚至用户还可以对这样的软件进行修改（不过修改后，希望告知原作者，这是职业道德），但不可进行商业性（收费）传播。自由软件没有功能、时间限制，但功能有限，一旦功能增强到一定程度，可能转化成共享软件。

（4）音像制品。至于音像制品等的下载，从非正规网站上下载的多数也是盗版的。而从正规的在国家有关部门注册过的网站上得到免费或少量付费的作品下载，可能不存在版权问题，因为版权费用通常已由网站支付或与产权人达成了某种协议。

 点拨

（1）软件的作用各不相同，文字处理软件主要用来处理以文字为主的文档。浏览器软件则是用来浏览网页。要根据自己的不同需要，合理选择处理软件。

（2）根据主题浏览因特网，可使用分类目录和关键字查找信息。

（3）充分利用搜索引擎的搜索技巧来解决问题。

自主实践活动

青松老年活动中心准备为每一个活动室配备一台电视机，希望锋行职校的同学通过因特网来获取各类电视机（包括传统 CRT、CRT 背投、液晶（LCD）背投、光显（DLP）背投、LCD 平板、等离子（PDP）平板等）的性能与特点，以取得各种电视机的第一手实际情况资料，为老年活动中心的决策者提供参考。请帮助做一个购买前的市场调查，并将调查结果整理成一份简易的调查报告，提交老年活动中心领导，作为决定购买哪一种电视机的参考。具体要求如下：

（1）使用搜索引擎（如百度）找到具有合适信息的网站，获取有关电视机的性能资料。

（2）将所需信息以网页和图片形式保存下来。

（3）设计 Word 表格，并将相关信息填入表格，并设置表格和文字格式。

（4）给出调查者的分析，与表格合成一份简易的调查报告。

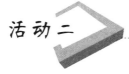 **活动二** 数码相机选购方案的网上交流与沟通

活动要求

本活动通过 Outlook 电子邮箱客户端软件，将已经制作好的数码相机选购方案发送给领导。分管领导阅读完你的邮件后给你回复，请仔细阅读分管领导的回复。阅读后根据分管领导提出的问题与建议，到论坛（BBS）上讨论数码相机的相关问题获取技术支持，以便在与分管领导实时交流时解决分管领导的疑问。然后通过 QQ 与分管领导就数码相机的选购方案实时交流。

参考样例如图 3-2-1 所示。

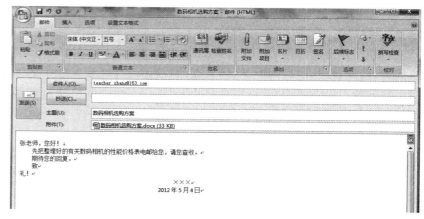

图 3-2-1　活动二的参考样例

活动分析

一、思考与讨论

（1）邮箱是一种便捷的沟通工具。为了能够将制作好的数码相机选购方案发送给分管领导，需要注册邮箱，如何注册电子邮箱账号，并将邮箱账号绑定到电子邮箱客户端软件 Outlook？ 如何使用 Outlook 来接收、查看和回复领导的邮件？

（2）根据分管领导的回复与建议，如何利用因特网快速地找到问题的解决方案并获得关于数码相机的技术支持？BBS 支持用户发表问题并可以快速获得帮助，请思考你的关于数码相机采购的问题，在论坛上发表自己的问题寻求帮助。

（3）在使用邮箱、通讯工具或者 BBS 时，应该遵守哪些网络信息交流规范？

二、总体思路

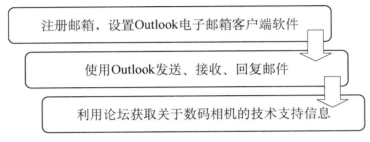

图 3-2-2　活动二的流程图

方法与步骤

一、给领导发送电子邮件并阅读、回复邮件

利用 Microsoft Office Outlook 的电子邮件客户端，可以进行电子邮件的发送、接收、回复等。

1. 熟悉与设置 Microsoft Office Outlook

（1）点击"开始"→"所有程序"→"Microsoft Office"→"Microsoft Office Outlook 2010"，启用 Outlook 软件。

（2）首次进入需要先配置 Outlook 的账户信息。点击菜单栏的"文件"→"信息"→"添加账户"，如图 3-2-3 所示。

图 3-2-3　账户设置

（3）在"添加新账户"中，分别输入您的姓名、电子邮件地址（在 ISP 处注册过的电子邮箱地址）、

密码（此密码为注册邮箱的登录密码，两次输入的密码要一致，并区别大小写），如图 3-2-4 所示。填好所有内容后，点击"下一步"按钮。在提示邮件配置成功后，点击"完成"，此时邮箱会收到一封 Microsoft Outlook 自动发送的电子邮件。

图 3-2-4　自动账户设置

2. 利用 outlook 发送带有附件的邮件给领导

（1）点击 Outlook 菜单栏的"文件"→"新建电子邮件"，弹出如图 3-2-5 所示的窗口。

（2）在"收件人"文本框中，填写收件人的电子邮件地址。

（3）填写邮件主题。在"主题"文本框处，输入

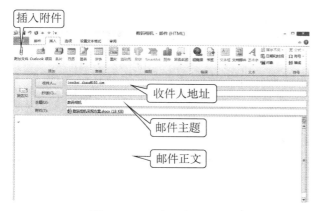

图 3-2-5　新建邮件窗口

本邮件内容的主题(如"数码相机选购方案")。

（4）输入邮件内容。在电子邮件窗口的邮件内容编辑区域，输入邮件正文。

（5）将"数码相机选购方案"Word 文件作为附件，随邮件正文一起发送。单击工具栏上的"附加文本"按钮。在弹出的对话框中，选择文件后，单击"插入"按钮，如图 3-2-6 所示。

图 3-2-6　插入附件

（6）发送邮件。在"数码相机邮件"窗口中，选择"文件"→"发送邮件"，就可以把邮件发送出去。

3. 接收并阅读邮件

幼儿园分管领导收到关于"数码相机选购方案"邮件后，把回复意见通过邮件的方式发送给你。这时需要接收领导的邮件，了解领导对"数码相机选购方案"的意见。

（1）接收邮件。点击菜单栏的"发送/接收"→"发送/接收所有文件夹"，查看所有收到的邮件，如图 3-2-7 所示。

（2）阅读电子邮箱内容。接收邮件后，此时收件箱中可以查看领导对你的邮件回复内容。也可以点击收件箱的某一邮件，查看具体详细内容，如图 3-2-8 所示。

图 3-2-7　接收邮件

图 3-2-8　查看收件箱

二、利用论坛获取数码相机的技术支持信息

因特网提供了许多可以给予人们各方面帮助的服务。例如，BBS 将网上的信息按主题进行分组提供相关信息，如有关数码相机的信息就可以在数码产品组里得到。下面就通过 BBS 来获取数码相机的技术支持。

1. 登录 BBS

进入论坛的方式有很多，例如，知道某个具体的论坛地址，就可以在浏览器的地址栏中输入地址(如 dcbbs. zol. com. cn 中关村数码相机论坛)；或者通过百度搜索，输入关键字"数码相机论坛"，会有很多论坛地址可供选择，如图 3-2-9 所示。

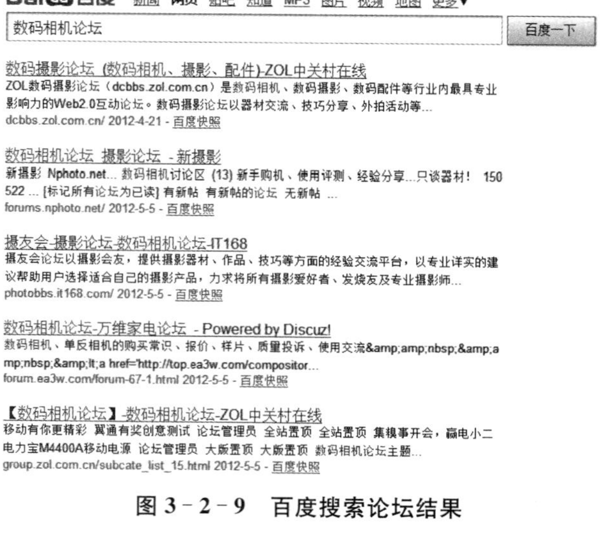

图 3-2-9　百度搜索论坛结果

以搜狐的"数码公社"论坛（http://zone.it.sohu.com/）为例，进入"相机讨论区"。

2. 发表求助问题

如果没有注册，先在此网站注册，这样才有权限发表和回复帖子。注册后登录，如图 3 - 2 - 10 所示。

点击发表，如图 3 - 2 - 11 所示，选择问题类型，输入问题的标题和内容，可以发表求助问题。

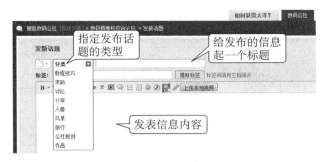

图 3 - 2 - 11　发表新帖

3. 与别人讨论现有的主题

点击一条帖子，浏览帖子内容，如图 3 - 2 - 12 所示。如果对帖子内容感兴趣，通过回复的方式与帖子的发表者进行交流。点击"回复"，即可回复帖子。

图 3 - 2 - 10　数码相机论坛页面

图 3 - 2 - 12　回复帖子

知识链接

一、电子邮件概述

电子邮件（electronic mail，简称 E-mail）是一种用电子手段提供信息交换的通信方式。通过网络的电子邮件系统，用户可以以非常快速的方式，与世界上任何一个角落的网络用户进行联系，这些电子邮件可以是文字、图像、声音等各种方式。

电子邮件服务由专门的服务器提供，Gmail、Hotmail、网易、新浪等邮箱服务是目前比较流行的邮件服务提供商。每个 ISP（Internet 服务提供商）都有自己的邮件服务器（相当于邮局），用于接收和发送电子邮件。为了区分不同用户的电子信箱，每个信箱有一个地址（即 E-mail 地址）。E-mail 地址的一般组成格式是"信箱（用户）名@邮件服务器地址"。

符号@（读作[æt]），前面是信箱名，可以在注册时由自己或 ISP 指定，@后面是邮件服务器名，注册时由 ISP 提供。每个电子信箱都有一个信箱密码，也称信箱口令。只有输入正确的密码，才能打开信箱并读到信箱里的邮件。

发送电子邮件时，一般先编辑好邮件内容，然后发给 ISP 的发件服务器。邮件经过发件服务器处理，确定不是本地服务器收件，再通过因特网发出。邮件被送到收件人的收件服务器后，再由收件服务器分发到属于收信人的信箱中。

电子邮件的收发可以通过网页和专用的电邮客户端软件来进行。现在用的更多的可能是网页上的电子邮件收发。专用的电邮客户端软件包括 Outlook、Foxmail 等。使用邮件客户端软件能够提高邮件的收发效率。

二、网上交流服务概述

1. BBS

BBS 的英文全称是"Bulletin Board System"，即"电子公告板"。BBS 最早是用来公布股市价格等信息的。早期的 BBS 与一般街头和校园内的公告板性质相同，只不过是通过电脑来传播或获得消息而已。如今，人们往往利用 BBS 作论坛空间，发表看法，获得帮助，每个 BBS 都有一个确定的讨论主题。

图 3-2-13 聊天

2. IM(即时通信)概览

即时聊天使亲友的沟通突破时空极限,使办公室的沟通突破上下级极限,使自我与外界的沟通突破心理极限……作为使用频率最高的网络软件,即时聊天已经突破作为技术工具的极限,被认为是现代交流方式的象征,并构建起一种新的社会关系。即时通信工具是迄今为止对人类社会生活改变最为深刻的一种网络新形态,没有极限的沟通将带来没有极限的生活。

当前因特网上几种主要的即时通信工具有以下3种。

(1)飞信。如图 3-2-14(a)所示,飞信(英文名为"Fetion")是中国移动推出的"综合通信服务",即融合语音(IVR)、GPRS、短信等多种通信方式,覆盖 3 种不同形态(完全实时、准实时和非实时)的客户通信需求,实现因特网和移动网间的无缝通信服务。飞信不但可以免费从计算机给手机发短信、传送 MP3、图片和普通 OFFICE 文件,而且能够随时随地任意传输、不受任何限制,能够随时随地与好友开始语聊、并享受超低语聊资费。

(2)QQ。国内最时髦的即时通信工具当数腾讯的 QQ,连到网上的一台台电脑屏幕上大多跳跃着一个个各式各样的"小人头儿"——QQ 上的好友来信了,如图 3-2-14(b)所示。它为用户提供寻呼、聊天、新闻等信息,还有手机上的移动 QQ 服务。

(3)微信。微信(Wechat)是腾讯公司推出的一个为智能终端提供即时通讯服务的免费应用程序。微信支持跨通信运营商、跨操作系统平台,通过网络快速发送免费(需消耗少量网络流量)语音短信、视频、图片和文字,同时,也可以使用通过共享流媒体内容的资料和基于位置的社交插件(如"摇一摇"、"漂流瓶"、"朋友圈"、"公众平台"、"语音记事本"等服务插件)。

(a) 飞信 (b) QQ

图 3-2-14 飞信和 QQ

三、网络信息交流的道德规范

因特网的论坛、即时聊天等交流工具给个人的工作、学习和生活带来了很大的便捷性。在利用因特网交流信息时,应该遵守国家的相关法律法规,并注意网络交流的礼仪规范。

(1)具有是非辨别能力,加强网络信息道德的学习。

(2)文明交流,言语得体。在网上与人交流时,应确保用语文明,不得使用攻击性、侮辱性语言。

(3)合理运用,内容健康。网络是帮助个人更好工作的一种工具,因而在上网时要注意正确地使用因特网。除了查询信息、正常工作和学习等,要主动远离网络上的不健康内容。

(4)自觉维护"洁净"的网络环境。网络是个虚拟世界,海量的信息之中鱼龙混杂、难辨真假。在运用网络工作或是交际时要提高警惕,防止上当受骗,更不可使用网络进行欺诈甚至从事犯罪活动。

(5)注意信息安全。网络高度发达的同时也给人们带来了高风险。在网络环境中,个人的隐私也极其容易受到侵犯。所以,在上网时既要保护自己的信息,也应遵守相关规定,不侵犯他人的隐私。

 点拨

(1)电子邮件的收发有电邮客户端软件方式与网页方式两种,它们各有特色。例如,客户端软件可以下载邮件,可以离线阅读。

（2）创建多媒体电子邮件，可以使用网页格式来制作；可以发送带有多媒体信息（如声音、图片、视频等）附件的电子邮件。

（3）注意在使用因特网交流工具时，不能因为注册信息的虚无而肆意妄为，要懂得网络信息交流的道德规范和遵守网络文明公约。

自主实践活动

将活动一的自主实践活动中获取的各种信息资料以附件形式发电子邮件给同班同学。同学之间相互阅读彼此的方案，对所阅读的方案提出修改意见，并回复给方案本人。通过网络交流平台，得到要购买电视的更多技术方面的信息，为购买电视做好技术上的准备。

具体要求如下：

（1）申请网易邮箱账号，如有账号，可直接登录。

（2）将所撰写的购买方案群发给其他同学，附件内容为自己所制定的选购方案。

（3）阅读其他同学发过来的方案，登录 BBS 讨论有关电视的技术问题，然后给邮件的主人回复相关的意见。

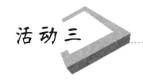

活动三 数码相机的网上购买

活动要求

与分管领导交流讨论后，确定所要购买的数码相机型号以及预算。在"淘宝"购物网站购买满足学校需求、高性价比的数码相机。在淘宝网中，搜索相关产品，与卖家沟通，并从多方面获取关于卖家的信誉度信息（如信用度、用户评价等方面），综合考虑选择一个比较诚信的卖家完成数码相机的网上购买。

活动分析

一、思考与讨论

（1）淘宝网是中国深受欢迎的网络平台之一，但网上商品种类数量众多，如何在淘宝网上快速地找到所需要的性价比较高的数码相机？如何选择信誉度较高的商家？如何与卖家沟通所购买的商品及物流信息？

（2）确定好商品后，拍下确定购买的数码相机（下订单），确认收货地址。为保障交易资金安全，如何在网络平台上进行资金交易？需要注意哪些问题？

（3）确认收货后，将保存在担保交易中心的货款支付到卖方，并对卖方进行信用评价。请讨论网购过程中应注意哪些事项，有哪些技巧？

二、总体思路

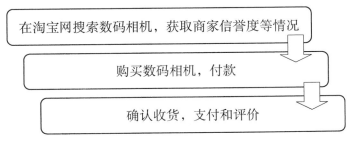

图 3－3－1　活动三的流程图

方法与步骤

一、在淘宝上搜索数码相机

1. 登录与注册

在浏览器地址栏中输入"www.taobao.com"，回车后，显示图3-3-2。如果要购买宝贝，则必须注册淘宝账户并登录，否则只能浏览宝贝。

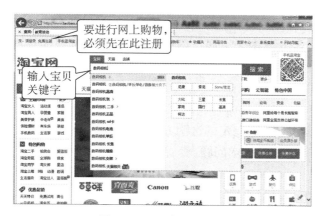

图3-3-2　淘宝网首页

2. 搜索宝贝

在图3-3-2搜索文本框中输入关键词（如"数码相机"），按下"搜索"按钮，搜索结果如图3-3-3所示。在搜索时可以按照条件筛选，缩小自己的搜索范围。例如，在热门品牌中选择某一品牌，对价格范围进行设置，选择数码相机的具体参数类型（如像素、变焦范围、屏幕尺寸等）。

图3-3-3　搜索结果

3. 查看卖家信誉度信息

点击所选择的某款相机图片，进入该商品的详细信息页面。也可以点击搜索栏右侧的"精简"模式，进入普通页面。在普通页面中点击所选择的商品图片，查看卖家的信誉度信息，如图3-3-4所示。

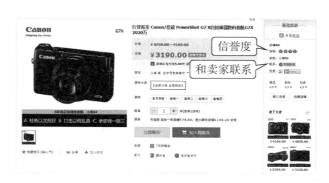

图3-3-4　查看卖家信誉度信息

4. 与卖家交流

点击右侧的"和我联系"按钮，弹出聊天对话框，如图3-3-5所示，在此可以和卖家咨询关于产品的功能参数、物流信息等。

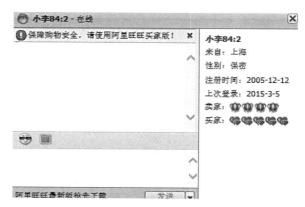

图3-3-5　和卖家联系

二、购买数码相机

1. 购买数码相机

点击图3-3-4中的"立刻购买"按钮，进入确认订单页面，如图3-3-6所示。填写自己的收货

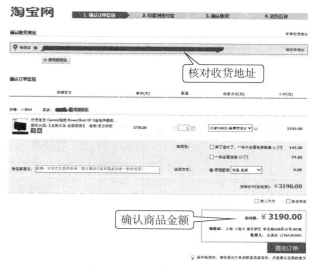

图3-3-6　购买确认页面

地址,确认所购买的商品信息(如数量、总价钱等)。正确无误后,点击"提交订单"按钮,进入付款页面。

2. 付款

在付款页面中,可以选择多种付款方式。如果有支付宝(一种安全的第三方支付手段)账号,在输入支付宝密码后,将钱先存入支付宝。如果没有支付宝,可以选择某一银行,但要确认所选择银行开通了网银功能,即可完成付款功能。之后所要做的就是等待收货。

三、支付与评价

1. 确认收货与支付

当收货之后,请登录淘宝网,进入"我的淘宝",点击"已买到的宝贝",进入确认收货页面。在确认收货页面中,输入支付宝密码,将货款转给卖家,并显示交易成功。

如果发现货物有质量问题,可以通过联系卖家的方式,申请退货或者换货。如果收到货但没有确认,不管买家有没有在网上申请任何的退款,淘宝网将强制把买家汇到支付宝账号的钱转到卖家的支付宝账户内。

2. 评价

作为淘宝网买卖双方诚信体制建设的重要机制之一,就是给对方评价。在购买成功后,需要对卖家的服务以及物流服务给予评价。

评价应该如实,不要随意贬损或溢美。如果由于买家客观的评价,而招致卖家的信息骚扰,应及时地向淘宝网投诉。

知识与链接

1. 什么是网上购物

网上购物,顾名思义就是通过因特网检索商品信息,并通过电子订购单发出购物请求,然后通过各种支付手段将钱款支付给卖方,卖方通过邮购的方式发货,或是通过快递公司送货上门。

2. 网上购物的好处

首先,对于消费者来说,可以在家"逛商店",订货不受时间的限制,可以买到当地没有的商品;网上支付较传统拿现金支付更加安全,可避免现金丢失或遭到抢劫;从订货、买货到货物上门无需亲临现场,既省时又省力;由于网上商品省去租店面、招雇员及储存保管等一系列费用,总的来说其价格较一般商场的同类商品更便宜。

其次,对于卖方来说,由于网上销售没有库存压力、经营成本低、经营规模不受场地限制等,在将来会有更多的卖方选择网上销售,通过因特网对市场信息的及时反馈适时调整经营战略,以此提高卖方的经济效益和参与国际竞争的能力。

再次,对于整个市场经济来说,这种新型的购物模式可在更大的范围内、更多的层面上以更高的效率实现资源配置。

3. 网上购物的交易对象

这里所谓网上购物的交易对象,是指买卖双方的身份。目前一般有3种,即C2C、B2C、B2B。

C2C(C to C),一般指个人对个人的交易;B2C(B to C),一般指商家(企业)对个人的交易;B2B(B to B),则指商家(企业)对商家(企业)的交易。淘宝网等主要是C2C,但也兼做B2C的购物网站(如Dell、联想在淘宝上都开设有旗舰店)。那些由公司自己开设的商务网站(如当当网等),一般都属于B2C,除非它坚称只做公司的生意。阿里巴巴则是B2B的购物网站。

4. 网上购物的支付方式

国内的网上购物,一般有这样几种付款方式。

(1) 款到发货(直接银行转账,在线汇款),买方要承担较大风险;

(2) 担保交易(如淘宝支付宝、百度百付宝、腾讯财付通等的担保交易,或称为第三方支付手段),一种买卖双方风险都降到最低的支付方式;

(3) 货到付款,卖方可能承担比较大的风险,一般不会采用卖方邮寄这种方式,可以采用专人送货(如快递)。

5. 安全网购

尽管淘宝网等网上购物平台是很正规的,但在其上做买卖的卖家却良莠不齐。因此,如何严防网络钓鱼、安全网购,就成为网购的第一要务。

（1）学习一些识破网购陷阱的技能。网上购物存在有四大陷阱：

① 低价诱惑。如果产品以市场价的半价甚至更低的价格出现，特别是名牌产品，这时就要提高警惕，想想为什么它会这么便宜，因为知名品牌产品除了二手货或次品货，正规渠道进货的名牌是不可能和市场价相差那么远的。

② 高额奖品。不法卖家，往往利用巨额奖金或奖品诱惑吸引消费者购买其产品。

③ 虚假广告。产品说明夸大甚至虚假宣传，实物与网上看到的样品不一致。钱骗到手后把服务器或网店关掉，然后再开一个新的网站或网店继续故伎重施。

④ 设置格式条款。买货容易，退货、维修难，一些卖家买卖合同采取格式化条款，对网上售出的商品不承担"三包"责任、没有退换货说明等。

（2）查看卖家的信用等级。

例如，"淘宝网"的每一笔交易都有评价，再把评价折算成" "的直观表达。♥信用最低，（金冠）信用最高。

（3）要防备信用陷阱。现在专门有一些刷信用的网站，只要付钱，它可以在很短的时间内刷到想要的信用。如何防范可以看时间，如果是用了几年才达到某个信用高度，则基本可信，反之就要打个问号。但此法也并非万无一失，还需从其他方面去防范。

（4）选择支付方式。能货到付款则选货到付款，并在验货时不心慈手软，该退则退；如果不能货到付款，也要选择第三方支付方式，如果能先行赔付则更好；一般不要使用款到发货这种支付方式，除非是国内知名商家的网上旗舰店。

🖱 点拨

（1）网上购物安全第一，不受可疑的超低价诱惑而堕入购物陷阱。
（2）验货时不可心慈手软，以免给自己造成不必要的麻烦。
（3）支付方式选择以资金安全为首选。

自主实践活动

根据活动二的自主实践活动中得到的领导反馈意见，要为老年活动中心购置一批性价比更高的电视，决定到购物网站上淘宝。

具体要求如下：
（1）注册并登录京东购物网站。
（2）搜索活动二的自主实践活动中确定准备购买的电视机。
（3）与卖家交流沟通，拍下并购买电视机。

注：实际操作时可以找低价值的商品来初次尝试网购。

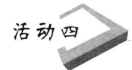 **利用数码相机拍摄的照片开展图片博客的创建**

活动要求

幼儿园领导准备借助因特网开展家园互动，将孩子们在幼儿园期间的照片展现给家长，让家长及时了解孩子的生活和学习状态，促进家园沟通的效率。利用所购买的数码相机，拍摄学生学习和生活的照片以及成果作品照片，并将照片拷贝到自己的电脑上。根据领导的要求，寻找合适的因特网应用。注册"新浪博客"账号,制作两个"图片博客"主题活动,分别为幼儿园生活学习风采和学生作品成果展,将所拍摄的照片上传到图片博客中,并对每张照片加以文字说明。

活动分析

一、思考与讨论

(1) 因特网提供了丰富的展示平台,在之前的活动中拍摄了很多的学生活动照片,为满足幼儿园家园互动的需求,可以选择哪些平台? 不同平台各有哪些优势?

(2) 为了让家长全面地了解孩子在幼儿园的生活和学习状态,需要呈现哪些不同主题的图片(如主题名称为"幼儿园生活学习风采"、"学生作品成果展"等)? 为了让家长理解图片的内容,为图片配上文字说明,将图片和文字上传到博客。

二、总体思路

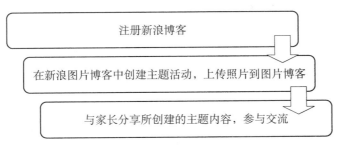

图 3-4-1　活动四的流程图

方法与步骤

一、新浪博客的注册与访问

1. 了解博客

博客(Blog)又名部落格,是一种简易的个人信息发布方式。任何人都可以注册,完成个人网页的创建、发布和更新。博客充分利用网络互动、更新即时的特点,让用户最快获取最有价值的信息与资源;用户可以发挥无限的表达力,及时记录和发布个人的生活故事、闪现的灵感等;更可以文会友,结识和汇聚朋友,进行深度交流沟通。新浪博客(官方称为新浪 BLOG,英文名为"Sina Blog")为新浪网旗下的博客网站。

2. 注册与登录新浪博客

在百度中输入关键字"新浪博客",查找新浪博客网址,或者在浏览器地址栏中输入"http://blog.sina.com.cn",进入新浪博客网站首页,如图 3-4-2 所示。

在注册页面中,可以选择手机注册或邮箱注册,输入用户名和密码。邮箱或者手机号一定要输入正确,一旦忘记密码,将用邮箱或者手机号找回密码。

3. 注册成功后登录

点击图 3-4-3 首页右上角的"登录",输入用户名和密码,提示登录成功,进入个人首页,如

图 3-4-2　新浪博客首页

图 3-4-3 所示。此刻,就可以使用新浪博客创建自己的图片博客了。

二、创建新浪图片博客主题活动

1. 创建主题活动

点击图 3-4-3 的"发图片",进入撰写图片博客的内容页面。

2. 上传图片

图片博客的特点就是用图片来呈现主题内容。在图 3-4-4 中点击"选择照片",选择要宣传展示

图 3-4-3 创建图片博客

的照片,新建专辑名称为"幼儿园生活照",然后点击"开始上传",如图 3-4-5 所示。

图 3-4-4 添加活动照片

图 3-4-5 上传活动照片,完善专辑名称

3. 为照片加说明

上传完成后,点击"添加描述和标签"。在图 3-4-6 中输入关于每张图片的内容解释,让家长更容易看到孩子在幼儿园的学习生活状态。输入好以后点击"保存"按钮。

用以上方法,再次创建一个主题活动,标题为

图 3-4-6 上传图片

图 3-4-7 "幼儿生活照"专辑

"学生作品成果展",将孩子各方面的作品上传到新浪图片博客中。

注:请学生自己操作。

三、鼓励家长参与交流讨论

点击图 3-4-8 中的图片,浏览具体的照片。点击每张图片下面文字旁边的"发评论"按钮,可以对照片进行评价。

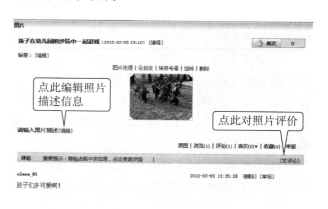

图 3-4-8 参与评价

如果要编辑本主题活动内容,点击图 3-4-8 中的编辑,可以增加照片内容,修改每张照片的描述内容。

知识与链接

一、Web2.0

1. 什么是 Web2.0

目前关于 Web2.0 的较为经典的定义是 Blogger Don 在他的"Web2.0 概念诠释"一文中提出的"Web2.0 是以 Blog、TAG、SNS、RSS、Wiki 等社会软件的应用为核心,依据六度分隔、xml、ajax 等新理论和技术实现的互联网新一代模式",其最突出的特点就是具有极强的用户参与性、互动性、个性化、共享性,使普通用户真正融入到互联网中,成为互联网的主人。

2. 常见的 Web2.0 服务

(1) 微博客。微博客(Microblog)是一种非正式的迷你型博客,是最近新兴起的 Web2.0 表现形式,是一种可以即时发布消息的系统。

微博客最大的特点就是集成化和 API 开放化,用户可以通过移动设备、IM 软件(如 MSN、QQ、Skype 等)和外部 API 接口等途径向微博客发布消息。微博客的另一个特点还在于这个"微"字,一般发布的消息仅为只言片语,每次只能发送 140 个字符。

国内知名微博客有随心微博、新浪微博、大围脖、饭否、品品米、同学网、唠叨(Jnettalk)、叽叽网、MySpace、聚友 9911、贫嘴等。

(2) 播客。"播客"(Podcasting)这个词是苹果电脑的"iPod"与"广播"(Broadcast)的合成词,指的是一种在互联网上发布文件并允许用户订阅 Feed 以自动接收新文件的方法,或用此方法制作的电台节目。

它是数字广播技术的一种,出现初期借助一个叫"iPodder"的软件与一些便携播放器相结合而实现。播客录制的是网络广播或类似的网络声讯节目,网友可将网上的广播节目下载到自己的 iPod、MP3 播放器或其他便携式数码声讯播放器中随身收听,而不必端坐电脑前,也不必实时收听,享受随时随地的自由。更有意义的是,用户还可以自己制作声音节目,并将其上传到网上与广大网友分享。

国内这种网站或开设这种功能的网站频道,有新浪网播客频道、土豆网等。

(3) 聚合资讯。聚合资讯(RSS)是英文"Rich Site Summary"(丰富站点摘要)或者"Really Simple Syndication"(真正简单的整合)的首字母缩写,是一种用于共享新闻标题和其他 Web 内容的 XML 格式标准。

RSS 使得每个人都能成为潜在的信息提供者。发布一个 RSS 文件后,这个 RSS Feed(即 RSS 文件)中包含的信息就能直接被其他站点调用。

网络用户可以将某个网站的 RSS 订阅到在线的 Web 工具(如 iGoogle)中,或订阅到支持 RSS 的客户端新闻聚合软件(如 FeedDemon、SharpReader、NewzCrawler)中,用户在不打开网站内容页面的情况下,就可以阅读支持 RSS 输出的网站内容。当订阅了多个不同网站的 RSS 内容时,可以在一个统一的界面下实现对许多网站 RSS 内容的浏览,而不再需要进入这些网站。

(4) 维基百科。维基百科(Wiki)的协作是针对同一主题作外延式和内涵式的扩展,能够将同一个问题谈得很充分、很深入。个性化在这里不是最重要的,信息的完整性和充分性以及权威性才是真正的目标。

Wiki 使用最多也最合适的就是共同进行文档的写作或者文章/书籍的写作。特别是技术相关的(尤以程序开发相关的)常见问题解答(Frequently Asked Questions,FAQ),更适合以 Wiki 来展现。

维基百科是一个基于 Wiki 技术的多语言百科全书协作计划,也是一部由网友用不同语言写而成的网络百科全书,其目标及宗旨是为全人类提供自由的百科全书——用他们所选择的语言书写而成的,动态、可自由访问和编辑的全球知识体,也被称作"人民的百科全书"。维基百科是一部内容开放的百科全书,内容开放的材料允许任何第三方不受限制地复制和修改,它方便不同行业的人士寻找知识,而使用者也可以不断增加自己的知识从而充实自己。

二、培养良好的社会信息道德

每一个人既是一个独立的主体,但又是一个与生活的社会息息相关的个体。因此,做每一件事就不能只从自己的角度去考虑,而应该放到社会中去考虑,考虑是否会给社会带来危害。

就拿从因特网上获取社会信息来说,就应该学会辨识什么样的信息是有益的,什么样的信息是无益也无害的,什么样的信息是有害的(如色情网站、黑客攻击等)。有益的信息多多益善;无聊的信息可偶尔为之,但切不可沉湎于此;有害信息则千万不可越雷池一步,使用或发布有害信息有可能导致不可挽回的损失。

因特网作为一个虚拟的承载、传播信息的空间,不能因为它的虚拟性,就在其上大肆发表不负责任的言论,甚至是一些人身攻击;也不能因为自己有一技之长(如掌握黑客的技能,应该去反制黑客,而不是成为黑客),就去破坏别人的信息,攫取别人的钱财,把自己的快乐建筑在别人的痛苦之上。任何时候都必须遵守法律规范。

养成良好的社会信息道德,不仅对个人人生发展大有益处,而且也是防范自己的信息不被破坏的有力武器。因为很多的恶意代码(如病毒、蠕虫、木马)都寄生在不良网站上,如果经不起不良网站的引诱而浏览了这些网页,恶意代码就会随着网页进入系统,这无异于开门揖盗。

沉湎于网络,沉迷于游戏,网上交友不慎,虽不能提到道德的层面来考量,但它确实给一些家庭带来了痛苦。网络是一把双刃剑。在面对网络、面对游戏时,必须要学会自制,学会适可而止,让网络成为学习、工作的工具。

三、文件的压缩与解压缩

具备文件压缩功能的软件也是可选多多,不过其中又以 WinZIP 与 WinRAR 最为常见,这两种压缩软件在许多方面的性能、功能都不相上下。这里仅介绍 WinRAR。

1. 压缩软件界面

启动压缩软件:单击"开始→所有程序→WinRAR→WinRAR",显示如图 3-4-9。

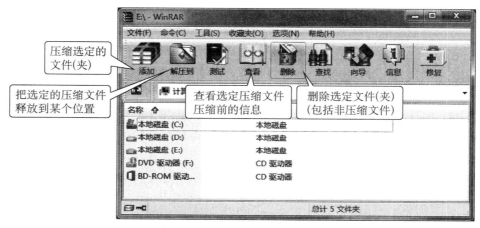

图 3-4-9 压缩软件界面

2. 文件的压缩

除了主窗口可以进行压缩文件外,其实还有更方便的使用方法,安装 WinRAR 后,它会将操作命令添加到右击鼠标的快捷命令中,如图 3-4-10 所示。

图 3-4-10 压缩文件到指定位置

当点击"添加到压缩文件(A)⋯⋯"时,显示出如图3-4-11所示的对话框。

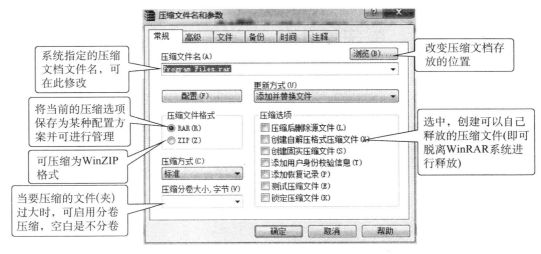

图3-4-11 添加到档案文件

压缩方式选项包括:存储——打包,不压缩;最快——高速,很低的压缩率;较快——快速,较低的压缩率;标准——速度与压缩率平衡;较好——较高的压缩率,较低的速度;最好——最高的压缩率,最低的速度。其他设置可在"高级"、"文件"、"备份"等选项卡中进行,一般使用默认设置即可。

3. 文件的解压缩

与压缩一样,解压缩也可使用快捷菜单进行。右击压缩文件,弹出快捷菜单,如图3-4-12所示。

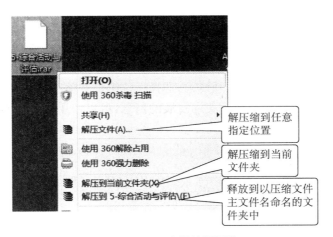

图3-4-12 文件的解压缩

自主实践活动

为了保证所获得的资料信息安全可靠,除了要在思想上重视外,还可以利用一些技术手段帮助达到目的,即是杀毒软件的使用。为了保证获得的信息不会轻易丢失,还可以使用压缩软件对数据进行备份。

具体要求如下:

(1) 使用百度工具下载压缩软件WinRAR。

(2) 使用压缩软件来备份与恢复数据。

 点拨

如果实验环境没有提供WinRAR安装包,可以利用搜索引擎进行搜索、下载,然后进行安装、压缩与解压缩操作练习。

综合活动　重庆城市轨交发展的调查与分析

活动要求

　　在自己的邮箱中有一封邮件,邮件要求为重庆城市轨道交通发展做调查。调查可从电视、报纸、网络、座谈、社会调查等不同的途径展开,收集有关重庆城市轨道交通发展的信息,为重庆城市轨道交通规划部门出谋划策,提供更多的信息;然后通过文字处理软件,制作重庆城市轨道交通调查分析的精美电子板报。

活动分析

一、活动任务

　　(1)打开邮箱查看邮件,阅读邮件,最后还要发送带附件的邮件。通过电子邮件的使用(即发送、接收、阅读等),培养信息交流的能力。

　　(2)小组合作讨论重庆城市轨道交通发展的情况。

　　(3)查找有关重庆城市轨道交通发展的信息,并整理成文,培养获取信息和整理信息的能力。

　　(4)对重庆城市轨道交通发展进行分析,包括重庆城市轨道交通发展的历史、现状、将来等问题,培养提出问题、分析问题的能力。

　　(5)根据调查与分析,运用文字处理软件制作一份精美的电子板报,培养整理信息的能力以及解决问题的能力。

二、活动分析

　　(1)为提高小组合作效率,小组成员相互讨论,选择一位组长并落实每个人的分工。

　　(2)使用因特网搜索关于重庆城市轨道交通发展的信息,可以使用哪些搜索技巧快速、准确地找到所需要的内容?

　　(3)为引起相关部门的重视,小组成员要精心设计电子板报的大致版面和内容,根据设计需要获取相关的图片和文字素材。

方法与步骤

一、讨论

1. 确定小组成员及分工

表3-5-1　小组成员及分工

姓名	特长	分工

2. 确定小组的研究主题

　　小组准备对重庆城市轨道交通发展进行哪种形式的调查?

　　根据讨论的结果,各小组结合组内学生的兴趣等,确定自己小组研究有关重庆城市轨道交通发展调查与分析的主题。

二、有关重庆城市轨道交通发展的调查与分析

　　小组合作,自主实践与探索,对重庆城市轨道交通发展进行调查与分析。这里以"重庆城市轨道交通发展"为主题展开,各小组应根据自己选定的主题展开综合活动,通过多种途径进行调查,最后将结果以板报的形式做出。

　　(1)打开邮箱查看邮件,阅读邮件,然后回复表示接受任务。

　　(2)获取重庆城市轨道交通发展的信息。可以通过搜索引擎查找这方面的信息。设计重庆城市轨道交通发展的调查与分析内容,参考内容

项目三 因特网应用

如下：

①重庆城市轨道交通的发展；

②国际上城市轨道交通发展的情况；

③大都市热衷于建设轨道交通的目的；

④重庆建市以来最早的城市轨道交通（最早的有轨电车）情况；

⑤重庆市最早的城市轨道交通规划；

⑥重庆城市轨道交通发展规划经历的阶段；

⑦重庆城市轨道交通发展远景规划中，怎样选择较好？还有哪些地方可以补充？

三、使用 IE 浏览器对重庆城市轨道交通发展进行调查

调查方法如下：

(1) 通过 IE 浏览器怎样搜索信息？需要搜索哪些信息？

(2) 怎样从网上下载文字和图片？

(3) 对重庆城市轨道交通发展调查后，进行

分析。

重庆城市轨道交通的现状：_____
_____。

重庆大力发展城市轨道交通的目的：_____
_____。

也可以自拟问题，对自己感兴趣的话题展开调查分析。

四、制作和发布电子板报

(1) 使用文字处理软件制作精美的电子板报。报告中应包含哪些内容？

(2) 将精美的电子板报以附件的形式发送给规划部门。

①讨论：电子板报做好后，规划部门是否满意？怎样才能让规划部门看到调查与分析结果？

②怎样制作电子邮件？完整的一封电子邮件包含哪些内容？

③怎样发送文件附件？

综合测试

第一部分 知识题

一、选择题

1. 接入因特网的计算机必须共同遵守(　　)。

A．CPI/IP 协议　　　　　　　　　B．PCT/IP 协议

C．PTC/IP 协议　　　　　　　　　D．TCP/IP 协议

2. 因特网上每台计算机所使用的 IP 地址各段用(　　)分隔。

A．小圆点　　　B．逗号　　　C．分号　　　D．冒号

3. 电子信箱地址的格式是(　　)。

A．用户名@主机域名　　　　　　B．主机名@用户名

C．用户名.主机域名　　　　　　D．主机域名.用户名

4. 以下有关网页保存类型的说法中正确的是(　　)。

A．"Web 页,全部",整个网页的图片、文本和超链接

B．"Web 页,全部",整个网页包括页面结构、图片、文本、嵌入文件和超链接

C．"Web 页,仅 HTML",网页的图片、文本、窗口框架

D．"Web 档案,单一文件",网页的图片、文本和超链接

5. 域名系统 DNS 的作用是(　　)。

A．存放主机域名　　　　　　　　B．存放 IP 地址

C．存放邮件的地址表　　　　　　D．将域名转换成 IP 地址

6. WWW 的作用是(　　)。

A．信息浏览　　　B．文件传输　　　C．收发电子邮件　　　D．远程登录

7. 使用浏览器访问因特网上的 Web 站点时,看到的第一个页面叫(　　)。

A．主页　　　B．Web 页　　　C．文件　　　D．图像

8. 下列文件中属于压缩文件的是(　　)。

A．fit.exe　　　B．trans.doc　　　C．test.zip　　　D．map.htm

9. 在 IE 浏览器的地址栏中填入(　　)肯定是无效的。

A．http://www.sjtu.sh.cn　　　　B．202.36.78.9

C．a:\h1.htm　　　　　　　　　D．360.122.798

10. 刘同学想从网上下载动画片,由于文件比较大,那么他应该(　　),以提高下载速度。

A．直接下载　　　　　　　　　　　　　　B．单击鼠标右键,选择"目标另存为"

C．使用迅雷软件进行下载　　　　　　　　D．通过复制粘贴

11．因特网提供了大量的信息资源,在检索信息时能最快速、直接地得到所需信息的方法是（　　　）。

A．利用搜索引擎查找、直接访问相关信息的网站　　B．使用 BBS 问讯

C．使用 QQ 等在线即时通讯工具　　　　　　　　D．使用微博发布所需、等待回复

12．在博客或论坛上,不应该做的是（　　　）。

A．张贴同学的照片并公开同学电话等个人信息　　B．分享旅游照片

C．讨论学习　　　　　　　　　　　　　　　　　D．揭露虚假信息

13．在浏览网页时,如果发现自己喜欢的网页并希望以后多次访问,最直接的方法是把这个页面（　　　）。

A．建立地址簿　　　　　　　　　　　　　　B．将网址保存在记事本文件中

C．用笔抄写到笔记本上　　　　　　　　　　D．放到收藏夹中

14．小红有一个旧的 MP3 想通过网络出售,她到（　　）网站出售最合适。

A．Sina　　　　　　　B．淘宝网　　　　　　C．Google　　　　　　D．Sohu

15．以下行为中不符合中学生网络道德规范的是（　　　）。

A．网上看视频　　　　　　　　　　　　　　B．下载公共资源

C．用不文明语言聊天　　　　　　　　　　　D．玩网络游戏

二、判断题（正确的打"√",错误的打"×"。）

1．当从因特网获取邮件时,电子信箱是设在计算机上的。　　　　　　　　　　　　（　　　）

2．网站由包含文本、图片、声音、动画和视频及超链接的网页组成。　　　　　　　（　　　）

3．由于网上的资源都是共享的,从网上下载各种资源时,不需要考虑文件的知识产权以及合法性问题。（　　　）

4．在网络上可以利用搜索引擎查找到所需要的任何信息。　　　　　　　　　　　（　　　）

5．因特网中有大量的学习资源,可以通过网络进行学习、交流。　　　　　　　　　（　　　）

6．从因特网上下载文字、图片以及各种文件资料,只能使用专门的下载工具。　　　（　　　）

7．上网时不要打开来历不明的文件或电子邮件,以免感染计算机病毒。　　　　　　（　　　）

8．接入因特网中的计算机 IP 地址是唯一的。　　　　　　　　　　　　　　　　　（　　　）

9．在普通网页中只可以加入图片和音频文件,而不能加入动画与视频文件。　　　　（　　　）

10．局域网中的计算机如果使用 Windows 操作系统,那么正确登录网络后,可以通过"网上邻居"查看到本机和局域网中的其他用户。　　　　　　　　　　　　　　　　　　　　　　　　（　　　）

11．在 BBS 中可以随意发表个人言论。　　　　　　　　　　　　　　　　　　　（　　　）

12．网络上获取的信息都是真实可信的。　　　　　　　　　　　　　　　　　　　（　　　）

三、填空题

1．在因特网中 IP 地址由（　　　　　）位二进制数组成。

2．接收到的电子邮件的主题字旁带有回形针标记,表示该邮件带（　　　　　）。

3．用户要想在网上查询万维网信息,必须安装并运行一个被称为（　　　　　）的软件。

4．因特网中使用字符代替主机地址的方法是（　　　　　）地址。

5．能够直接与国际联网的网络称为（　　　　　）。

6．使用客户端程序收发邮件时,必须输入（　　　　　）和（　　　　　）。

7．BBS 是一种有很多人参与交流讨论的（　　　　　）系统。

8．因特网中的每台主机至少有一个 IP 地址,而且这个 IP 地址在全网中必须是（　　　　　）的。

第二部分　操作题
"嫦娥工程"宣传板报的制作与分享

一、项目背景

为了弘扬祖国 60 年来的伟大成就,学校要求每班每人都参与这个宣传活动,主题、形式不限。某班讨论后决定,以"嫦娥工程"为主题,每人从因特网上搜取素材,以 Word 文件格式建立一张宣传板报,并通过因特网在班级中分享各自的作品。

二、项目任务

运用因特网上实际搜索到的素材,制作以"嫦娥工程"为主题的宣传板报,并分享给班级其他同学。

在非系统安装盘根目录上建立"因特网应用"文件夹,作品保存在该文件夹中,文件名自定。

三、设计要求

(1)能安全地获取因特网素材。

(2)主题明确,能合理搜索、运用素材。

(3)板报的版面清新,图文并茂。

四、制作要求

(1)板报的主题鲜明,素材是来自因特网的安全素材,使用艺术字标题。

(2)版面分为 5～6 个区域,每个区域为一个分题,图文并茂,美化每个分题。

(3)版面分布合理、活泼。

(4)利用 E-mail 在班级中分享各自的板报。

五、参考操作步骤

1. 获取"嫦娥工程"的相关素材

打开浏览器,在地址栏输入"http://www.baidu.com",显示"百度"搜索引擎页面,在搜索栏中输入"嫦娥工程"关键字,按下"百度一下"按钮,显示找到的相关网页链接的页面。从中可以找出需要的文字与图片等信息,如果需要要相对集中地找图片信息,可以点击"图片"链接,可以得到相关图片链接的页面。从这两个页面中,通过细致的查找得到制作宣传板报所需的资源。

2. "嫦娥工程"宣传板报制作

图 3-5-1　"嫦娥工程"宣传板报样张

(1)参考图 3-5-1 的样张制作"嫦娥工程"宣传板报。

(2)板报背景使用"水印"方式制作。设置页面方向为"横向"、页边距为"零",执行"插入页眉/页脚"命令,插入"文本框",拖动"文本框"至整个页面大小,插入背景图片,适当调整"亮度"与"对比度",使其有朦胧的效果,将图片亦拖至整个页面大小。

(3)板报标题使用"艺术字"。

(4)文字皆用"文本框"给出,与图片、表格等元素都设置为混排效果。

(5)合理使用元素"组合"功能,使制作过程方便、快捷。

3. 板报分享

（1）通过浏览器，在因特网上申请免费 E-mail 邮箱账户（如新浪网账户）。

（2）启动 Outlook，添加与设置申请好的邮箱账户。

（3）按 Outlook 窗口的"创建"按钮，创建"新邮件"。

（4）如果在"通信（地址）簿"中已建立收信人地址，可以按"收件人"按钮来选择收件人。选中收件人，按下"收件人"按钮确定。

（5）输入主题"'嫦娥工程'宣传板报分享"。

（6）添加"'嫦娥工程'宣传板报"附件。

（7）按"发送"按钮，发送新邮件。

归纳与小结

利用因特网，安全、合法地获取与使用信息和应用服务的过程和方法如图 3-6-1 所示。

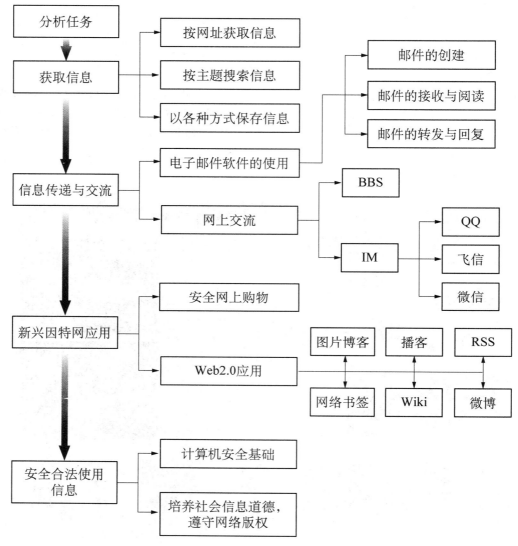

图 3-6-1　项目三的流程图

项目四 素材处理

中国传统节日宣传短片制作

中华民族文化丰富多彩,源远流长,其中传统节日有着特定的民俗文化内涵,是一种特殊意义的文化资源。而春节作为中华民族第一大节,社会意义尤为巨大。本项目将制作一个中国传统节日春节习俗宣传短片,希望能让学前儿童观赏后加深对我国民族传统文化的了解,同时,也能初步学会运用多媒体技术进行信息的获取、处理及表达等操作技术,提高信息处理的相关能力。

活动一 **运筹帷幄——多媒体作品的策划与素材准备**

活动要求

计算机多媒体作品制作一般要经过以下4个过程:分析与设计作品,收集相关信息素材,信息素材的整理与加工,信息素材的合成与展示。在本次活动中,首先分析作品所要表达的主题,设计宣传短片中应该包含的元素,然后通过多种渠道来获取有关春节的文字、图像、声音、视频等信息。

样例与素材参见书后所附光盘。

活动分析

一、思考与讨论

(1) 要制作一部宣传短片,需要在哪些方面进行策划与准备?

(2) 一部宣传短片由哪些部分组成? 一般需要哪些多媒体素材才能更好地反映主题?

(3) 可以用 Word 撰写宣传片的解说词,如何将文字解说词录制成声音以增强短片的传播效果?

(4) 如何利用网络技术快捷获取多媒体信息素材?

二、总体思路

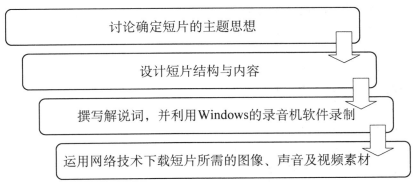

图 4-1-1 活动一的流程图

方法与步骤

一、讨论短片所要表达的主题

春节是我国一个古老的节日,也是全年最重要的一个节日,如何庆贺这个节日,在千百年的历史发展中,形成了一些较为固定的风俗习惯。本影视短片主要介绍春节中的一些风俗习惯,让受众加深对我国民俗节日的了解,感悟我国悠久的历史文化,增进爱国情感。

二、设计影视短片的结构与内容

(1)影片由片头文字、片尾文字、一小段视频及分别代表8个习俗的8张图像构成。

(2)片头文字用飞入方式展示,内容为"中国传统节日系列片之一"和"春节"两行文字。

(3)片尾文字用向上滚动方式展示,内容可由3行文字组成:"影片策划:×××"、"影片制作:×××"和"×年×月×日"。

(4)片头文字后的视频要求能够表现喜庆气氛,建议使用央视春节联欢晚会的开场部分。

(5)用8张具有代表性的图像来说明春节的8个重要习俗,图像之间应有不同的过渡效果。

(6)影片中的声音用录制好的影片解说词,并加入背景音乐,背景音乐应是较欢快的有中国民族风格的音乐。

(7)影片的总时间控制在3~5分钟之间。

(8)影片的主色调为红黄二色。

三、撰写影片解说词文稿

根据影片的主题,从多种渠道获取有关春节习俗的文字资料,然后撰写影片解说词文稿。参考文稿如下:

中国传统节日:春节

春节是我国一个古老的节日,也是全年最重要的一个节日,如何庆贺这个节日,在千百年的历史发展中,形成了一些较为固定的风俗习惯,有许多还相传至今。以下介绍几种春节中的传统习俗。

(1)扫尘:我国在尧舜时代就有春节扫尘的风俗。这一习俗寄托着人们破旧立新的愿望和辞旧迎新的祈求。

(2)贴春联:春联也叫门对、春贴、对联、对子、桃符等,它以工整、对偶、简洁、精巧的文字描绘时代背景,抒发美好愿望,是我国特有的文学形式。

(3)贴窗花:窗花不仅烘托了喜庆的节日气氛,也集装饰性、欣赏性和实用性于一体。

(4)年画:春节挂贴年画在城乡都很普遍,浓黑

重彩的年画给千家万户平添了许多兴旺欢乐的喜庆气氛,寄托着他们对未来的希望。

(5)守岁:除夕守岁是最重要的年俗活动之一,除夕之夜,全家团聚在一起,通宵守夜,等着辞旧迎新的时刻,期待着新的一年吉祥如意。

(6)爆竹:中国民间有"开门爆竹"一说。即在新的一年到来之际,家家户户开门的第一件事就是燃放爆竹,以哔哔叭叭的爆竹声除旧迎新。

(7)拜年:新年的初一,人们都早早起来,穿上最漂亮的衣服,打扮得整整齐齐,出门去走亲访友,相互拜年,恭祝来年大吉大利。

(8)春节食俗:大约自腊月初八以后,家庭主妇们就要忙着张罗过年的食品了。一般不可或缺的有腌腊味、蒸年糕、包饺子等。

四、使用 Windows 自带的录音机软件录制影片解说词声音

(1)将话筒接入计算机声卡的话筒输入口,如图 4-1-2 所示。

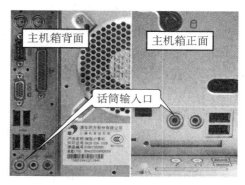

图 4-1-2　话筒输入口

(2)单击"开始"按钮,然后单击"附件"。打开"附件"中的"录音机"程序,如图 4-1-3 所示。

图 4-1-3　附件菜单打开录音机

（3）单击录音机"开始录制"按键，如图4-1-4所示。

图4-1-4 录音机"开始录制"按键

（4）录音完毕后单击录音机上的"停止录制"按键，如图4-1-5所示。

图4-1-5 录音机"停止录制"按键

（5）保存声音文件。在"另存为"对话框中保存声音文件。

步骤一：选中音乐库中的"我的音乐"文件夹；

步骤二：以"旁白"为文件名；

步骤三：单击"保存"按键确定，如图4-1-6所示。

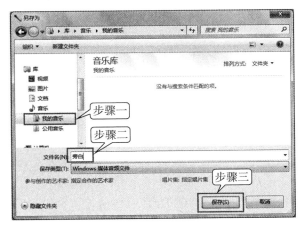

图4-1-6 保存声音文件操作

五、运用网络技术查找并下载有效的声音信息

（1）打开IE浏览器，登录到百度网站（网站地址为http://www.baidu.com）。单击"MP3"进入百度MP3搜索网页，如图4-1-7所示。

图4-1-7 百度首页

（2）在文本框中输入"中国民族音乐"关键字，单击"百度一下"按键，如图4-1-8所示。

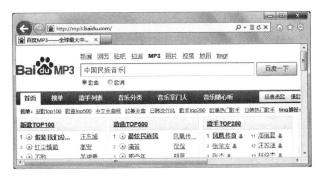

图4-1-8 输入关键字

（3）百度通过搜索会给出符合关键字要求的歌曲列表，如图4-1-9所示。在列表中可以试听，也可以单击歌曲名下载声音文件。

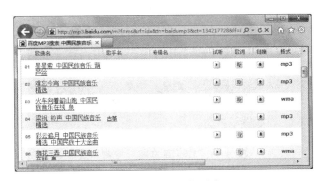

图4-1-9 歌曲列表

（4）在歌曲列表中找出合适的歌曲，单击歌曲名，打开"百度音乐盒"网页，在链接地址上单击，在打开的对话框中单击"保存"按键，保存声音文件，如图4-1-10所示。

图4-1-10 保存歌曲

（5）图4-1-11中是刚从网上下载好的声音文件，请将其保存到"我的音乐"文件夹中，并重命名为"春耕时节"。

六、运用网络技术查找并下载有效的图像信息

（1）打开IE浏览器，输入网页地址http://

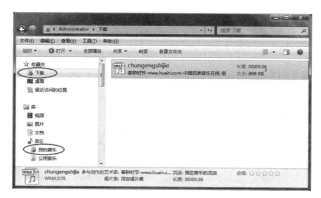

图 4-1-11　保存并重命名声音文件

www.baidu.com,进入百度网站。单击"更多产品",选择"图片"进入"百度图片"搜索页面,如图 4-1-12所示。

图 4-1-12　百度图片搜索网页

（2）输入关键字"春节扫尘",单击"搜索"按键,搜索结果如图 4-1-13 所示。

图 4-1-13　搜索结果页面

（3）依照网页上给出的图片相关信息选择适当的图片,单击后打开该图片。然后单击右键,在打开的快捷菜单中执行"图片另存为"命令,保存图片,如图 4-1-14 所示。

（4）使用同样的方法查找并下载另外 7 个与春节习俗相关的图片,并保存在"我的图片"文件夹中,如图 4-1-15 所示。

图 4-1-14　保存图片

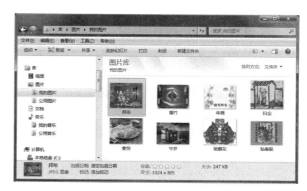

图 4-1-15　保存在"我的图片"文件夹

 点拨

> 在利用"百度图片"搜索图片时,有时为了能更精准地搜索到所需要的图片,除了关键词以外,还可以对尺寸大小、颜色、类型等属性进行筛选。

七、运用网络技术查找并下载视频信息

（1）通过前面介绍的搜索网站查找相关视频信息,打开含有视频内容的网页,如图 4-1-16所示。

图 4-1-16　优酷网中的央视春节联欢晚会片头视频网页

（2）打开 IE 浏览器，输入地址 http://flv.cn，进入飞驴视频下载首页，如图 4-1-17 所示。

注：一般大型视频网站（如优酷网）也提供视频客户端软件来支持视频的下载，本例采用的飞驴视频下载是专门提供网页视频下载的工具网站，类似的网站还有 www.flvcd.com 等。

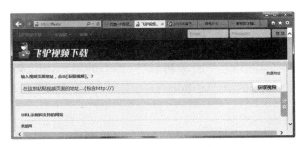

图 4-1-17　飞驴视频下载首页

（3）将图 4-1-16 页面地址栏的地址进行复

制操作，然后粘贴至文本框中，点击"获取视频"按钮，会出现下载列表。鼠标移至要下载的视频文件，单击右键选择"目标另存为"即可保存到计算机，如图 4-1-18 所示。

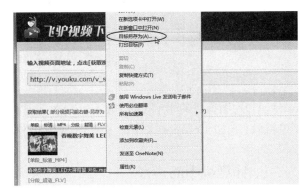

图 4-1-18　下载保存视频

知识链接

一、多媒体的含义与主要特征

"多媒体"一词译自英文"Multimedia"，该词是由"mutiple"和"media"复合而成，从字面上看，多媒体就是由单媒体复合而成的。在信息化时代，人们用于存储和传递信息的载体被称为"媒体"。按国际电信联盟（IUT）下属的国际电报电话咨询委员会（CCITT）的定义，媒体可分为以下 5 种：感觉媒体、表示媒体、显示媒体、存储媒体、传输媒体。通常所说的在计算机中的文字、声音、图像等信息媒体归为感觉媒体。从广义上来讲，多媒体是指多种信息媒体的表现和传播形式；从狭义的角度来看，多媒体是指人们用计算机及其他设备交互处理多媒体信息的方法和手段，或指在计算机中处理多种媒体的一系列技术。

多媒体技术涉及的对象是媒体，而媒体又是承载信息的载体，因此一般说多媒体的主要特征，也就是指信息载体的多样性、集成性和交互性 3 个方面。

（1）多样性。多样性主要指多媒体计算机能处理的信息范围从文本、图像到声音再到视频，即感觉媒体的多样性；多样性还指多媒体信息存储介质的多样性，有磁盘介质、光盘介质、闪存介质等，即存储媒体的多样性；另外，多媒体信息输入输出设备的多样性，输入设备有键盘、鼠标、扫描仪、触摸屏、数字化仪等，输出设备有显示器、打印机、投影机等，即显示媒体的多样性。

（2）集成性。多媒体的集成性是指处理多种信息载体集合的能力，能够对信息进行多通道统一获取、存储、组织与合成。

（3）交互性。通俗地讲，交互性就是使用者通过人机交互，能控制多媒体信息和设备的运行。交互性是多媒体应用有别于传统信息交流媒体的主要特点之一。传统信息交流媒体只能单向、被动地传播信息，多媒体技术则可以实现人对信息的主动选择和控制。

二、多媒体计算机系统的组成

多媒体计算机系统不是单一的技术，而是多种信息技术的集成，是把多种技术综合应用到计算机系统中，实现信息输入、信息处理、信息输出等多种功能。一个完整的多媒体计算机系统由多媒体计算机硬件和多媒体计算机软件两部分组成。从处理流程来看，硬件系统由计算机主机、输入设备、存储设备和输出设备几个部分组成。从媒体类型来看，除需要高性能的计算机系统外，涉及的多媒体设备还包括音频、图像、视频、存储等设备，如图 4-1-19 所示。

多媒体计算机软件部分除了较为底层的多媒体驱动软件、驱动器接口程序等以外，主要有多媒体素材制作软件和多媒体编辑创作软件。多媒体素材制作软件有字处理软件（如 Word）、绘图软件（如

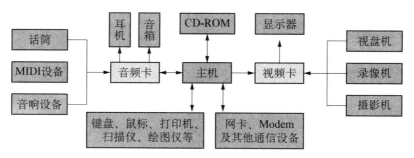

图 4-1-19 多媒体计算机的硬件组成

AutoCAD)、图像处理软件（如 Photoshop）、动画制作软件（如 Flash）、声音编辑软件（如 Goldwave）以及视频编辑软件（如 Premiere）等。多媒体编辑创作软件比较著名的有 Authorware、Director、Multimedia Tool Book 等。

三、计算机中的声音

声音本质上是一种机械振动，它通过空气传播到人耳，刺激神经后使大脑产生一种感觉。在一些专业场合，声音通常被称为声波或音频。众所周知，计算机只能处理数字化的信息。声音也不例外，自然的声音振动或用模拟信号表示的声音，都需经过数字化处理才能在计算机中使用。计算机中广泛应用的数字化声音文件有两类：一类是专门用于记录乐器声音的 MIDI 文件；还有一类是采集各种声音的机械振动得到的数字文件（也称为波形文件）。

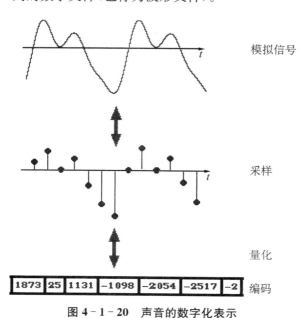

图 4-1-20 声音的数字化表示

MIDI 是英文"Musical Instrument Digital Interface"的缩写，中文含义是电子乐器数字化接口。

波形文件其实就是声音模拟信号的数字化结果，是以一定的时间间隔对音频模拟信号进行采样，并将采样结果进行量化，转化成数字信息的过程，如图 4-1-20 所示。

声音数字化有 3 个主要参数：采样频率、采样精度、声道数。

声音的采样是将模拟波形分割成数字信号波形的过程，采样频率是指单位时间内采样的次数，采样的频率越大，采样点之间的间隔就越小，所获得的波形越接近实际波形，即保真度越高，数据量就越大。一般有 3 种采样频率：44.1 kHz（每秒取样 44 100 次，用于 CD 品质的音乐）；22.05 kHz（适用于语音和中等品质的音乐）；11.025 kHz（低品质音乐）。采样精度也称为量化位数，是记录每次采样值大小的位数，通常有 8 位和 16 位，采样位数越大，所能记录声音的变化程度就越细腻，相应的数据量就越大。另外还有声道数，主要分为单声道和双声道（立体声）。在不压缩的情况下，可以采取以下公式计算一个声音文件的大小：

声音数据量的大小 ＝（采样频率×量化位数×声道数）÷8（字节／秒）

例如：计算 1 min 双声道、16 位采样位数、44.1 kHz 采样频率的声音不压缩的数据量是多少？

$$S = \frac{44.1 \times 10^3 \times 16 \times 2}{8 \times 1\,024 \times 1\,024} \times (1 \times 60) = 10.09(\text{MB})$$

注：

$$1\,\text{MB} = 1\,024\,\text{KB} = 1\,024 \times 1\,024\,\text{B}$$

四、常用声音文件格式

1. WAV 文件

波形(.wav)文件是 Windows 存放数字声音的标准格式,也是一种未经压缩的音频数据文件,文件体积较大,可用于编辑,不适合在网络上传播。图 4-1-21 是通过 Windows 2000 中的录音机软件录制的声音波形。

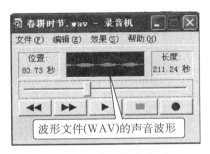

图 4-1-21 声音波形

	歌曲名	歌手名	专辑名	试听	歌词	铃声	大小	格式	链接速度
1	你们的爱_radio	周笔畅	你们的爱	试听			2.1 M	wma	
2	你们的爱	周笔畅	你们的爱	试听			2.1 M	wma	
3	你们的爱	周笔畅	你们的爱	试听			2.1 M	wma	
4	你们的爱	周笔畅	你们的爱	试听			6.2 M	mp3	
5	你们的爱	周笔畅	你们的爱	试听			6.2 M	mp3	
6	你们的爱	周笔畅	你们的爱	试听			2.1 M	wma	
7	你们的爱	周笔畅	你们的爱	试听			2.1 M	wma	
8	你们的爱	周笔畅	你们的爱	试听			2.1 M	wma	

图 4-1-22 歌曲列表

2. WMA 文件

WMA(Windows Media Audio)文件是微软公司新发布的一种音频压缩格式,其采样频率范围宽、有版权保护、数据量小且不失真,非常适合放在网络上即时收听。图 4-1-22 是在百度上搜索到的同一首歌曲不同文件格式的歌曲列表。

3. MP3 文件

MP3(MPEG Audio Layer3)文件的压缩程度高,音质好,文件体积小,适合保存在携带式个人数码设备中播放。图 4-1-23 为同一首乐曲的不同文件格式比较,关键是分别打开它们进行欣赏时,不会感觉有什么大的不同。图 4-1-24 是几种常见的携带式个人数码设备。

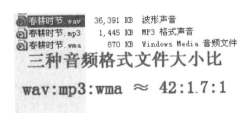

图 4-1-23 不同文件格式比较

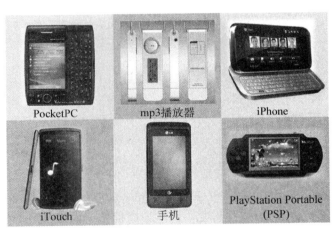

图 4-1-24 常见携带式个人数码设备

4. MIDI 文件

乐器数字接口(Musical Instrument Digital Interface,MIDI)文件,在很多流行的游戏、娱乐软件中都被广泛应用。由于它并不取自对自然声音采样,而是记录演奏乐器的全部动作过程(如音色、音符、延时、音量、力度等信息),因此数据量很小。图 4-1-25 是 MIDI 制作设备及与计算机连接方法的示意图(请参照 http://baike.baidu.com/view/7969.htm)。

图 4-1-25 MIDI 连接示意图

五、利用多种渠道获取多媒体信息的方法

用计算机获取信息是指将数字化的信息以文件的形式保存到某一存储介质上。以下介绍几种常用的多媒体信息获取方法与技术。

1. 上网查找并下载

因特网可以说是一个信息的海洋,从中可以获取大量的信息,但首先应该通过搜索找到所需要的信息。在任务中,可以通过两个著名的搜索信息网站谷歌和百度来获取声音与图像信息。

2. 用数码相机获取图像信息

数码相机又称 DC(Digital Camera),是一种获取数字图像信息的常用设备。将数码相机中的图像信息保存到计算机中的方法有很多,图 4-1-26 所示的是使用 USB 接口连接的方法(请参照 http://baike. baidu. com/view/13650. htm)。

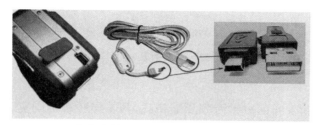

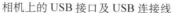

相机上的 USB 接口及 USB 连接线　　　　　数码相机与计算机的 USB 连接线

图 4-1-26　数码相机与计算机连接

3. 用扫描仪获取图像信息

扫描仪是一种计算机获取图像信息的外部仪器设备,不但可以捕获传统的平面图像,有的甚至能捕获三维实物对象的图像。图 4-1-27 所示分别是常见的滚筒式扫描仪、平面扫描仪及笔式扫描仪(请参照 http://baike. baidu. com/view/7818. htm)。

笔式　　　　　　平面　　　　　　　　　　滚筒式

图 4-1-27　常见的扫描仪

4. 用数码摄像机获取视频信息

数码摄像机又称 DV(Digital Video),是一种获取数字视频信息的常用设备。将 DV 中的数字视频导入计算机内编辑,通常需要一块视频捕捉卡(如 IEEE 1394 接口卡),并在专门的视频编辑软件下才能进行。图 4-1-28 表示 DV 与计算机的连接方法(请参照 http://baike. baidu. com/view/5529. htm)。

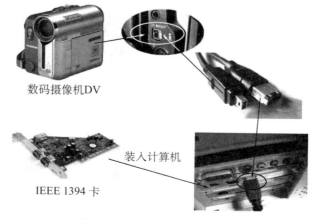

数码摄像机DV

装入计算机

IEEE 1394 卡

图 4-1-28　DV 与计算机连接

5. 用录音笔获取声音信息

数码录音笔(Recording)通过对模拟信号的采样、编码将模拟信号转换为数字信号,并进行一定的压缩后进行存储,如图4-1-29所示。

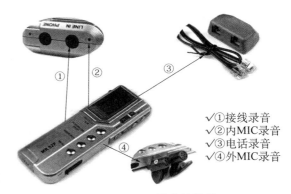

√①接线录音
√②内MIC录音
√③电话录音
√④外MIC录音

图4-1-29　录音笔说明

自主实践活动

城市经济社会的快速发展,总是对文化提出更高的要求。中国上海国际艺术节作为这座东方国际大都市乃至中国文化的一张名片,正以独特的文化魅力,日益显示引领作用。中国上海国际艺术节到目前为止已经成功举办了共16届,请帮助组织方设计一个有关的主题宣传片,并收集好相关多媒体素材,以便更好地展示艺术节的魅力。

(1) 以中国上海国际艺术节为背景,设计一个数码影视作品的主题与内容。主题应该鲜明且有针对性,例如,历届艺术节的简介(包括时间、特色及有代表性的节目等);某届艺术节中某项活动的介绍;节徽征集作品欣赏;艺术节各场馆介绍;某一位艺术大师的介绍等。内容不宜过多,时间不宜过长。

(2) 根据主题与内容,查找相关文字资料,撰写解说词,并录制在计算机内。

(3) 通过各种渠道获取与主题相关、能表现作品内容的多媒体信息(如图像、声音、视频等)。

附:以下三个相关网站:

(1) http://www.artsbird.com/

(2) http://news.szxq.com/shanghaiguojiyishujie/

(3) http://www.artsbird.com/newweb/viewdir1_2006.php?db=191&page=1

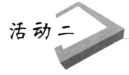活动二　增色添彩——多媒体作品的素材加工与处理

活动要求

从各种渠道获取的信息素材称为原始素材,原始素材通常不能被直接使用,必须通过重新加工处理后才能被运用到作品中,更好地为表达作品的主题服务。

因此信息的加工和处理非常重要,成功的作品不仅需要好的素材,还需要精心的设计与编辑处理。在本次活动中,将完成对声音信息的加工及对图像信息的编辑处理,使它们能更好地被运用到影视作品中去。

样例与所需素材参见书后所附光盘。

活动分析

一、思考与讨论

(1) 短片解说词光输入计算机成为声音文件还不行,还需要对它进行加工(如加入背景音乐),才能使作品的语音部分更加生动及富有感染力,那么如何在声音文件中加入背景音乐,如何对声音文件进行加工编辑呢?

(2) 之前从网上收集的有关春节习俗的图像,没有统一的格式,大小不一,讨论通过什么方法可以修改图像的格式与大小? 如果数量多的话,能否批量进行统一化的处理?

(3) 如何对图片进行个性化美化编辑?

二、总体思路

利用GoldWave软件对两个声音文件进行混音操作

利用GoldWave软件对声音文件进行优化效果处理

利用ACDSee软件对图像素材进行格式处理

利用ACDSee软件对个别图像素材美化编辑

图 4 - 2 - 1   活动二的流程图

方法与步骤

一、在解说词中加入背景音乐

（1）GoldWave 是一款常用的音频编辑软件，软件启动后将同时开启两个窗口，如图 4 - 2 - 2 所示。左面是主界面窗口，右面是控制器窗口。

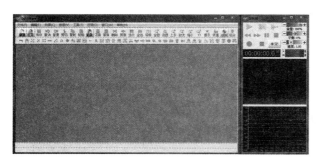

图 4 - 2 - 2   GoldWave 的主界面窗口和控制器窗口

（2）打开素材中"旁白.wma"声音文件，选择菜单"效果"—"滤波器"—"降噪"命令，对声音文件进行降噪处理，如图 4 - 2 - 3 所示。

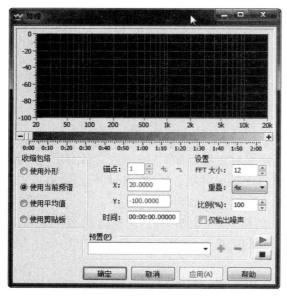

图 4 - 2 - 3   "降噪"对话框

（3）执行菜单"效果"—"音量"—"自动增益"命令，出现"自动增益"对话框，如图 4 - 2 - 4 所示。在"自动增益"对话框中直接按"确定"按钮，然后保存文件。

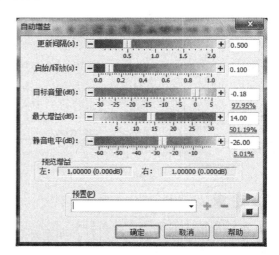

图 4 - 2 - 4   "自动增益"对话框

（4）打开素材中"春耕时节.wma"声音文件（即要加入的背景文件）。单击工具栏上的"复制"命令按钮，如图 4 - 2 - 5 所示。接着关闭该文件。

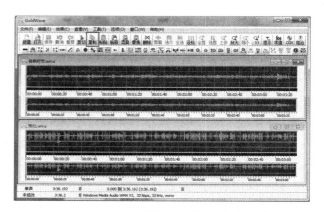

图 4 - 2 - 5   工具栏上的"复制"命令按钮

（5）回到"旁白.wma"文件窗口，单击工具栏上的"混音"命令按钮，如图 4-2-6 所示。

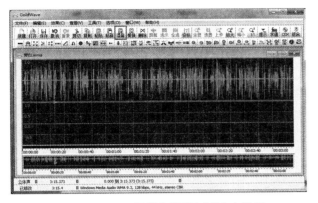

图 4-2-6 工具栏上的"混音"命令按钮

（6）在弹出"混音"对话框后，按键盘上"F4"键试听，然后调节音量大小，调整人声与背景音乐音量的大小，满意后单击"确定"按钮，如图 4-2-7 所示。

图 4-2-7 "混音"对话框

（7）执行"文件"—"另存为"命令，出现"另存为"对话框，以"旁白.mp3"为文件名保存声音文件，就完成了在解说词声音中加背景音乐，如图 4-2-8 所示。注意正确选择文件类型。

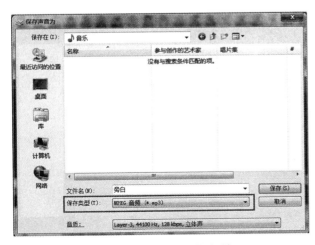

图 4-2-8 "另存为"对话框

 点拨

"自动增益"主要作用是将声音的大小调

节到一致的水平，避免声音忽大忽小。一般在使用"自动增益"之前，先作"降噪"处理以得到更好的效果。

二、初识 ACDSee 软件界面

（1）ACDSee 是目前比较流行的一款图像管理软件，由于其安装简单、功能强大而广受欢迎。图 4-2-9 是 ACDSee 的安装向导首页面，只需按照向导提示即可完成安装过程。

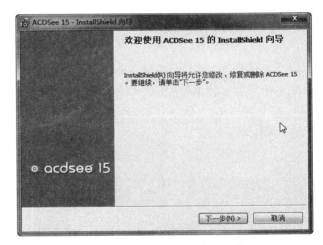

图 4-2-9 ACDSee 的安装向导首页面

（2）第一次打开 ACDSee 软件时，进入浏览窗口，如图 4-2-10 所示。在此窗口中分左右两大区域，左面是导航区域，右面是文件区域。

图 4-2-10 ACDSee 浏览窗口

（3）双击文件区域中的某个图片后，进入查看窗口，如图 4-2-11 所示。在查看窗口中单击"管理"选项卡可返回浏览窗口，单击"编辑"选项卡可进入编辑窗口。

（4）在编辑窗口中，可以对所选图片进行编辑

图 4－2－11 图片查看窗口

处理，如图 4－2－12 所示，左侧为编辑模式菜单，右侧为图片预览。

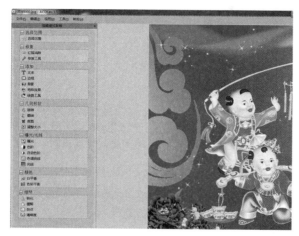

图 4－2－12 ACDSee 编辑窗口

三、使用 ACDSee 软件改变图像的大小与格式

在图 4－2－12 中单击左侧编辑模式菜单的"调整大小"按钮，如图 4－2－13 所示。在"调整大

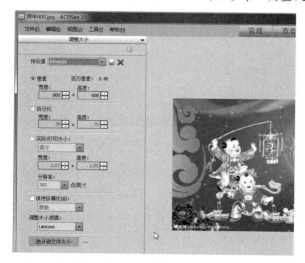

图 4－2－13 ACDSee 编辑窗口中"调整大小"按钮

小"选项区中调整像素宽度大小为 800，调整高度大小为 600，注意保持原始纵横比。设置完毕后，按"完成"按钮关闭对话框。

注意在"预设值"中，系统会预设常见大小以供选择。

🖱 点拨

如果图片素材很多，一个一个修改是不是很麻烦？

ACDSee 支持多文件批量修改文件大小与格式，请观看本书配套光盘中的微视频教程。

四、用 ACDSee 软件编辑图像效果

（1）在 ACDSee 编辑窗口中打开素材"年画.jpg"文件。选择编辑模式菜单的"自动色阶"，如图 4－2－14 所示。

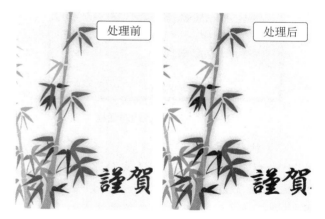

图 4－2－14 执行"自动色阶"命令前后的对比效果

（2）在 ACDSee 编辑窗口中打开"贴窗花.jpg"文件，单击"特殊效果"，在"效果"中选择"浮雕"，如图 4－2－15 所示。设置仰角为"18"，深浅为"13"，方位为"49"，阻光度为"46"。

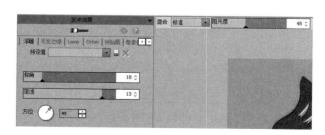

图 4－2－15 浮雕效果设置

（3）在 ACDSee 编辑窗口中打开"爆竹.jpg"文件，在编辑模式菜单中单击"修复工具"，进入修复工具选项区，如图 4－2－16 所示。选择"克隆"

单选框,鼠标右键单击图像以设置来源点,然后单击鼠标左键来刷目标区域,效果如图4-2-17所示。

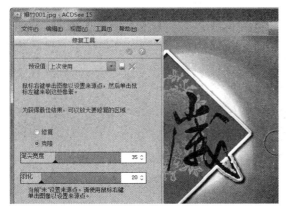

图4-2-16 修复工具

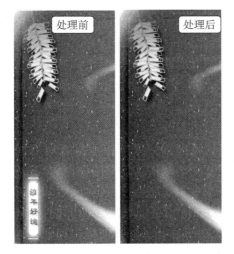

图4-2-17 修复工具处理前后的对比效果

（4）在 ACDSee 编辑窗口中打开"贴春联.jpg"文件,在编辑模式菜单中单击"清晰度",进入清晰度选项区,如图4-2-18所示。设置"强弱"为50,效果如图4-2-19所示。

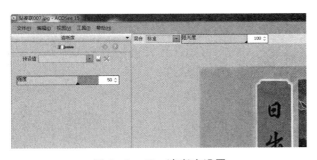

图4-2-18 清晰度设置

图4-2-19 清晰度处理前后效果对比图

（5）在 ACDSee 编辑窗口中打开"拜年.jpg"文件,在编辑模式菜单中单击"晕影",进入晕影选项区。设置边框为"辐射波浪",幅度为"300",如图4-2-20所示。

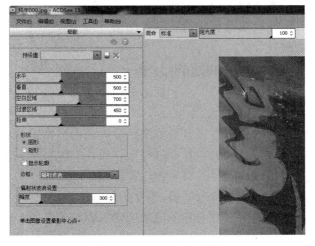

图4-2-20 涂抹对话框

 点拨

图片的艺术化效果处理,需要一定的美学知识基础,所以每一种效果参数的设置,需要在实际应用场景中视情况选择。

知识链接

一、计算机中的图像

传统的图像是固定在图层上的画面。例如一张照片,它是通过化学摄影而制成的一幅静态画面,一旦形成就很难再改变。计算机中的图像是数字化的图像,以 0 或 1 的二进制数据表示,其优点是便于修改、易于复制和保存。数字图像可以分为位图(Bit-Mapped Image)和矢量图(Vector-Based Image)两种形式。

位图由许许多多小点组成,构成位图的点称为像素。位图图像的优点是色彩显示自然、柔和、逼真。其缺点是图像在放大或缩小的转换过程中会产生失真,且随着图像的精度提高或尺寸增大,所占用的磁盘空间也急剧增大,如图 4 - 2 - 21 所示。

放大后　　　　　　　　放大前

图 4 - 2 - 21 　点阵图放大前后比较

放大后　　　　　　　　放大前

图 4 - 2 - 22 　矢量图放大前后比较

矢量图由软件制作而成。矢量图的优点是信息存储量小,分辨率完全独立,在图像的尺寸放大或缩小过程中图像的质量不会受到丝毫影响,而且它是面向对象的,每一个对象都可以任意移动、调整大小或重叠,所以很多 3D 软件都使用矢量图。矢量图的缺点是用数学方程式来描述图像,运算比较复杂,而且所制作出的图像色彩显示比较单调,图像看上去比较生硬,不够柔和逼真,如图 4 - 2 - 22 所示。

比较位图和矢量图两种图形,可以知道在图形复杂程序不大的情况下,矢量图具有文件短小、可无级缩放等优点。

二、位图图像的大小

位图图像的大小主要由图像分辨率和色彩位数两个参数决定。

1. 图像分辨率

图像分辨率是度量位图图像内数据量多少的参数,通常表示为每英寸像素(pixel per inch, ppi)和每英寸点(dot per inch, dpi)。ppi 和 dpi 经常会出现混用现象。从技术角度来说,像素(p)只存在于计算机显示领域,而点(d)只出现于打印或印刷领域。

图像的分辨率越高,包含的数据越多,文件就越大,也能表现更丰富的细节,但需要耗用更多的计算机存储空间。分辨率和图像的像素有直接关系。一张分辨率为 640×480 的图片,分辨率可以达到 307 200 像素,也就是常说的 30 万像素。

2. 色彩位数

色彩位数又称彩色深度,是用"n 位颜色"(n-bit colour)来说明的。若色彩位数是 n 位,即有 2^n 种颜色选择,而储存每像素所用的位数就是 n。常见的色彩位数如下:

(1)(单色):黑白二色;

(2) 2 位:4 种颜色;

(3) 4 位:16 种颜色;

(4) 8 位:256 种颜色;

(5) 16 位:65 536 种颜色。

位图图像由一个个像素构成,一个比特存储一个像素,一个字节可存储 8 个像素。位图图像的数据量大小,可用下面的公式计算:

$$\frac{图像分辨率(像素)\times 色彩位数(位)}{8\times 1\,024\times 1\,024}(MB)$$

注:1 MB = 1 024 KB = 1 024×1 024 字节。

三、常用图形图像文件格式

1. 常用的矢量图形文件

(1) WMF(Windows Metafile Format)格式是 Microsoft Windows 中常见的一种 Win16 位图元文件

格式,整个图形常由各个独立的组成部分拼接而成,只能在 Microsoft Office 中调用编辑。

(2) EMF(Enhanced Meta File)格式是由 Microsoft 公司开发的 Windows 32 位扩展图元文件格式。弥补了 WMF 文件格式的不足,使得图元文件更加易于使用。

(3) SWF(Shock Wave Format)格式是用 Flash 制作出的动画文件,这种格式的动画图像能够用比较小的体积来表现丰富的多媒体形式,已被大量应用于 Web 网页进行多媒体演示与交互性设计。

矢量图形文件是以数学方法描述的一种由几何元素组成的图形图像,其特点是文件量小,并且任意缩放而不会改变图像质量,适合描述图形。

2. 常用的位图图像文件

(1) PSD 格式:PSD 格式文件是 Photoshop 软件专用的图像文件格式,是唯一支持所有图像模式、图层效果、各种通道、调节图层以及路径等图像信息的文件格式。

(2) JPEG 格式:这种格式的图像容量小,表现颜色丰富、内容细腻,通常被使用在描绘真实场景的地方(如多媒体软件或网页中的照片等)。

(3) GIF 格式:GIF 格式的特点是图像容量极小,并且支持帧动画和透明区域,是一个在网络中应用广泛的图像文件格式。

(4) TIFF 格式:TIFF 格式图像以不影响图像品质的方式进行图像压缩,特别适用于传统印刷和打印输出的场合。

四、利用多种软件编辑图形图像文件的方法

目前编辑图形图像文件的软件很多,以下介绍几种较为常用的计算机编辑图形图像文件的软件。

1. Microsoft Photo Editor

这是一款 Microsoft Office 的图片处理软件,功能简洁,操作方便,速度很快,在安装 Office 时可以选择安装,如图 4-2-23 所示。

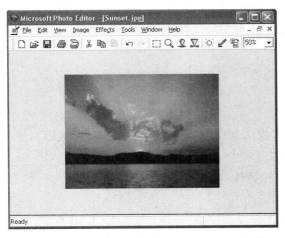

图 4-2-23　Microsoft Office 的图片处理软件

图 4-2-24　ACDSee 软件

图 4-2-25　Adobe Photoshop 软件

2. ACDSee

ACDSee 是目前最流行的数字图像管理软件之一,它能广泛应用于图片的获取、管理、浏览、优化甚至和他人的分享,且是一款重量级的看图软件,能快速、高效显示图片,如图 4-2-24 所示。本教程采用 ACDSee 软件对图像素材进行加工。

3. Adobe Photoshop

Photoshop 是 Adobe 公司开发的专业图像处理软件,它的功能完善,性能稳定,使用方便,是几乎所有广告、出版、软件公司首选的平面工具,如图 4-2-25 所示。

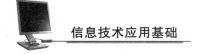

4. 光影魔术手

光影魔术手是国内最受欢迎的图像处理软件之一,曾被《电脑报》、天极、Pchome 等多家权威媒体及网站评为 2007 年最佳图像处理软件。光影魔术手是对数码照片画质进行改善及效果处理的软件。

自主实践活动

小王是一名幼儿园教师,她最大的心愿是每天看到孩子们健康快乐地成长。作为一名富有爱心的老师,小王想每天记录下孩子们在幼儿园的点点滴滴,定期通过班级墙和网络进行展示。她觉得这样不仅有利于促进教学活动,还有利于激发孩子的表现欲,能让家长及时掌握自己孩子在幼儿园的表现情况。请帮助小王老师将记录下来的孩子们的日常表现素材做效果处理。

(1)收集与整理关于孩子活动的照片。

(2)将所有图像文件的格式设置为 JPEG,大小设置为"800 像素×600 像素"。(如果素材多的话,可以采用批量处理的方式将所有的文件进行大小与文件格式的处理。)

(3)可以采用多种软件进行图像编辑,为图像制作适当的艺术效果。

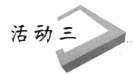**活动三 精彩呈现——多媒体素材的合成与影片制作**

活动要求

多媒体信息的形式丰富多彩,包括图片、音乐、动画、视频等,如何将这些素材整合在一起成为能够表达主题思想的作品呢? 本活动将利用简便的影音制作软件,把前面收集和编辑好的各种多媒体素材合成在一部 4 分钟左右的数字电影短片中,完成春节习俗短片的全部制作。

样例与所需素材参见书后所附光盘。

活动分析

一、思考与讨论

(1)前面的活动已经收集与加工了许多有关的多媒体素材(如图片、音乐、动画、视频等),选择什么工具将这些素材整合在一起成为能够表达主题思想的作品呢?

(2)每个影片都会有片头和片尾,如何进行添加? 另外,在影片中间有时也需要添加一些文字描述,应该如何实现?

(3)在生成影片时,如何对原先收集到的音视频素材进行编辑(如音视频的拆分、截取等)?

(4)影片制作完成后,根据应用场景的不同,怎样选择不同的格式来保存与生成?

二、总体思路

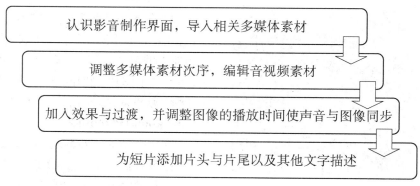

图 4-3-1 活动三的流程图

方法与步骤

一、初识软件操作界面,导入多媒体素材

(1) Windows Live 影音制作是微软开发的影音合成制作软件。在 Windows XP 中是默认安装的,名为"Movie Maker";Win7 不自带,只是在 Windows Live 软件套装中出现,以"影音制作"名称呈现;目前版本为"2012",如图 4-3-2 所示。

图 4-3-2 Windows Live 套件安装界面

(2) 在"开始"菜单"所有程序"中找到并打开"影音制作",如图 4-3-3 所示。

图 4-3-3 Windows Movie Maker 软件界面

(3) 单击功能板"开始"的"添加视频和照片"或"添加音乐",即可导入计算机中的图像、视频、音乐等素材,如图 4-3-4 所示。

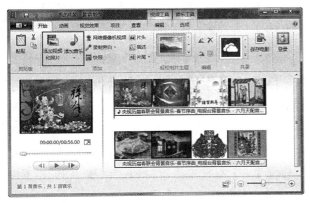

图 4-3-4 导入各种素材后的软件界面

(4) 选择功能板"开始"的"录制旁白",即可录制旁白。本项目之前已通过活动一录制好旁白文件,因此,单击下拉菜单的倒三角形小标志,选择"添加声音…",找到多媒体音频素材旁白. wav 文件添加进来,如图 4-3-5 所示。

图 4-3-5 导入或录制旁白声音

(5) 以"春节"为文件名保存项目文件"春节. wlmp",如图 4-3-6 所示。

图 4-3-6 保存文件

二、调整多媒体素材次序,编辑素材

(1) 根据播放次序,调整多媒体素材的前后次序,只需在演示区直接拖曳对象到目标位置即可,如图 4-3-7 所示。

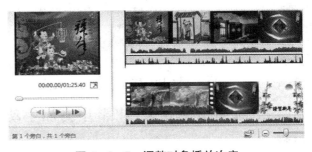

图 4-3-7 调整对象播放次序

(2) 对于视频素材来说,有时需要根据应用情况对视频进行拆分与剪裁。选择视频素材对象,选择功能板的视频工具"编辑"的"剪裁工具",设置起

始点和终止点,保存剪裁,即可去除不需要的部分,如图4-3-8所示。

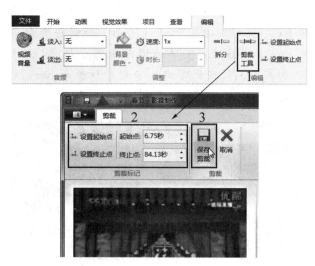

图4-3-8 视频的剪裁界面

(3)一般视频素材中已包含音频信息,可以选择功能板视频工具"编辑"的"视频音量",可调节视频素材的音量大小以及淡入淡出效果,如图4-3-9所示。如果影片已有背景音乐,可将视频素材中的音量设为静音。

图4-3-9 设置视频素材的音量及效果

(4)选中音频素材,选择功能区音频工具"编辑"的"拆分",将声音拆分,如图4-3-10所示。

图4-3-10 拆分音频

三、添加呈现效果,让影片更加生动精彩

(1)选中多媒体素材,选择功能板的"动画",在"过渡特效"选区选择相应过渡效果,在"平移和缩放"选区选择相应效果,还可以设置动画效果的时间长短,如图4-3-11所示。

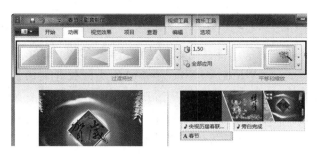

图4-3-11 添加动画效果

(2)设置旁白,使旁白声音更加突出。选择"项目"选项卡,单击"强调旁白"按钮,如图4-3-12所示。

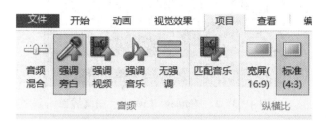

图4-3-12 设置旁白使旁白声音更加突出

(3)选择功能板"项目"的"匹配音乐",自动调整音频文件的长度,使之与整个视频的播放相匹配,如图4-3-13所示。

图4-3-13 设置音乐与整个视频播放同步

 点拨

Windows Live 影音制作可通过3种来源给影片配乐:视频素材中自带的声音、直接导入的音乐,以及录制或导入的旁白。当这几种声音同一时间在影片中呈现时,可通过"项目"选项卡的音频组,选择加强哪一个音轨,达到理想的声音效果。

四、为影片添加片头和片尾及插入文字描述

(1)选择"开始"选项卡的"片头",即可加入片头文字,在文本框中输入"中国传统节日"和"春节"两行文字,在文本工具的"格式"选项卡中,设置字体、大小颜色以及动画效果等,如图4-3-14所示。

图4-3-14 设置片头

（2）选择"开始"选项卡的"片尾"，即可加入片尾文字，设置操作与片头相同，如图4-3-15所示。

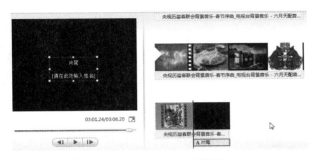

图4-3-15 设置片尾

（3）也可以在中间加入文字描述，单击需要加入文字描述的对象，选择"开始"选项卡的"描述"，即可加入描述文字，设置操作与片头片尾相同。

五、影片的生成

单击"开始"选项卡左侧的下拉菜单，选择"保存电影"，选择"建议该项目使用"，即可生成电影，也可以根据视频文件用途的不同，选择相应场景种类的视频，如图4-3-16所示。

图4-3-16 保存电影

知识链接

一、利用"轻松制片主题"自动生成含有片头片尾及过渡效果的影片

使用"轻松制片主题"，只需在影音制作中单击几下，即可制作出精彩的电影。

（1）添加照片视频：在"开始"选项卡的"添加"组中，单击"添加视频和照片"。按住【Ctrl】键并单击要使用的照片和视频，然后单击"打开"。

（2）添加音乐：在"开始"选项卡的"添加"组中，单击"添加音乐"。单击要使用的音乐文件，然后单击"打开"。

（3）制片主题：在"开始"选项卡的"轻松制片主题"组中，单击要使用的主题。影音制作会自动添加标题、片尾、过渡、效果及更多内容。可以如同平常一样继续编辑，或直接保存电影。

二、利用影音制作生成不同应用场景的影片

根据不同应用场景影音制作默认有多种影片生成模板选择，例如高清显示器、电子邮件、刻录DVD、手机设置等，如图4-3-17所示。

视频	高清模板	视频	邮件模板	视频	手机模板
长度	00:02:07	长度	00:02:07	长度	00:03:33
帧宽度	1440	帧宽度	320	帧宽度	960
帧高度	1080	帧高度	240	帧高度	720
数据速率	3358kbps	数据速率	451kbps	数据速率	1612kbps
总比特率	3546kbps	总比特率	546kbps	总比特率	1752kbps
帧速率	29 帧/秒	帧速率	29 帧/秒	帧速率	29 帧/秒
音频		音频		音频	
比特率	187kbps	比特率	95kbps	比特率	139kbps
频道	2（立体声）	频道	2（立体声）	频道	2（立体声）
音频采样频率	48 kHz	音频采样频率	44 kHz	音频采样频率	48 kHz

图4-3-17 不同应用场景影片模板

三、动画与视频

动画和视频信息是连续渐变的静态图像或图形序列,沿时间轴顺次更换显示,从而构成运动视感的媒体。当序列中每帧图像是由人工或计算机产生的图像时,常称作动画;当序列中每帧图像是通过实时摄取自然景象或活动对象时,常称为影像视频,或简称为视频。动画对应于英文"Animation",而视频对应于英文"Video"。在实际工作中,这两个词语有时并不严格区分,动画和视频信息以其直观和生动的特点,在多媒体应用系统中得到广泛运用。

视频由一连串相关的静止图像组成,可以将一幅图像称为一个帧。视频每秒显示的帧数因不同的制式而异,中国使用 PAL 制,即每秒显示 25 帧,而欧美采用 NTSC 制,每秒显示 30 帧。一般电影是每秒 24 帧。

四、多媒体数据的冗余与压缩

多媒体数据,尤其是图像、音频和视频,其数据量相当大,但那么大的数据量并不完全等于它们所携带的信息量(表达它们所携带的信息量并不需要那么大的数据量),在信息论中这称为冗余。多媒体数据在数字化后存在各种形式的数据冗余,一般来说有以下 6 种类型。

(1) 空间冗余。

空间冗余是图像数据中经常存在的一种数据冗余。在同一幅图像中,规则物体和规则背景的表面物理特性具有相关性,所谓规则是指表面颜色分布有序而非杂乱无章,这些相关的光成像结构在数字化图像中表现为数据冗余。例如,一个表面颜色均匀、各部分的亮度和饱和度相近的规则物体的图像,在对其进行数字化处理生成点阵图后,会发现很大数量的相邻像素其数据完全相同或十分接近,完全相同的数据当然可以压缩,十分接近的数据也可以压缩。去掉这部分图像数据并不影响视觉上的图像质量,甚至对图像细节也无多大影响,因为恢复图像后人眼分辨不出它与原图像有何区别。这种压缩就是对空间冗余的压缩。

(2) 时间冗余。

时间冗余是时基类媒体数据中经常存在的一种数据冗余。例如,动态图像是由许多帧连续画面的序列构成的,前后帧之间具有很强的相关性,当播放该图像序列时,随着时间的推移,若干帧画面的某些地方发生变化,但有的部位根本没有变化,这就形成时间冗余。比如具体看一个坐在客厅沙发上说话的人的序列画面,从上一帧到下一帧,背景没有发生任何变化,人的绝大部分部位也没有发生变化,仅仅是人的面部略有变化,因此,相邻帧之间存在很大的数据冗余。同样,语音数据由于前后也有很强的相关性,它们也经常包含冗余。

(3) 结构冗余。

数字化图像中物体表面纹理等结构往往存在数据冗余,这种冗余称为结构冗余。当一幅图像中有很强的结构特性(如布纹图像和草席图像等),其纹理规范清晰,于是它们在结构上存在极大的相似性,也就存在较强的结构冗余。

(4) 信息熵冗余。

信息熵冗余是指数据所携带的信息量少于数据本身而反映出的数据冗余。例如,自然界的很多状态不可能正好用 2 的整数次幂来表示,这样就会造成编码冗余。

(5) 视觉冗余。

人类的视觉系统由于受生理特性的限制,对于图像场的任何变化并不是都能感知。例如,对图像的压缩或量化而引入的噪声能使图像发生一些变化,如果这些变化并不能被视觉所感知,则忽略这些变化后仍认为图像是完好的。

(6) 知识冗余。

由图像的记录方式与人对图像的知识之间的差异所产生的冗余称为知识冗余。人对许多图像的理解与人的某些知识有很大的相关性。例如,人脸的图像就有固定的结构,鼻子位于脸的中线上,上方是眼睛,下方是嘴等;再如,建筑物中的门和窗的形状、位置、大小比例等。这些规律性的结构可由先验知识和背景知识得到,人具有这样的知识,但计算机存储图像时还需要一个一个像素地存入,这就形成了知识冗余。

多媒体数据压缩技术就是利用多媒体数据的冗余性来减少多媒体数据量的方法。多媒体信息的数据量非常大,必须要对其进行数据压缩才能被广泛应用。数据的压缩实际上是一个编码过程,即把原始的数据进行编码压缩;数据的解压缩是数据压缩的逆过程,即把压缩的编码还原为原始数据。因此数据压缩方法也称为编码方法。目前,多媒体设计与制作有许多数据压缩方法,根据还原后的数据与压缩前的原始数据是否相同,可以把数据压缩方法分为有损压缩方法和无损压缩方法两种。

(1) 无损压缩方法是指还原后的数据与压缩前的原始数据完全相同,压缩过程中没有丢失原始数据信息。无损压缩算法在很多领域都是必需的,例如,记载有财务数据的电子表格、合同文本、可执行程序等数据在压缩过程中不能丢失任何数据。常用的 Winzip 和 Winrar 软件可以对文件进行压缩,这种压缩为无损压缩。

(2) 有损压缩方法是指还原后的数据与压缩前的原始数据不完全相同,数据中的部分信息在压缩过程中损失了。例如,JPEG 图像是指采用 JPEG 编码方式进行存储的图像数据,JPEG 编码方式就是一种有损压缩方法。有损压缩方法应用于那些允许信息有一定失真的领域。有损压缩方法可以达到比较高的压缩比,因此,大多数的图像、音频、视频格式为了达到高压缩比而采用有损压缩方法。在有损压缩方法中,能够达到的压缩程度往往与初始数据的类型相关,压缩比通常在 10∶1 至 100∶1 之间。

五、流媒体

流媒体实际指的是一种新的媒体传送方式,而非一种新的媒体,简单地说,就是利用互联网来传递并能被用户一边下载一边观看的活动媒体信息。在网络上传送音频、视频等多媒体信息,目前主要有下载和流式传输两种方案。

多媒体信息一般都较大,下载常常要花数分钟甚至数小时。流式传输时,多媒体信息由媒体服务器向用户计算机连续、实时传送,用户不必等到整个文件全部下载完毕,而只需经过几秒或十数秒的启动延时即可进行观看。当媒体信息在客户端上播放时,文件的剩余部分将在后台从服务器内继续下载。流式传输避免了用户必须等待整个文件全部从 Internet 上下载才能观看的缺点。

流媒体技术一般都有 3 个方面的表现,分别是编码器(编码技术)、播放器(播放支持)和流服务器,三者缺一不可。目前市场上主流的流媒体技术有 3 种,分别是 RealNetworks 公司的 Real Media、Microsoft 的 Windows Media 和 Apple 公司的 QuickTime。

六、常用数字视频文件格式

数字视频文件格式的种类很多,可分成两类:多媒体的视频编码格式(如 AVI、MOV、MPEG 等格式);流媒体的视频编码格式(如 RM、WMV、3GP、FLV 等格式),其主要特点是只要下载部分文件就可播放,特别适合在线观看影视。

1. 常用多媒体的视频编码格式文件

(1) AVI 格式。AVI(Audio Video Interleaved)格式于 1992 年被 Microsoft 公司推出,其优点是图像质量好,可以跨多个平台使用,但压缩标准不统一,需下载相应的解码器来播放。

(2) MOV 格式。MOV 格式是从 Apple 移植的视频文件格式,它具有跨平台、存储空间小的特点,画面效果较 AVI 格式稍好一些。

(3) DAT 格式。DAT 格式是 MPEG-1 技术应用在 VCD 制作的视频文件,其优点是压缩率高,图像质量较好,一张 VCD 盘可存放大约 60 分钟长的影像。

(4) VOB 格式。VOB 格式是 MPEG-2 技术应用在 DVD 制作的视频文件,其图像清晰度极高,60 min 长的电影大约有 4 GB 大小。

2. 常用流媒体的视频编码格式文件

(1) RM 格式。RM 格式是 Real 公司首创的流媒体视频文件,能够避免等待整个文件全部下载完毕才能观看的缺点,因而特别适合在线观看影视,同时具有体积小、又比较清晰的特点。

(2) WMV 格式。WMV 是微软推出的一种流媒体格式,在同等视频质量下,WMV 格式的体积非常小,因此很适合在网上播放和传输。利用 Windows Movie Maker 软件,就可以制作这种视频文件。

（3）FLV 格式。FLV 是英文"Flash Video"的简称，是一种新的视频格式。FLV 格式的文件极小、加载速度极快，目前许多在线视频网站均采用此视频格式，已经成为当前视频文件的主流格式。

（4）3GP 格式。3GP 由 QuikTime 公司发布，主要是为了配合 3G 网络的高传输速度而开发的，也是目前手机中最为常见的一种视频格式。

自主实践活动

幼儿园开通了班级网站，小王老师可高兴了，之前积累的孩子们的活动照片和视频终于有了新的展示平台。可是这么多的活动照片和视频片段，要一股脑上传到网站上实在是杂乱无章，能不能按照活动主题或者按照个人记录制作主题影片呢？请帮助小王老师实现活动集的影片生成。

（1）下载适合主题的背景音乐。

（2）将整理的多媒体素材导入影音制作软件，并作过渡呈现效果设置。

（3）制作相应片头与片尾，并对影片重要内容添加文字描述。

（4）生成扩展名为"mp4"的视频文件，长度在 5 min 之内。

 综合活动　建国 66 周年国庆宣传展板的制作

活动要求

2015 年将迎来祖国的 66 周年华诞，举国欢庆，我们自豪，我们骄傲，我们为有一个坚强的祖国而歌唱。66 年，在历史的长河中只是一个涟漪，但对于一个国家来说，这 66 年却是一部伟大的崛起发展的历史，在经历走过来的数次磨砺后，祖国以其坚强不屈的脊梁高高屹立在世界的东方。为了这样一个值得纪念的节日，学校准备开展"迎国庆，爱祖国"活动。请制作一块展板来宣传祖国国庆节的历史，让祖国的花朵了解国庆节的由来、意义及其他相关知识。

活动分析

一、活动任务

运用所给的素材（见书后所附光盘），用文字处理软件制作一块宣传国庆节历史的展板。在 C 盘根目录下建立"国庆宣传展板"文件夹，作品文件保存在该文件夹下，文件名自定。

（1）以国庆节为主题，展示祖国国庆历史，作品中的各种元素都要求围绕主题。

（2）作品要求结构新颖，有良好的视觉效果，运用喜庆的大红色调。

（3）画面要求图文并茂，表达要求简洁清晰。

（4）立意新颖，有独创性。

二、活动分析

（1）小组合作讨论展板的主题、构图、主色彩及运用哪些软件。

（2）明确并收集展板设计中所要用到的文字、图像素材。

（3）根据所得到的各种原始素材进行整理，合理设计版面，培养合理布局与整理信息的能力。

（4）使用图像编辑软件对图像素材进行适当处理，培养运用图像处理软件处理信息的能力。

（5）对所得到的文字和图像进行合成，在合成的过程中要合理布局，培养使用文字处理软件进行版面设计的能力，创作出主题突出、结构新颖、视觉效果良好的展板作品。

方法与步骤

一、讨论

1. 确定小组成员及分工

表 4-4-1 小组成员及分工

姓名	特长	分工

2. 确定小组的研究主题

制作这样一个展板需要得到哪些相关素材(文字和图像)?

根据讨论的结果,各小组结合组内同学的兴趣等,来确定小组各成员应完成哪些方面的工作。

二、制作展板正文文字

(1) 新建一个 Word 文件,并以"国庆"为文件名保存文件。

(2) 打开"多媒体素材"文件夹中的文字材料,复制正文文字。

(3) 在文字前插入 8 个空白行(插入 8 个回车)。

(4) 设置所有文字字体为"宋体",大小为"小五号"。

(5) 设置所有文字段落,左缩进 2.5 字符,右缩进 0.5 字符,首行缩进 2 字符,如图 4-4-1所示。

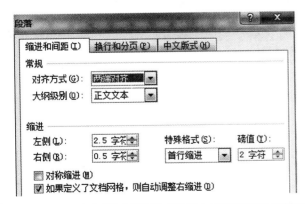

图 4-4-1 文字"段落"设置对话框中的"缩进"设置部分

三、绘制图形

(1) 在"插入"菜单栏中点击"形状"菜单,选中"基本图形"中的矩形,如图 4-4-2 所示,在文件

中建立一个矩形。

图 4-4-2 "形状"菜单中的基本图形

(2) 在新建的矩形上双击鼠标,打开"设置自选图形格式"对话框。设置文字环绕方式为"上下型",矩形大小高为 2 厘米,宽为 14.66 厘米。设置矩形线条颜色为"无",填充色为"双色渐变",上色为"红色",下色为"黄色"。将矩形放置到文件的顶端。

(3) 再新建一个大的矩形,设置文字环绕方式为"衬于文字下方",高为 19 厘米,宽为 14.66 厘米。设置矩形线条颜色为"无",填充色为"双色渐变",上色为"红色",下色为"金色",放置到小矩形的正下方。

(4) 在"插入"菜单栏中点击"形状"菜单,选中"流程图"中的"延期"图形,设置文字环绕方式为"衬于文字下方",高为 19 厘米,宽为 14 厘米。线条颜色为"无",填充色为"白色",对其进行"水平翻转"后放置到大矩形的上方并对齐,如图 4-4-3所示。

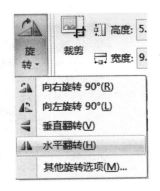

图 4-4-3 "格式"→"旋转"中的"水平翻转"

(5) 在"插入"菜单栏中点击"形状"菜单,选中

"星与旗帜"中的"波形"图形。设置文字环绕方式为"衬于文字上方",高为6厘米,宽为14.66厘米。设置波形线条颜色为"无",填充色为"双色渐变",上下色为"金色",中间色为"红色",如图4-4-4所示,放置到文件的顶端。

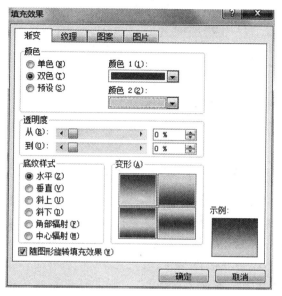

图4-4-4　渐变填充效果对话框

四、查找与下载图像,并适当作图像处理

（1）打开IE浏览器,输入网页地址 http://www.baidu.com,进入百度网站。单击"更多产品",选择"图片"进入"百度图片"搜索页面,搜索"天安门",找到适合图片,并下载以"素材2.jpg"文件名保存。其他素材方法相同。

（2）在ACDSee软件打开文件"素材2.jpg",并进入编辑窗口。单击左侧编辑模式菜单的"裁剪",根据实际情况裁剪图像,完成后单击"完成"按钮,如图4-4-5所示。

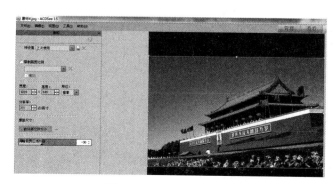

图4-4-5　图像的裁剪

（3）在编辑窗口单击左侧编辑模式菜单的"选择范围",单击选择范围工具的"魔术棒"单选按钮,然后单击图片区域的蓝天,用【Shift】或【Ctrl】键辅

助增加或减少选择区域,直到所有蓝天部分全部选中（虚线部分）,完成后单击"完成"按钮,如图4-4-6所示。

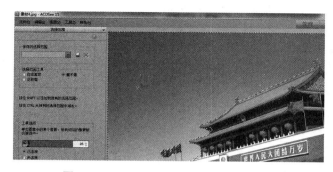

图4-4-6　图像编辑区域的"选择范围"

（4）在编辑窗口单击左侧编辑模式菜单的"特殊效果",选择"阈值",设置阈值为"30",修改选择范围羽化值为"9",完成后单击"完成"按钮,如图4-4-7所示。

图4-4-7　图像编辑区域的"特殊效果"

五、在Word中添加并编辑图像

（1）在文件底部插入"多媒体素材"文件夹中的"素材1"图片。设置图片格式环绕方式为"四周型",裁剪上面7厘米,如图4-4-8所示。放置到文件的底端。

图4-4-8　设置图片格式对话框

（2）在文件中间插入书后所附光盘"多媒体素材"文件夹中的"素材2.jpg"和"素材3.jpg"。设置图片格式环绕方式为"紧密型",选中图片在"格式"菜单栏中选择的"设置透明色"工具,如图4-4-9所示,用该工具在图片的左上角天空部分位置单击。放置图片到文件中间适当位置。

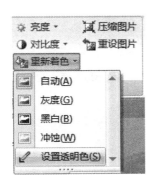

图4-4-9 格式菜单栏中的"设置透明色"工具

六、利用 Word 艺术字功能制作标题

（1）插入艺术字体"喜迎中华66华诞暨国庆日",字体为"隶书",设置艺术字体形状为"纯文本",环绕方式为"衬于文字上方",高为2厘米,宽为12厘米。设置线条颜色为"白色",填充色为"红色",放置到文件的顶端。

（2）插入艺术字体"——中华人民共和国国庆日",字体为"黑体","加粗",设置艺术字体形状为"纯文本",环绕方式为"衬于文字上方",高为1厘米,宽为10厘米。设置线条颜色和填充色都为"红色",放置在主标题下方。

七、添加星光装饰图形

（1）在"插入"菜单栏中点击"形状"菜单,选中"星与旗帜"中的"八角星"图形。设置文字环绕方式为"衬于文字上方",大小适中。设置线条颜色为

"无",填充色为"白色",用鼠标将图形中方形控制柄拖向中心位置,如图4-4-10所示。

图4-4-10 图形中方形控制柄

（2）用复制的方法复制多个星光放置在文字的四周。

（3）保存并关闭文件,作品即可完成。效果如图4-4-11所示。

图4-4-11 作品样张

综合测试

第一部分 知识题

一、选择题

1. 以下关于音频信息的数字化说法正确的是(　　)。
   A. 噪音是音色最不纯的声音
   B. 人能听到的声音信号频率最高大约在20 kHz,因此,22 kHz的采样频率就能够达到高保真的效果
   C. 声音的本质是能量波,是一个或多个正弦波的叠加
   D. 采样值的编码位数称为采样频率

2. 关于GIF格式,下列说法正确的有(　　)。
   A. 对任何图像都能无损压缩　　　　　　　　B. 不支持透明色

C．采用游程压缩　　　　　　　　　　　　D．只支持 256 色以内的图像

3. 一个完整的计算机软件产品是指（　　　）。

    A．一组完整的指令序列　　　　　　　　　B．带有 About 对话框的程序

    C．程序和相关的文档　　　　　　　　　　D．经过多次测试没有 Bug 的程序

4. （　　　）是指用户接触信息的感觉形式，如视觉、听觉和触觉等。

    A．感觉媒体　　　　　　B．表示媒体　　　　　　C．显示媒体　　　　　　D．传输媒体

5. 下列关于 BMP 文件说法不正确的是（　　　）。

    A．BMP 格式的文件是未经压缩的图像文件

    B．位图文件前 54 个字节都是由文件头和位图信息头这两个部分组成的

    C．各种位图文件的位图数据块记录了位图中的每一个像素值

    D．打开附件中的画图软件，直接保存和画过一些物体后再保存，文件格式均为 256 色 BMP，两个文件大小相同

6. 下列说法错误的是（　　　）。

    A．数字化就是形象化，目的就是为了使信息能够被计算机形象地表示出来

    B．计算机的计算过程就是处理信息的过程

    C．计算机处理的信息对象包括数字、文字、图、程序等不同的对象

    D．计算机实际处理的是表达这些对象的编码符号串

7. 计算机的多媒体技术就是计算机能接受、处理和表现由（　　　）等多种媒体表示的信息的技术。

    A．中文、日文、英文和其他文字

    B．硬盘、软盘以及光盘

    C．文字（包括数字）、声音和图像（包括静止和活动的）

    D．拼音码、五笔字型及各种编码

8. 以下关于图形图像的说法正确的是（　　　）。

    A．位图图像的数据量与分辨率无关　　　　B．矢量图形放大后不会产生失真

    C．位图图像是以指令的形式来描述图像的　D．矢量图形中保存有每个像素的颜色值

9. 下列各组应用不属于多媒体技术应用的是（　　　）。

    A．计算机辅助教学　　　B．电子邮件　　　　C．远程医疗　　　　D．视频会议

10. 下列文件格式中既可以存储静态图像，又可以存储动画的是（　　　）。

    A．bmp　　　　　　　　B．jpg　　　　　　　　C．tif　　　　　　　　D．gif

二、判断题（正确的打"√"，错误的打"×"。）

1. zip 和 rar 是无损压缩格式，mpeg 和 mp3 是有损压缩格式。　　　　　　　　　　　（　　　）

2. 图像格式由 BMP 格式转为 JPEG 格式，在文件大小上会减小很多，但画面质量不会降低。（　　　）

3. 一幅 800 * 600 完全黑白图像，其存储空间为 60 000 B。　　　　　　　　　　　　　（　　　）

4. 视频信息数字化后的数据量很大，仅靠增加存储容量是不够的，还要靠提高信道带宽以及提高计算机处理速度来解决。

    （　　　）

5. MIDI 格式文件中，只包含各种乐器发出的模拟信号的数字编码，不包含人声。　　　（　　　）

6. 像素越多，图像越清晰，其存储空间也越大。　　　　　　　　　　　　　　　　　（　　　）

7. 当利用扫描仪输入图像数据时，扫描仪可以把所扫描的照片转化为矢量图。　　　　（　　　）

8. 多媒体技术是计算机综合处理声音、文本、图像等信息的技术。　　　　　　　　　（　　　）

9. 超级解霸是 Microsoft 公司力推的媒体播放软件。　　　　　　　　　　　　　　　（　　　）

10. Flash 动画源文件的类型是 SWF。　　　　　　　　　　　　　　　　　　　　　　（　　　）

三、填空题

1. 声音的数字化主要包括（　　　　　）和（　　　　　）两个步骤。

2. 与矢量图相比，位图的色彩浓度与层次更（　　　　　）（选择"丰富/单调"），（　　　　　）（选择"不易/易"）失真，文件（　　　　　）（选择"大/小"）。

3. （　　　　　）文件不是一段录制好的声音，而是记录发声的信息（即音乐的演奏过程），其中包括音符的定调、开始音符、演奏音符的乐器、音符的音量和时间等指令。播放此文件就是按照记录合成音乐。与数字音频相比，它具有修改方便、体积小等优点，主要用于制作原始乐器作品、游戏音效以及电子贺卡音乐等。

4. 冗余有（　　　　　）冗余、（　　　　　）冗余、知识冗余和视觉冗余等许多种，压缩技术就是利用这些冗余进行计算编码，使得重复存储的数据量大大减少，从而达到图像压缩的目的。

5. 制作动画的工具有（　　　　　），处理图像的工具有（　　　　　），多媒体集成工具有（　　　　　）。（请填写应用软件名称）

6. 利用 Word 中"艺术字"制作的"同一世界　同一梦想"标题，它是（　　　　　）（选择"位图/矢量图"）。

7. 每间隔一段时间读取一个声音信号的幅度，叫作（　　　　　）；将采样得到的幅度值进行数字化，叫作（　　　　　）。

8. 多媒体技术的主要特性有（　　　　　）、（　　　　　）、（　　　　　）。

9. 一段声音需要的存储容量跟（　　　　　）、（　　　　　）、（　　　　　）等因素有关。

10. （　　　　　）技术大大地促进了多媒体技术在网络上的应用，解决了传统多媒体手段由于数据传输量大而与现实网络传输环境发生的矛盾。

<h2 style="text-align:center">第二部分　操作题
电子贺卡的制作</h2>

一、项目背景与任务

　　每年的教师节，小王老师所在的幼儿园都会给每一位老师寄上一张贺卡，感谢老师们的辛勤工作。今年的教师节，幼儿园张园长想让幼儿园的计算机能手小王老师制作电子贺卡，写下祝福语，并亲笔签名。请你帮助小王老师完成此项任务。

　　在书后所附光盘文件夹"电子贺卡"中已有张园长的祝福语、签名图片以及教师节相关多媒体素材。

二、设计要求

　　(1) 围绕教师节主题，图文并茂，最好含有音视频信息，能更好地表达主题。

　　(2) 作品立意要新颖，具有独创性，画面要具有视觉冲击力，感染效果强。

　　(3) 选择适合的软件进行电子贺卡的制作及素材加工与处理。

三、制作要求

　　(1) 制作软件不限，但必须能很好地展示多媒体信息。

　　(2) 多种图像素材能很好地融合呈现，祝福语要有艺术效果，色彩搭配符合美学效果。

　　(3) 选择合适的背景音乐，插入视频媒体烘托气氛。

四、参考操作方法与步骤

　　(1) 任务分析。电子贺卡应该有文字、图片、背景音乐等多种素材组合，组合前需要将各种素材进行编辑与处理，因此在选择什么软件进行制作时，应考虑软件的普适性，即软件的普及型较高、操作门槛低；也需要考虑综合性，即能对文字、图像、音频视频均能做编辑与处理。电子贺卡要围绕教师节主题，表达对教师职业的敬爱之情。

　　(2) 打开 ACDSee 软件，打开"电子贺卡素材"文件夹中的"素材 1.png"进入编辑窗口，如图 4-5-1 所示。左侧菜单选择"选择范围"，利用"自由套索"选择范围，如图 4-5-2 所示。

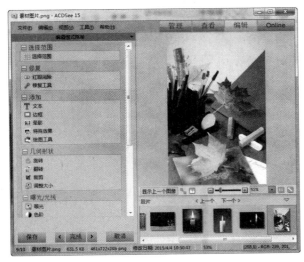

图 4-5-1　图片编辑窗口

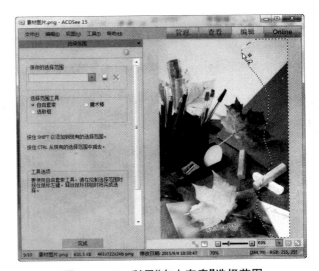

图 4-5-2　利用"自由套索"选择范围

　　(3) 选择编辑模式菜单"特殊效果"的"阈值"，设置阈值为最小，羽化值为20，效果如图 4-5-3 所示。完成后保存文件。

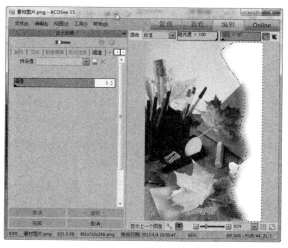

图 4 - 5 - 3 利用"阈值"进行图像效果处理

图 4 - 5 - 4 利用 PowerPoint 自身工具进行图片处理

（4）单击"开始"→"所有程序"→"Microsoft Office"→"Microsoft PowerPoint 2010"，新建演示文稿，保存文件为"教师节电子贺卡. pptx"。

（5）单击"插入"菜单的"图片"选项，插入文件夹"电子贺卡素材"的"素材 2. jpg"。双击图片，在"图片工具"的"格式"选项卡中选择"裁剪"，对图片进行裁剪等操作，如图 4 - 5 - 4 所示。

（6）单击"插入"菜单的"音频"选项，插入文件夹"电子贺卡素材"的音频素材"老师的生日. mp3"，双击出现的音频图标，设置相关参数，如图 4 - 5 - 5 所示。

（7）在 PowerPoint 中单击"开始"菜单，选择"新建幻灯片"，插入图片"素材 1. png"，如图 4 - 5 - 6 所示。

图 4 - 5 - 5 在 PowerPoint 中插入音频并设置参数

图 4 - 5 - 6 插入图片素材

（8）插入图形（两个长方形图形），并设置相关参数，效果如图 4 - 5 - 7 所示。

图 4 - 5 - 7 插入图形

（9）插入文本框和艺术字，并设置效果，如图4-5-8所示。

图4-5-8 设置文本与艺术字

（10）对幻灯片中的所有对象设置动画效果，如图4-5-9所示。

图4-5-9 设置动画效果

（11）最后设置幻灯片的切换效果，设置切换效果为"分割"，设置换片方式如下：选中单击鼠标时，自动切换时间为5 s，如图4-5-10所示。

图4-5-10 设置幻灯片切换效果

归纳与小结

随着信息科技的不断发展,计算机处理信息、存储信息及传输信息的能力突飞猛进,使计算机处理多媒体信息变得越来越容易,数字化的影视产品已经深入到包括宣传、娱乐、教育、商业广告等各种领域。一般的数字化影视产品都包含文字、图形图像、动画、声音、视频等多种多媒体元素,简单的制作过程如图 4-6-1 所示。

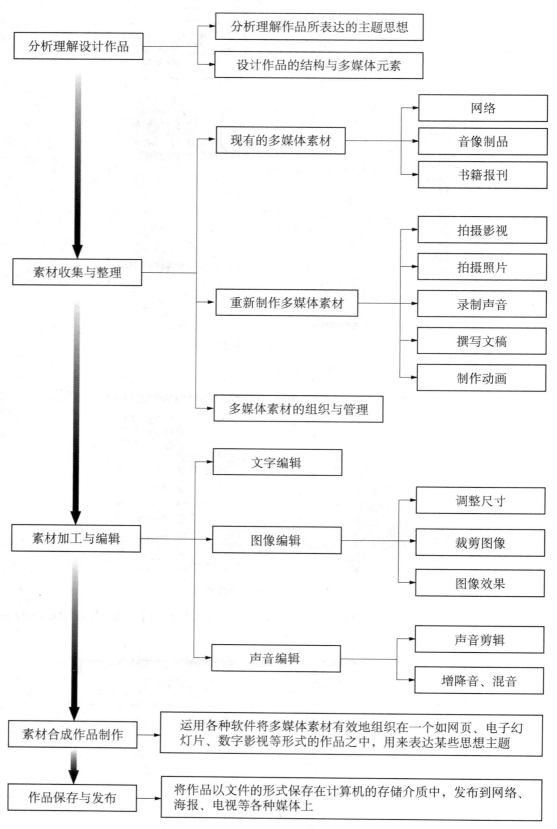

图 4-6-1 项目四的流程图

项目五 演 示 文 稿

"幼儿在园学习生活掠影"演示文稿的制作

当鲜花绽放于阳光之下,是绿叶最快乐的日子。当果实成熟于金秋时节,是园丁最欣慰的时刻。

我是一片绿叶,我是一名快乐的园丁,一名平凡的幼儿教师,陪伴在身边的,是一群群可爱稚气的孩子,还有数不尽的责任和承诺。我用语言来播种,用汗水来浇灌,用心血来滋润,对孩子充满爱的教育活动,都仿佛在为孩子打开一扇扇窗户,让孩子们看到一个色彩斑斓的新世界。在他们人生的起点给以方向和力量,让他们在无微不至的呵护下茁壮成长。

每一个清晨,我用灿烂的微笑迎接孩子们和家长的到来;每一个黄昏,我以愉悦的心情将孩子们的手交到家长的手里,亲切地说一声:"明天见。"目送他们渐渐走远。多少个春夏秋冬,无数个风风雨雨,我用博爱,滋润快乐;用智慧,开启文明;用鼓励,唤醒自信;用宽容,示范尊重;用无私,引导正义;用平凡,孕育伟大。

绿叶,静静地吐露自己的幽香——不张扬;

绿叶,默默地映衬着红花——无怨言。

我是一名光荣的幼儿教师,做一片绿叶,这就是我无悔的选择!

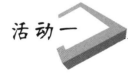

活动一 "幼儿饮食篇"演示文稿的制作

活动要求

小安是一名才走出校园的幼教老师,她热爱孩子,热爱幼教事业,怀着一颗火热的心,尽心尽力地爱护和照顾每一个孩子,赢得了孩子们的爱戴。今天小安要做一份多媒体演示文稿,介绍幼儿园一周的午餐食谱,在幼儿园的电子显示屏中播放,让家长们了解孩子们的午餐情况。

小安老师到幼儿园的膳食科了解小朋友一周的午餐食谱,并拍摄一些伙食搭配的图片。请帮助小安制作一份多媒体演示文稿。运用幻灯片应用设计模板,并在各页面中插入文字、图片、表格等,从而完成一份最简单的幻灯片作品。

"幼儿饮食篇"演示文稿样例如图5-1-1所示。

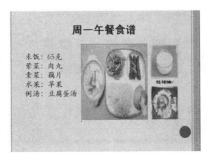
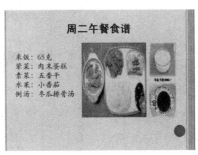
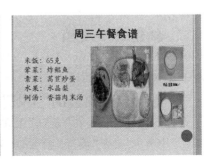

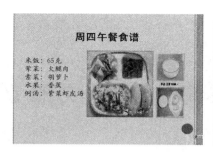
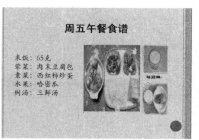

图 5-1-1 "幼儿饮食篇"演示文稿样例

活动分析

一、思考与讨论

（1）制作"幼儿饮食篇"多媒体演示文稿需要哪些素材？

（2）制作多媒体演示文稿前先要进行设计，展示幼儿园一周午餐食谱安排及每天的午餐食谱，共需要几张幻灯片？每张幻灯片要展示什么内容？

（3）一般幻灯片都有主题样式，选择什么样的符合幼儿特点的主题样式？

（4）分别制作各张幻灯片，在前5页幻灯片中分别插入什么内容？在第6页幻灯片插入表格中插入什么内容？

二、总体思路

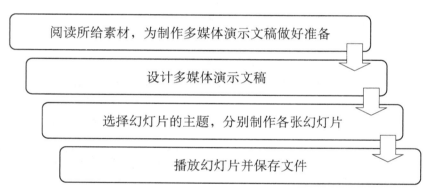

图 5-1-2 活动一的流程图

方法与步骤

一、准备工作

仔细阅读所给素材，了解幼儿午餐的相关内容，为制作多媒体演示文稿做好准备。

获取"幼儿饮食篇"多媒体演示文稿所需的素材（素材可参见书后所附套光盘）：演示文稿中文字素材见"幼儿春季午餐食谱.doc"，图片素材见"周一食谱.jpg"等图片文件。

二、新建 PPT 文档

运行 Microsoft PowerPoint 2010，新建一个空白演示文稿。

三、选择自己喜爱的"主题"

点击"设计"菜单，在"设计"菜单的"快速访问工具栏"中再次点击"展开"按钮，如图5-1-3所示。在选项卡中将会列出已安装的所有"主题"，选

择自己喜爱风格的"主题"，如图 5-1-4 所示。

图 5-1-3 快速访问设计主题

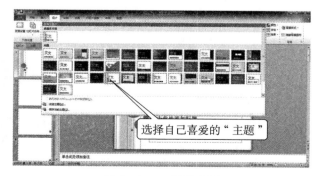

图 5-1-4 选择主题

四、插入幻灯片

选择"开始"菜单→在快速访问工具栏中单击"新建幻灯片"按钮，在演示文稿中插入新的幻灯片，共计7张幻灯片，如图5-1-5所示。

图 5-1-5 插入幻灯片

五、输入标题和副标题

选择第一张幻灯片，添加"标题"和"副标题"。其中，"标题"为"幼儿饮食篇"，"副标题"为"幼儿春季午餐食谱"。

 点拨

如果在幻灯片编辑窗口没有出现文本框，可以点击"开始"选项卡中的文本框按钮，添加文本框，在窗口中先拖拉出一个文本框，然后输入标题内容，如图5-1-6所示。

图 5-1-6 插入文本框及第一张幻灯片样例

六、制作第二张幻灯片

（1）输入标题：在第一个文本框中输入第二张幻灯片的标题"周一午餐食谱"。

（2）输入内容：在第二个文本框输入内容，或者在素材中查找相应的内容（素材为书后所附光盘"幼儿春季午餐食谱.doc"），复制并粘贴到PPT中，设置相应的文字格式（如字体、字号等）。

（3）插入图片：选择"插入"菜单→"图片"→

"来自文件"，选择素材盘中提供的图片（周一食谱.jpg），插入图片后，通过拖曳图片改变图片位置；选中图片；通过拖动图片的控制点，改变图片大小，如图5-1-7所示。

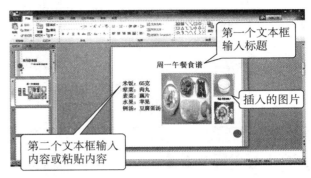

图 5-1-7 第二张幻灯片样例

七、完成第三、四、五、六张幻灯片的制作

参考步骤六，完成第三、四、五、六张幻灯片的制作，如图5-1-8所示。

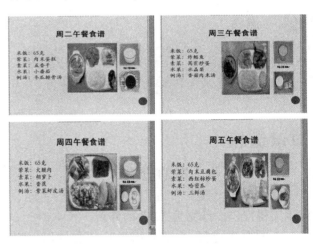

图 5-1-8 第三、四、五、六张幻灯片样例

八、制作第七张幻灯片，插入相关表格

（1）输入标题：参考上述操作，输入第七张幻灯片的标题："幼儿一周食谱安排"。

（2）插入表格：选择"插入"菜单→在其快速访问工具栏中选择"表格"，设置为"6×5"表格，如图5-1-9所示。在表格中输入从素材中提取的相应内容，并适当调整表格的行高与列宽。双击表格后，可以在快速访问工具栏中调整表格样式，如图5-1-10所示。

九、保存文件

点击左上角"文件"按钮，选择"另存为"，输入文件名"幼儿饮食篇"，保存类型为PowerPoint演示文稿。

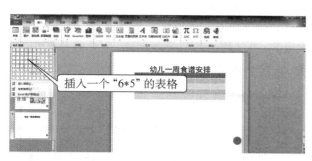

图 5-1-9　插入表格

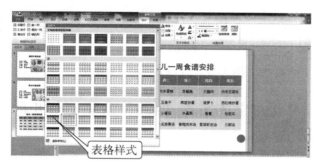

图 5-1-10　设置表格样式

点拨

运用 PowerPoint 2010 版本制作的演示文稿在低版本的 Office 软件中不能正常使用；

如果需要在低于 Office 2010 的版本中使用 PowerPoint 2010 制作的演示文稿,在存盘时需要选择保存类型为"PowerPoint 97 - 2003 演示文稿"。

十、放映幻灯片

点击"幻灯片放映"菜单,在弹出的快速访问工具栏中选择"从头开始"或者"从当前幻灯片开始"按钮,可以放映幻灯片。

图 5-1-11　幻灯片放映

点拨

(1) 制作演示文稿时要注意风格的统一,建议每张幻灯片使用统一的主题或背景。

(2) 演示文稿中的文字尽量使用统一的字体、字号及颜色。

知识链接

一、幻灯片主题的应用

PowerPoint 提供可应用于演示文稿的主题设计,以便为演示文稿提供设计完整、专业的外观。

主题设计:包含演示文稿样式的文件,具体包括项目符号、字体的类型和大小、占位符的大小和位置、背景设计和填充、配色方案,以及幻灯片母版和可选的标题母版。

通过"设计"菜单→展开"主题"面板,选择自己喜爱的"主题"。

二、幻灯片版式的应用

版式指的是幻灯片内容在幻灯片上的排列方式。PowerPoint 中提供了文字版式、文字与图片版式、表格版式、图表版式等一系列版式。

在新建幻灯片时可以选择"幻灯片版式",如图 5-1-12 所示。

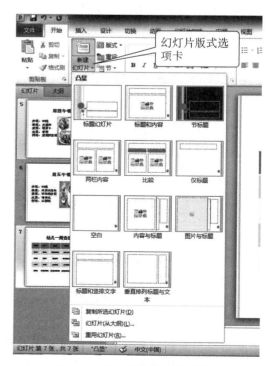

图 5-1-12　幻灯片版式选项卡

自主实践活动

使用电子文稿制作软件,采用合适的模板统一格局,制作简单的数码相机多媒体演示文稿,并利用图像处理软件对图片进行简单的效果处理。

参考样张如图5－1－13所示。

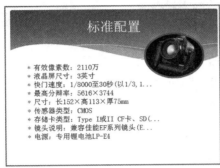

图5－1－13 自主实践活动样张

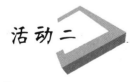

活动二 "幼儿巧手篇"演示文稿的制作

活动要求

今天小安要做一份多媒体演示文稿,介绍小朋友的一些手工作品,在幼儿园的电子显示屏中播放,让家长们了解孩子们在幼儿园的生活。

请帮助小安制作一份美观的宣传文稿,通过制作幻灯片背景、在幻灯片中加入艺术字、插入图片并选择图片样式、应用幻灯片母版等操作,掌握宣传文稿的格式设置,使制作的多媒体演示文稿风格统一、更为丰富、也更具吸引力。

"幼儿巧手篇"演示文稿样例如图5－2－1所示。

图5-2-1 "幼儿巧手篇"演示文稿样例

活动分析

一、思考与讨论

（1）浏览书后所附光盘"幼儿巧手篇文字材料.doc"素材文件和"彩蛋.jpg"等图片文件。根据素材与任务要求，应该设计几张幻灯片？每张幻灯片要介绍什么内容？

（2）新建幻灯片的背景默认为白色，幻灯片的背景可以改变吗？设置成什么颜色比较得当？

（3）在Word中可以插入艺术字，在多媒体演示文稿中可以插入吗？准备把幻灯片上什么内容设置艺术字？

（4）在Word中可以设置项目符号和编号，在多媒体演示文稿中可以设置吗？

（5）如果要在每页幻灯片的右下角都加入相同的文字内容"幼儿手工作品"，应该如何处理呢？

二、总体思路

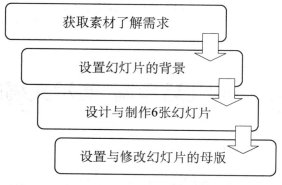

图5-2-2 活动二的流程图

方法与步骤

一、获取素材了解需求

获取"幼儿巧手篇"多媒体演示文稿所需的素材：演示文稿中文字素材见书后所附光盘"幼儿巧手篇文字材料.doc"，图片素材见"彩蛋.jpg"等图片文件。

仔细阅读所给素材,了解幼儿园小朋友制作的一些手工作品,找出相关内容,为制作演示文稿做好准备。

二、设置幻灯片背景

运行 Microsoft PowerPoint 2010,新建一个空白演示文稿。

设置第一页的背景,之后插入的其他页的背景将默认为与第一页相同。

单击"设计"菜单,在其相应的快速访问工具栏中选择"背景样式"工具栏,如图 5-2-3 所示。

图 5-2-3 设置背景样式

设置双色渐变背景:单击"设置背景格式",在弹出的对话框中,选择"渐变填充",选择渐变填充的"类型",设置"渐变光圈"中"停止点 1"的颜色;再次设置"渐变光圈"中"停止点 2"的颜色;删除其他停止点。这时可以看见幻灯片的背景色已设置成双色渐变,如图 5-2-4 所示。点击"全部应用"按钮。

图 5-2-4 选择停止点颜色

三、制作第一张幻灯片

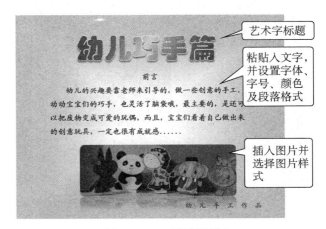

图 5-2-5 活动样例 1

1. 插入艺术字标题

(1)插入艺术字标题:单击"插入"菜单→"艺术字"按钮→选择一种"艺术字样式"→在"请在此放置您的文字"对话框中输入文字"幼儿巧手篇"。

(2)编辑艺术字:单击"艺术字",可拖动控制块,根据需要调整艺术字的大小和位置。

提示:单击"艺术字"→在"艺术字样式"中更改艺术字样式,调整"文本填充"、"文本轮廓"及"文本效果",如图 5-2-6 所示。

图 5-2-6 选择艺术字样式

2. 文字内容

从素材中选取"前言"内容,粘贴到当前幻灯片,通过"开始"菜单对应的快速访问工具栏,设置文字的字体、字号及颜色。并设置段落"行距",本例设置为 1.5 倍行距。

3. 插入图片

单击"插入"菜单→"图片",在素材库中选择相

应的图片。调整图片的大小和位置。双击插入的图片,在"图片样式"选项卡中选择喜欢的图片样式,如图 5-2-7 所示。

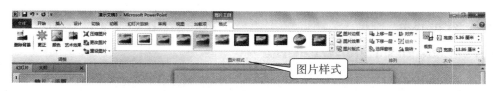

图 5-2-7　选择图片样式

四、制作第二张幻灯片

单击"开始"菜单→"新建幻灯片"按钮,在演示文稿中插入新的幻灯片。

图 5-2-8　活动样例 2

1. 插入艺术字标题

重复上述步骤,输入艺术字标题"环保手工"。

2. 输入文字内容并设置字体格式

参考上述步骤,从素材中选取"环保手工"的内容,粘贴到当前幻灯片,并适当调整字体、字号、颜色及行距。

3. 设置项目符号

选中文本框中的文字,再通过"开始"菜单相对应的快速访问工具栏中"项目符号"选项,设置项目符号。(还可通过"编号"选项,设置数字编号。)

4. 插入图片

单击"插入"菜单→"图片",选择素材盘中提供的图片,单击"确定"按钮。

5. 编辑图片

改变图片大小:右击图片→"大小和位置"→打开"设置图片格式"对话框→点击"大小"选项→取消"锁定纵横比"、"相对于图片原始尺寸"的选中状态(把前面的"√"去掉)→在尺寸和旋转区域输入具体数值,设置图片的高度及宽度。本例中图片高度为 7 厘米,宽度为 10 厘米,如图 5-2-9 所示。点击"位置"选项,适当调整图片的位置。

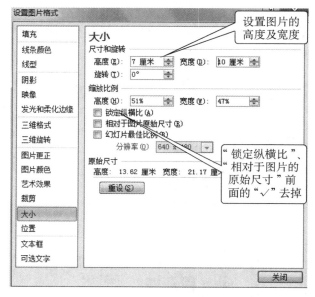

图 5-2-9　图片大小和位置设置

6. 选择图片样式

双击已插入的图片,在展开图片样式选项卡中,选择喜爱的图片样式,如图 5-2-10 所示。可以根据需要,调整"图片边框"、"图片效果"等。

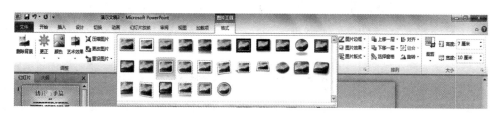

图 5-2-10　设置图片样式

五、完成其余 4 张幻灯片的制作

参考上述步骤，完成其余 4 张幻灯片的制作。

六、设置幻灯片母版

单击"视图"菜单→"幻灯片母版"，如图 5-2-11 所示。

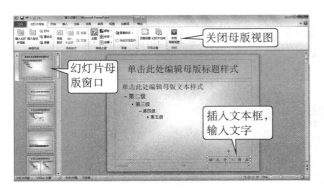

图 5-2-11 应用幻灯片母版

插入文本框，输入文字"幼儿手工作品"，并设

知识链接

一、配色方案

配色方案由幻灯片设计中使用的若干种颜色（用于背景、文本和线条、阴影、标题文本、填充、强调和超链接）等组成。演示文稿的配色方案由应用的设计模板确定。

可以通过点击幻灯片"设计"菜单→"颜色"→"新建主题颜色"，打开"新建主题颜色"对话框来查看及编辑幻灯片的配色方案，如图 5-2-12 所示。

二、幻灯片配色原则

制作一份美观的演示文稿，需要色彩和谐、布局合理。版面中要有主色调，配色时构图要注意均衡。构图均衡与否，取决于色彩的轻重、强弱感的正确处理。同一画面中暖色、纯色面积小，而冷色、浊色面积大，则易平衡。明度相同、纯度高而强烈的色面积要小，纯度低的浊色、灰色面积要大，这样可以求得平衡。画面上部色亮，下部色暗，易求得安定感。重色在上，轻色在下，会产生动感。为了突出某一部分或为了打破单调感，需要有重点色。对于初学者来说，一般要注意到下面几点：深色背景配浅色文字，或者浅色背景配深色文字；标题醒目；背景中大色块的颜色不超过 3 种，效果会比较突出。

自主实践活动

创建自由规划的数码照相机多媒体演示文稿。使用电子文稿制作软件，采用合适的应用模板统一文稿风格，添加艺术字体等对象，并利用网上邻居实现资源共享。

参考样张如图 5-2-13 所示。

置文字格式。然后"关闭母版视图"。可以观察到 6 张幻灯片中都出现页脚的内容，如图 5-2-11 所示。

点拨

母版规定了演示文稿（幻灯片、讲义及备注）的文本、背景、日期及页码格式。母版体现了演示文稿的外观，包含了演示文稿中的共有信息。在各张幻灯片中共有的图片、文字信息可以放入母版。

七、保存文件并放映幻灯片

单击"文件"菜单→"另存为"，输入文件名"幼儿巧手篇"，保存类型为演示文稿（*.pptx）。放映幻灯片。

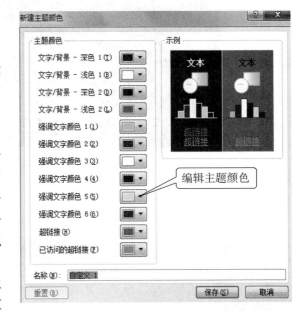

图 5-2-12 查看和编辑颜色方案

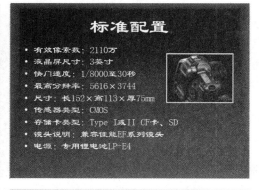

图 5-2-13　自主实践活动样张

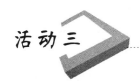
活 动 三　　"幼儿游戏篇(体育游戏简介)"演示文稿的制作

活动要求

　　小安同学要做一份多媒体演示文稿,介绍小朋友在幼儿园进行的一些体育游戏,在幼儿园的电子显示屏中播放,让家长们了解孩子们在幼儿园的生活。

　　连续播放的静态页面会造成用户的视觉疲劳,在浏览过程中,用户不能方便地快速访问所需页面,通过幻灯片切换、链接、设置动画效果、插入声音、视频对象等方法,可以使制作的多媒体演示文稿作品更贴近用户、更生动活泼。

　　"幼儿游戏篇"演示文稿样例如图 5-3-1 所示。

图 5－3－1　"幼儿游戏篇"演示文稿样例

活动分析

一、思考与讨论

（1）根据书后所附光盘素材文件"不倒翁.doc"、"不倒翁1.jpg"等，结合任务要求，需要准备设计几张幻灯片？每张幻灯片展示哪些内容？

（2）看书时可以一页一页地看，也可以根据目录直接翻到想看的页面，在多媒体演示文稿中除了一页接一页地播放幻灯片，是否也可以设置目录页，单击目录页的内容直接播放相应幻灯片？

（3）在播放多媒体演示文稿时，如何使得幻灯片之间切换时产生动画过渡效果？

（4）在播放多媒体演示文稿时，幻灯片中的标题、文字、图片除了直接显示外，能否呈现动画效果，使得标题、文字、图片等对象通过动画效果呈现出来？

（5）所给出的素材中除了图片、文本文件外，还有声音文件"童谣.mp3"，准备在播放哪张幻灯片时播放这个声音文件？

二、总体思路

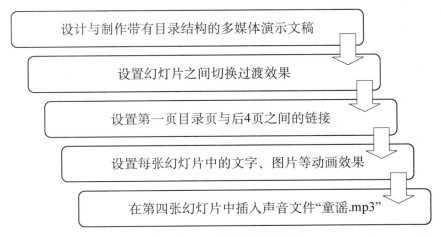

图 5－3－2　活动三的流程图

方法与步骤

一、准备工作

（1）仔细阅读所给素材，了解幼儿游戏的相关内容，为制作多媒体演示文稿做好准备。

（2）新建 PPT 文档，参考活动二的步骤，根据所给素材，完成 6 张 PPT 的制作。

二、幻灯片切换

（1）单击"切换"菜单→展开"切换效果"选项卡，如图 5-3-3 所示。

（2）设置幻灯片切换。在"幻灯片切换"的任务窗格中选择需要的切换方式，并按需要修改切换效果的相关设置（包括速度、声音、换片方式）。点击"全部应用"按钮，统一设计所有幻灯片的切换方式，如图 5-3-4 所示。

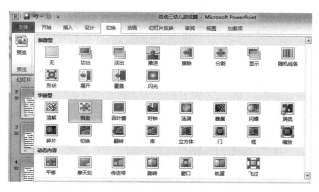

图 5-3-3　展开幻灯片"切换效果"选项卡

图 5-3-4　设置幻灯片切换

三、幻灯片链接

1. 插入"超链接"

把第一张幻灯片制作成目录的形式：选中文字"小火车游戏"并右击→选择"超链接"，如图 5-3-5 所示。

图 5-3-5　插入"超链接"

2. 设置"插入超链接"对话框

设置"插入超链接"对话框，如图 5-3-6 所示：单击"本文档中的位置"选项→在右侧的"请选择文档中的位置"框中选择"幻灯片 2"，使第一张幻灯片中的文字"小火车游戏"与标题为"小火车游戏"的第二张幻灯片建立超链接关系。并依次建立其他 3 行小标题与相应幻灯片的链接关系。

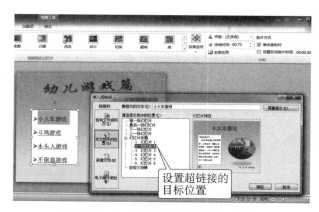

图 5-3-6　设置插入"超链接"对话框

3. 设置返回按钮

选择第二张幻灯片，单击"开始"菜单→在"绘图"区域中展开"形状"工具，选择最后一行"动作按钮"中的第五个按钮（形状如小房子，见图 5-3-7）→鼠标变为"＋"，在工作区拖曳出现"返回"按钮🏠→在自动弹出的"动作设置"对话框中单击"确定"按钮。在幻灯片放映过程中，用户只需点击🏠就能返回第一页。

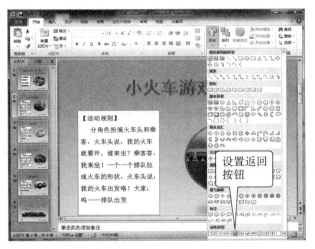

图 5-3-7 设置"返回"按钮

点拨

🏠默认设置如下：链接到第一张幻灯片，

可以通过修改"超链接到……"下拉列表的选择来改变链接的位置。

4. 添加"返回"按钮

通过"复制"、"粘贴"的方式，将"返回"按钮🏠，粘贴到其余各张幻灯片中。

点拨

还可以在幻灯片中插入文本框，输入文字"返回"，将文字"返回"链接到第一张幻灯片，自己制作"返回"按钮效果。

四、设置对象动画

（1）单击"动画"菜单→再单击"动画窗格"按钮，如图5-3-8所示。

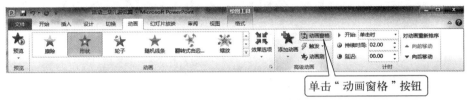

单击"动画窗格"按钮

图5-3-8 打开"动画窗格"

（2）添加动画效果：选中第一张幻灯片中的艺术字标题→单击"动画"菜单→再单击"添加动画"按钮→展开"动画效果"选项卡（见图5-3-9）。选择需要的动画效果，并设置动画的开始时间、播放方向、播放速度等选项。

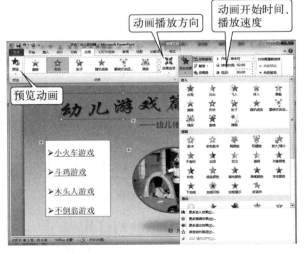

图5-3-9 设置"动画效果"选项卡

点拨

单击"预览"按钮或动画窗格中的"播放"

按钮，能自动预览动画效果，如图5-3-10所示。否则只能在幻灯片放映时才能实现动画效果。

（3）参考上一步操作设置"文本框"、"图片"等对象的动画效果。

如图5-3-10所示是第一张幻灯片4个对象所包含的动画效果。每行动画前的数字表示动画的播放顺序，幻灯片上的对象也会显示对应的数字。可以通过单击"重新排序"两个按钮调整播放次序。每行动画前有数字表示此效果以单击鼠标开始。每行动画后进度条的长短表示该动画持续的时间。

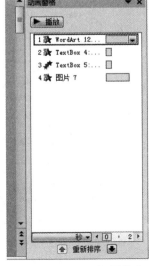

图5-3-10 打开"动画"任务窗格

点拨

> 如果希望在某个对象演示过程中退出幻灯片，可以通过设置"退出动画"效果来实现，方法可参照"进入动画"的设置操作。

五、插入音频

1. 插入音频

选择第四张幻灯片，单击"插入"菜单→选择"音频"→选择"文件中的音频"（见图 5-3-11）→选择素材中的音频文件→当前幻灯片页面会出现"喇叭"图标 。

图 5-3-11　插入音频

2. 编辑音频对象

选中"喇叭"图标→单击"播放"菜单→在播放菜单的任务窗格中，按照需要修改声音播放的相关设置，具体包括剪裁音频、淡入淡出、音量、播放模式等，如图 5-3-12 所示。

音频剪裁　　淡化编辑　　音量、播放模式

图 5-3-12　设置音频效果

在"动画窗格"中右击"音频文件"→选择"效果选项"（见图 5-3-13）→打开"播放音频"对话框→在"效果"选项中，设置开始播放音频与结束播放音频的位置，如图 5-3-14 所示。

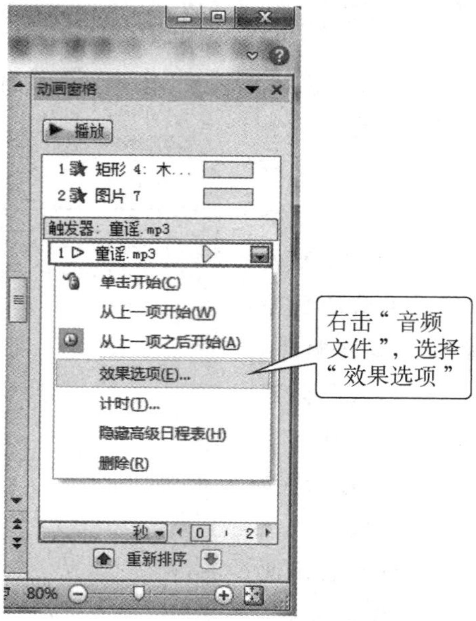

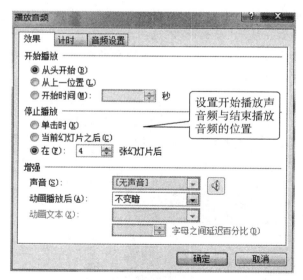

图 5-3-13　设置音频效果

图 5-3-14　音频播放设置

六、保存文件并放映幻灯片

以"幼儿游戏篇.ppt"为文件名保存文件，并放映幻灯片。

知识链接

一、插入视频

单击"插入"菜单→选择"视频"→选择"文件中的视频",插入视频对象,并且可以对视频对象进行编辑。方法类似于插入音频的操作。

二、插入 SmartArt 图形

SmartArt 功能组件可以设计出精美的图形。使用该功能组件能在 PowerPoint 中轻松插入组织结构、业务流程等图示。SmartArt 图形工具共有 180 余套图形模板,利用这些图形模板可以设计出各式各样的专业图形,并且能够快速为幻灯片的特定对象或者所有对象设置多种动画效果,同时能够即时预览。

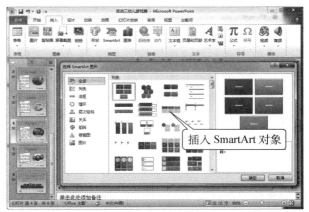

单击"插入"菜单→选择"SmartArt"→插入 SmartArt 图形对象,如图 5 - 3 - 15 所示,并且可以其进行编辑。

图 5 - 3 - 15　插入 SmartArt 对象

自主实践活动

制作一份更体贴用户、更生动的数码照相机多媒体宣传文稿。请围绕主题需要,为不同的内容对象建立适当的动画效果,为不同的内容层次建立方便快捷的链接访问。

参考样张如图 5 - 3 - 16 所示。

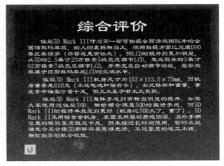

图 5 - 3 - 16　样张

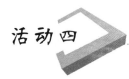

活动四 "幼儿教育篇(好习惯养成教育)"演示文稿的制作

活动要求

小安要做一份多媒体演示文稿,介绍幼儿好习惯的养成教育,在幼儿园的电子显示屏中播放,让家长们了解孩子们在幼儿园接受的教育。当孩子们回家后家长也可以进行相应的教育。

在多媒体演示文稿中要运用自定义图形工具,创意设计幻灯片母版,制作极具个性的幻灯片背景,使作品更具特色和更能吸引眼球。

"幼儿教育篇"演示文稿样例如图5-4-1所示。

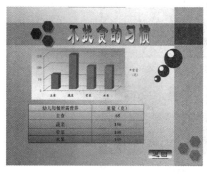

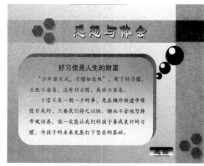

图5-4-1 "幼儿教育篇"演示文稿样例

活动分析

一、思考与讨论

(1)根据书后所附光盘素材文件"幼儿教育篇文字素材.doc"、"午睡.jpg"等,结合任务要求,将从哪几个方面介绍幼儿好习惯的养成?

(2)在幻灯片上可以绘制自定义图形,如果要在每张幻灯片上绘制一样的自定义图形,应该怎么办?可以把各张幻灯片上统一的文字、背景等通过幻灯片母版来设置,是否可以在母版上绘制自定义图形?

(3)为了要设计一份有个性的幻灯片作品,在母版上准备绘制怎样的自定义图形?

(4)准备制作几张幻灯片?每张幻灯片各自什么内容?各张幻灯片之间是怎样的关系?除了顺序播放幻灯片外,如何使幻灯片之间能够自由切换?

(5)在幻灯片上以怎样的形式来有效表现幼儿每餐所需的营养成分?

二、总体思路

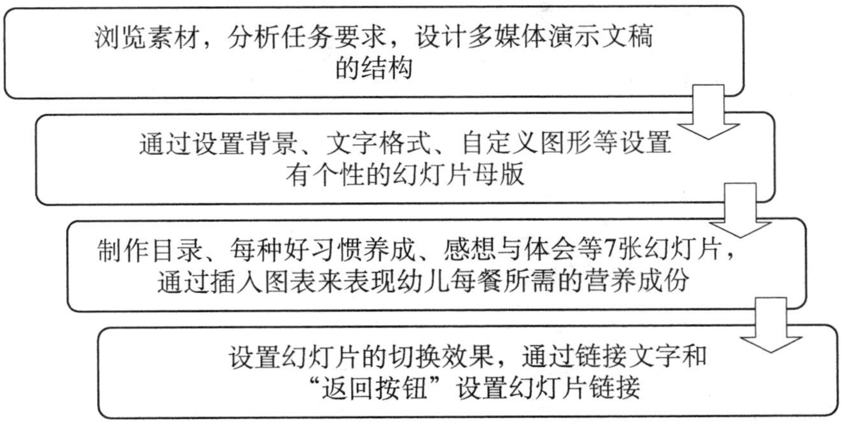

浏览素材，分析任务要求，设计多媒体演示文稿的结构
通过设置背景、文字格式、自定义图形等设置有个性的幻灯片母版
制作目录、每种好习惯养成、感想与体会等7张幻灯片，通过插入图表来表现幼儿每餐所需的营养成份
设置幻灯片的切换效果，通过链接文字和“返回按钮”设置幻灯片链接

图 5－4－2　活动四的流程图

方法与步骤

一、准备工作

（1）仔细阅读所给素材，了解幼儿教育相关内容，为制作演示文稿做好准备。

（2）新建 PPT 文档，参考活动三，并设置双色渐变背景。

二、幻灯片母版设计

根据个人喜好，设计一份独特的母版。（这里仅对如图 5－4－3 所示的样例做出说明，可以根据自己的喜好进行设计。）

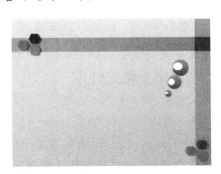

图 5－4－3　幻灯片母版样例

1. 进入“幻灯片母版”编辑

单击“视图”菜单→“幻灯片母版”（见图 5－4－4），进入幻灯片母版编辑状态。

设置“幻灯片母版”

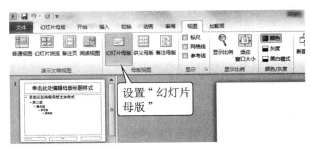

图 5－4－4　“幻灯片母版”选项

2. 在母版编辑窗口绘制自定义图形

（1）绘制一个矩形并设置其格式：选择“开始”菜单→在“绘图”区域中选择“矩形”，如图 5－4－5 所示。在编辑窗口画一个“矩形”对象→右击“矩形”→“设置形状格式”选项→单击“填充”选项卡→在“填充”区域→“纯色填充”→下拉颜色列表，选取相应的颜色，如图 5－4－6 所示，并设置其透明度。

选择“绘图”快速访问工具栏中的“矩形”

图 5－4－5　在母版中绘制矩形

设置形状格式
填充
线条颜色
线型
阴影
三维格式
三维旋转
图片
文本框
无填充(N)
纯色填充(S)
渐变填充(G)
图片或纹理填充(P)
幻灯片背景填充(B)
颜色(C):
透明度(T):
主题颜色
标准色
最近使用的颜色
其他颜色(M)...
关闭
设置矩形块的颜色

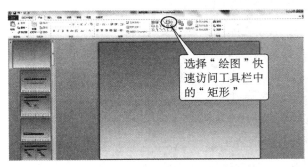

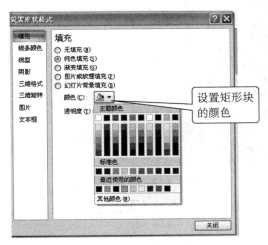

图 5－4－6　设置矩形块颜色

同理,绘制其余两个矩形。

（2）把 3 个矩形组合：按住【Shift】键,同时选中 3 个"矩形"→鼠标右击,在弹出的对话框中选择"组合"→"组合",将 3 个矩形组合成一个对象,如图 5-3-7 所示。

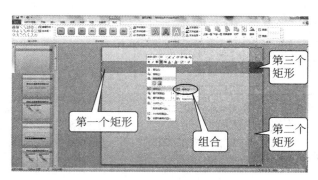

图 5-4-7 3 个矩形组合

（3）绘制其他的自选图形：选择"插入"菜单,在快速访问工具栏中的点击"形状"按钮→在"基本形状"中→选择"六边形"（见图 5-4-8）→在编辑窗口画一个"六边形"→右击"六边形",选择"设置形状格式"选项→选"填充"选项卡→设置六边形的颜色。

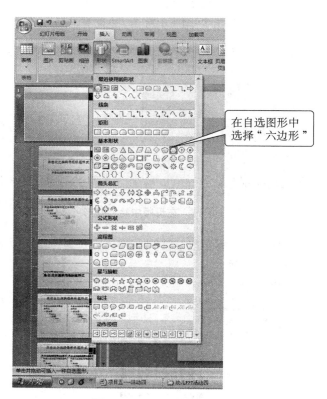

图 5-4-8 设置形状格式

同理,在阴影选项卡中设置六边形的阴影,如图 5-4-9 所示。

（4）参考上述步骤绘制其余图形,创建一个有自己独特风格的幻灯片母版,如图 5-4-10 所示,

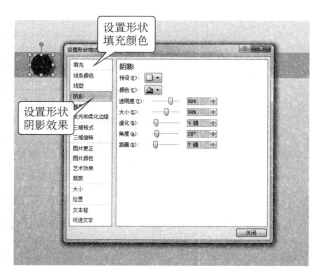

图 5-4-9 设置形状颜色

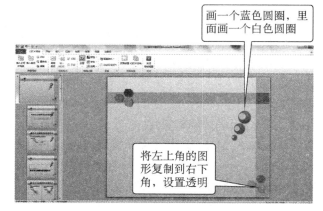

图 5-4-10 创建幻灯片母版

并"关闭母版视图"。

三、创建第一张幻灯片

1. 插入艺术字标题及副标题

2. 创建小标题

（1）制作小标题的背景：插入菜单→"形状"→"矩形"→"圆角矩形"→在编辑区域绘制圆角矩形。右击圆角矩形→设置"形状格式",在其各选项中设置圆角矩形的边框、填充颜色及阴影效果。将该图形复制 5 个,按样例排列。

（2）添加小标题文字：右击"圆角矩形"→"编辑文字"→输入小标题"认真听课的习惯"。同理,给其他 5 个"圆角矩形"添加文字,如图 5-4-11 所示。

3. 改变超链接文字的颜色

选择"设计"菜单→在"颜色"下拉列表中选择"新建主题颜色",在弹出的对话框中调整"超链接"的颜色和"已访问超链接"的颜色,如图 5-4-12 所示。

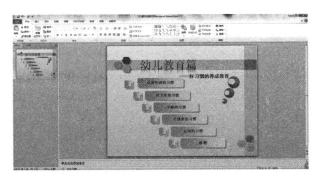

图 5 - 4 - 11 创建各级标题

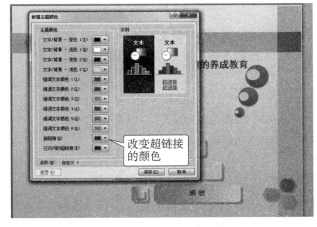

图 5 - 4 - 12 修改超链接颜色

四、创建第二张幻灯片

1. 插入艺术字标题

2. 插入图片并编辑图片格式

插入菜单→"图片",从素材中选择所需的图片→调整图片的大小与位置→单击插入的图片→在弹出的"图片工具-格式"选项卡中选择喜好的图片样式,如图 5 - 4 - 13 所示。

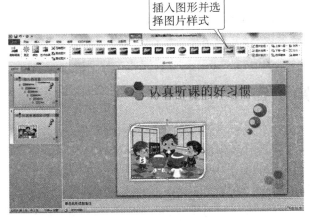

图 5 - 4 - 13 插入图片并编辑图片样式

3. 插入形状

插入菜单→形状→在下拉列表中选择"圆角矩形"→在幻灯片编辑区域绘制圆角矩形,单击圆角矩形→在弹出的快速访问工具栏中选择"形状效

果"→"三维旋转"→"倾斜"→"倾斜右上",如图 5 - 4 - 14 所示。

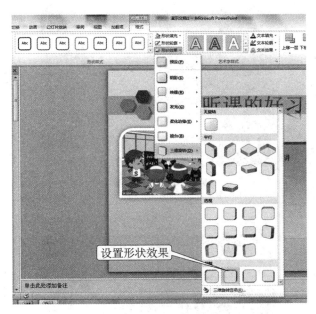

图 5 - 4 - 14 插入形状

4. 设置形状格式

右击圆角矩形→选取"设置形状格式"选项,弹出"设置形状格式"对话框,单击"填充"→在填充选项卡中选择"渐变填充"→在"预设颜色"中选择"雨后初晴",单击"三维格式"→在"三维格式"选项卡中设置棱台底端和顶端的宽度和高度。本例中宽度和高度均为"1.1",设置深度为"34",颜色为"蓝色",如图 5 - 4 - 15 所示。

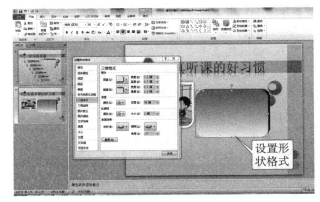

图 5 - 4 - 15 设置形式格式

5. 插入文字

选择已插入的形状,右击→选择"编辑文字"选项,从素材中选取相应的文字材料复制,并粘贴到当前位置,排列文字,并设置其字体、字号、颜色及项目符号等。

五、创建第三、四张幻灯片

参考上述步骤完成第三、四张幻灯片的制作,分别如图5-4-16、图5-4-17所示。

图5-4-16　样例1

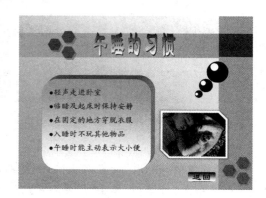

图5-4-17　样例2

六、创建第五张幻灯片

1. 插入艺术字标题

2. 插入表格

单击"插入"菜单→在快速访问工具栏中选择"表格"→设置"2行5列",在表格中输入从素材中选取的相关内容,如图5-4-18所示。

3. 插入图表

选中表格的全部内容→右击"复制",将表格内容复制到剪贴板,选择"插入"菜单→选择"图表",在弹出的数据表中选中原有的内容,并右击选择

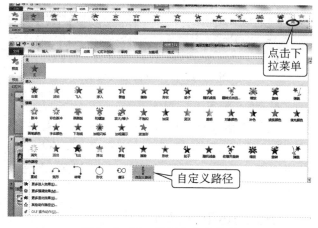

图5-4-20　绘制自定义路径

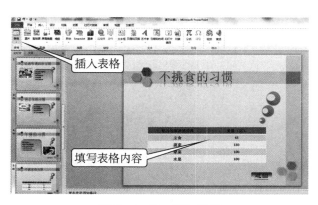

图5-4-18　插入表格

"删除"→再"粘贴"当前表格的内容,如图5-4-19所示,在编辑区域将出现对应的图表。

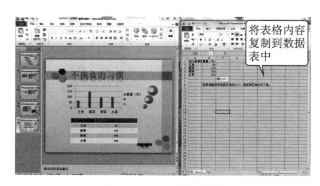

图5-4-19　插入图表

4. 设置图表格式

选中"图表"右击,可以对"图表类型"、"图表区格式"进行设置。

七、完成幻灯片的创建

参考上述步骤,完成其余幻灯片的创建。

参考活动三,设置"幻灯片切换"、"幻灯片动画效果"、"幻灯片链接"以及"幻灯片返回"。

八、保存文件并放映幻灯片

以"幼儿教育篇"为文件名保存文件,并放映幻灯片。

知识链接

设置自定义动画路径

如果对系统内的动画路径(动画运动轨迹)不满意,可以自行设定动画路径。设定动画路径的方法如下:

(1)选中需要设置动画的对象,单击"动画"菜单→选择"自定义动画"按钮→弹出"自定义动画"任务窗格→单击"添加效果"按钮→选择"动作路径"→"绘制自定义路径"→选择某个选项(如"曲线"),如图5-4-20所示。

(2)鼠标变成细十字线状后,可以根据需要在

工作区中描绘动画的路径。全部路径描绘完成后，双击鼠标结束路径设置，路径设置效果如图5-4-21所示。选择的对象将沿着自定义的路径运动。

图5-4-21 绘制自定义曲线

自主实践活动

制作一份"有声有色"的数码照相机产品服务宣传文稿。能按需要设置统一的背景，插入并设置声音、视频文件，能自动播放演示文稿。

参考样张如图5-4-22所示。

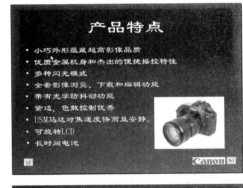

图5-4-22 样张

综合活动 "让感恩走进心灵"主题班会演示文稿的制作

活动要求

感恩是一种生活态度，是每个人生活中不可或缺的阳光雨露。每一个人自打出生起，就领受着父母的

养育之恩;上学时,领受着老师的教导之恩;工作后,又领受同事的关怀帮助之恩。人们总是从社会这个大环境中不断领受着各种恩德,如果人与人之间缺乏感恩的心,必然会导致人际关系的冷淡。每个人都应该心怀感恩,对于现在的孩子来说尤其重要。

根据当前大多数独生子女所表现出的自己获得的一切都是理所当然这样一种无所谓的态度,班委会拟进行"让感恩走进心灵"主题班会活动,激发学生爱的情感,引领学生学会感恩、善于感恩,使学生明白:在家感恩父母,对家庭负责;在学校感恩教师和同学,对学校对班级负责;感恩生存的社会,对社会负责。以实际行动回报家庭、学校和社会,报效祖国。

活动分析

一、活动任务

(1)小组合作讨论,明确主题班会的主题并规划各个环节,制定节目单。

(2)使用网络搜索引擎查找相关素材,依据主题进行整理和筛选。

(3)对获取的素材进行加工和处理,并依此合理布局页面内容。

(4)使用多媒体演示文稿制作软件进行文稿制作,设计演示文稿版式,设置内容对象格式,添加超链接、动画、幻灯片切换等动态效果,使其主题鲜明、有声有色。

二、活动分析

(1)小组合作讨论选取什么内容作为主题班会的主题? 根据主题可将班会划分为哪几个环节? 每个环节可以设置哪些相应的节目?

(2)使用网络搜索引擎查找相关素材时,可以选取哪些词作为搜索的关键词? 怎样搜索才能更加高效便捷?

(3)演示文稿怎样布局比较合理? 如何设计文字、图片等比较美观?

(4)把素材文件插入多媒体演示文稿,制作主题班会演示文稿。

(5)在演示文稿中如何设置超链接、动画、幻灯片切换效果等,才能使演示文稿比较生动活泼、有声有色?

方法与步骤

一、素材准备

(1)使用网络搜索引擎查找信息。

① 到网上寻找关于感恩的诗歌、演讲稿;

② 下载以"感恩"为主题的音乐、歌曲;

③ 到网上收集以"感恩"为主题的小测试题。

(2)通过写作周记,尝试用欣赏的目光看待自己的周围,品味自己所感触到的关心与爱护。

(3)创作以"感恩"为主题的小品。

二、信息整理

(1)确定主题班会的主题、封面。

(2)确定主题班会的节目单。

(3)每个节目进行内容整理,并填入如表5-5-1所示的节目单。

表5-5-1 主题班会节目单

节目名称	相关内容	所需素材	备注
例1."感恩母爱"演讲	"感恩母爱"演讲稿	背景音乐:歌曲《感恩的心》	将音乐播放器与PPT建立超链接
例2.观视频谈体会	"感恩"视频	"感恩"视频	在PPT中插入视频素材,注意控制时间

三、演示文稿的制作

设计一份"让感恩走进心灵"的多媒体演示文稿。

具体要求如下:

(1)能体现主题班会的整个过程。

(2)演示文稿布局合理,配色美观大方。

（3）演示文稿生动活泼、有声有色。

（4）设计演示文稿的母版，使其个性鲜明。

（5）在演示文稿中注意将超链接、动画、幻灯片切换效果设置得生动活泼、有声有色。

综合测试

第一部分 知识题

一、选择题

1. PowerPoint 中用自选图形在幻灯片添加文本时，在菜单栏中选（　　）菜单开始。

　　A．视图　　　　　　　B．插入　　　　　　　C．设计　　　　　　　D．切换

2. 以下是 PowerPoint 特有菜单项的是（　　）。

　　A．视图　　　　　　　B．插入　　　　　　　C．幻灯片放映　　　　D．页面布局

3. 在幻灯片的放映过程中，要中断放映可以直接按（　　）键。

　　A．【Alt＋F4】　　　　B．【Ctrl＋X】　　　　C．【Esc】　　　　　　D．【End】

4. 在 PowerPoint 中，【F7】的功能是（　　）。

　　A．打开文件　　　　　B．拼写检查　　　　　C．打印预览　　　　　D．样式检查

5. 幻灯片的切换方式是指（　　）。

　　A．在编辑新幻灯片时的过渡形式

　　B．在编辑幻灯片时切换不同的视图

　　C．在编辑幻灯片时切换不同的设计模板

　　D．在幻灯片放映时两张幻灯片间的过渡形式

6. 在 PowerPoint 中，文字区的插入条光标存在，证明此时是（　　）状态。

　　A．移动　　　　　　　B．文字编辑　　　　　C．复制　　　　　　　D．文字框选取

7. 在幻灯片中，模板设置可以起到的作用是（　　）。

　　A．统一整套幻灯片的风格　　　　　　　　　B．统一页码

　　C．统一图片内容　　　　　　　　　　　　　D．统一标题内容

8. 在 PowerPoint 中，若需将幻灯片从打印机输出，可以用下列快捷键中的（　　）。

　　A．【Shift＋P】　　　B．【Shift＋L】　　　　C．【Ctrl＋P】　　　　D．【Alt＋P】

9. 在 PowerPoint 中，打开一个已经存在演示文稿的常规操作是（　　）。

　　A．单击"插入"菜单中的"文件"命令，在其对话框的"文件名"框中选择需要打开的演示文稿，最后单击"确定"按钮

　　B．单击"开始"菜单中的"文件"命令，在其对话框的"文件名"框中选择需要打开的演示文稿，最后单击"打开"按钮

　　C．单击"视图"菜单中的"打开"命令，在"打开"对话框的"文件名"中选择需要打开的演示文稿，最后单击"确定"按钮

　　D．单击"文件"菜单中的"打开"命令，在"打开"对话框的"文件名"中选择需要打开的演示文稿，最后单击"打开"按钮

10. 在 PowerPoint 中设置文本的字体时，下列关于字号的叙述，正确的是（　　）。

　　A．字号的数值越小，字体就越大　　　　　　B．字号是连续变化的

　　C．66 号字比 72 号字大　　　　　　　　　　D．字号决定每种字体的尺寸

11. 在 PowerPoint 中设置文本的字体时，要想使所选择的文本字体加粗，在常用工具栏中的快捷按钮是下列选项中的（　　）。

　　A．B　　　　　　　　B．U　　　　　　　　　C．I　　　　　　　　　D．S

12. 在 PowerPoint 中，下列关于设置文本段落格式的叙述，正确的是（　　）。

　　A．图形不能作为项目符号

　　B．设置文本的段落格式时，要从常用菜单栏的"插入"菜单进行

　　C．行距可以是任意值

　　D．以上说法全不对

13. 在 PowerPoint 中，插入图片操作时插入的图片必须满足一定的格式，在下列选项中不属于图片格式的后缀是（　　）。

　　A．bmp　　　　　　　B．wmf　　　　　　　　C．jpg　　　　　　　　D．mps

14. 在 PowerPoint 中，不能对个别幻灯片内容进行编辑修改的视图方式是（　　）。

　　A．大纲视图　　　　　B．幻灯片视图　　　　　C．幻灯片浏览视图　　D．以上 3 项均不能

15. 在 PowerPoint 中，下列关于在幻灯片中插入图表的说法错误的是（　　）。

　　A．可以直接通过复制和粘贴的方式将图表插入幻灯片中

B．对不含图表占位符的幻灯片可以插入新图表

C．只能通过插入包含图表的新幻灯片来插入图表

D．双击图表占位符可以插入图表

16．对于演示文稿中不准备放映的幻灯片，可以使用（　　　　）下拉菜单中的"隐藏幻灯片"命令隐藏。

 A．插入   B．视图   C．幻灯片放映   D．设计

17．若要在 PowerPoint 中插入图片，下列说法错误的是（　　　　）。

 A．允许插入在其他图形程序中创建的图片

 B．为了将某种格式的图片插入幻灯片中，必须安装相应的图形过滤器

 C．选择"插入"菜单中的"图片"命令，再选择要插入的图片

 D．在插入图片前不能预览图片

18．在 PowerPoint 中，下列关于表格的说法错误的是（　　　　）。

 A．可以向表格中插入新行和新列   B．不能合并和拆分单元格

 C．可以改变列宽和行高   D．可以给表格添加边框设计

19．在 PowerPoint 中水平标尺上移动的细线，指明了（　　　　）。

 A．当前指针相对于幻灯片左边的位置   B．当前指针相对于幻灯片中心的位置视图

 C．当前指针相对于幻灯片右边的位置   D．在开始移动对象之前，它的开始位置设计

20．当向演示文稿中插入特殊字符和符号时，正确的操作步骤是（　　　　）。

 A．"开始"菜单中的"符号"命令   B．"插入"菜单中的"符号"命令

 C．"开始"菜单中的"项目符号"命令   D．"插入"菜单中的"项目符号"命令

二、判断题（正确的打"√"，错误的打"×"。）

1．在 PowerPoint 的窗口中，无法改变各个区域的大小。   （　　　）

2．PowerPoint 文档在保存时也可以设置密码对它加以保护。   （　　　）

3．在 PowerPoint 中，当本次复制文本的操作成功之后，上一次复制的内容自动丢失。 （　　　）

4．在 PowerPoint 中，创建表格的过程中如果插入操作错误，不可以点击工具栏上的"撤销"按钮。 （　　　）

5．PowerPoint 设置行距时，行距值有一定的范围。   （　　　）

6．在 PowerPoint 中，应用设计模板设计的演示文稿无法进行修改。   （　　　）

7．演示文稿在放映中可以使用绘图笔进行实时圈点标注。   （　　　）

8．在 PowerPoint 中，幻灯片的切换方式只能一张张设置。   （　　　）

9．在 PowerPoint 中，在大纲视图模式下可以实现在其他视图中可实现的一切编辑功能。 （　　　）

10．PowerPoint 中用文本框内的工具在幻灯片中添加图片操作，文本插入完毕后在文本上留有边框。

三、填空题

1．PowerPoint 演示文稿的缺省扩展名为（　　　　　　）。

2．在 PowerPoint 中，重复上一动作的功能快捷键是（　　　　　　）。

3．在 PowerPoint 中，功能键【F6】的功能是（　　　　　　）。

4．在 PowerPoint 中，粘贴的快捷键是（　　　　　　）。

5．在 PowerPoint 中，创建新的幻灯片时出现的虚线框称为（　　　　　　）。

6．在 PowerPoint 中，要切换到"幻灯片放映"视图模式，可直接按（　　　　　　）键。

7．在 PowerPoint 中，在缺省状态下打开演示文稿的快捷键是（　　　　　　）。

8．在 PowerPoint 中，在（　　　　　　）视图中，用户可以看到画面变成上下两半，上面是幻灯片，下面是文本框，可以记录演讲者讲演时所需的提示重点。

9．在 PowerPoint 中，母版视图工具栏有 3 个按钮，分别是幻灯片母版、讲义母版和（　　　　　　）。

10．在 PowerPoint 中，在打印演示文稿时，在一页纸上能包括几张幻灯片缩图的打印内容称为（　　　　　　）。

第二部分 操作题
"中国非物质文化遗产—重庆代表作"宣传文稿

一、项目背景与任务

  为推动国家非物质文化遗产的抢救、保护与传承，我国设立了"中国非物质文化遗产代表作"制度，鼓励公民积极参与非

物质文化遗产的保护工作。2006 年 5 月,国务院公布我国第一批国家级非物质文化遗产代表作。

　　请运用所给的素材,制作"中国非物质文化遗产—重庆代表作"的多媒体演示文稿。

　　最后完成的作品以"重庆代表作.pptx"为文件名,保存在 C 盘根目录下。

二、设计要求

　　(1) 主题明确,列出"中国非物质文化遗产—重庆代表作"的主要形式,图文并茂,版面清晰。

　　(2) 设计不少于 10 张幻灯片,尽可能利用影片或声音,介绍中国非物质文化遗产中 9 个重庆代表作的详细情况和表现形式。

三、制作要求

　　(1) 第一张幻灯片主题为"中国非物质文化遗产",副标题为"重庆代表作",均使用艺术字。之后的 9 张幻灯片分别展示 9 个重庆代表作的照片和文字说明,要求图文并茂,排版合理。

　　(2) 第一张幻灯片必须可以通过代表作的文字列表目录链接到其他页面,每项代表作介绍的演示文稿应该能返回首页。播放时设置切换方式,文字和图片都加上合适的动画效果。

　　(3) 至少有 4 张幻灯片通过超链接等方式,播放相关音频和视频文件。

　　(4) 利用母版设置页眉"世界非物质文化遗产"和统一的"返回"、"结束"按钮。

　　(5) 整套幻灯片要求有统一风格的背景。

四、参考操作方法与步骤

　　1. 演示文档的目录设置和编辑

　　(1) 新建幻灯片:启动 PowerPoint2010,新建 10 张新的幻灯片。

　　(2) 插入艺术字和自选图形:在第一张幻灯片的标题栏中,输入"中国非物质文化遗产",设置字体为"隶书"、"48 磅"、"深红色";插入艺术字"重庆代表作";插入一个自选图形:单击"插入"菜单下的"文本框"工具按钮,再在幻灯片的适当位置点击鼠标左键,在出现的文本框中输入"川江号子",设置合适的字体、大小、颜色和边框;复制 8 个自选图形,将其中的文字分别改成"川剧"、"灯戏"等重庆代表作的 9 个项目,并且设置合适的宽度和位置。

　　(3) 插入图片:插入一张介绍重庆代表作的图片,并且设置合适的大小和位置,如图 5 - 6 - 1 所示。

　　(4) 制作第二至第十张幻灯片:在第二张幻灯片的标题处,插入艺术字"川江号子",并且设置合适的字体、大小、颜色和位置。再插入"川江号子"的相关图片和说明文字。用同样的方法,制作另外 8 张重庆代表作幻灯片。

图 5 - 6 - 1　第一张幻灯片

　　(5) 设置模板:选中第一张幻灯片,单击"设计"菜单,在主题中选择合适的幻灯片设计模板,右键单击该设计模板,选择"应用于所有幻灯片",则将整套幻灯片设置成统一风格的模板。

　　2. 设置超链接、页眉、返回和结束按钮

　　(1) 设置超链接:选中第一张幻灯片上的目录"川江号子"自选图形,单击右键,在快捷菜单中选择"超链接"命令,在弹出的"插入超链接"列表框中,选择"本文档中的位置"→"第二张幻灯片",单击"确定"按钮,如图 5 - 6 - 2 所示。

图 5 - 6 - 2　添加超链接

图 5 - 6 - 3　选择幻灯片母版

　　(2) 用母版设置页眉和"返回"、"结束"按钮。

　　① 进入"幻灯片母版"设置:选中第一张幻灯片,选择"视图"→"幻灯片母版"命令,如图 5 - 6 - 3 所示,进入幻灯片母版的

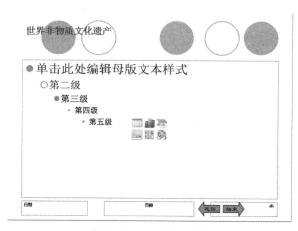

图 5-6-4　编辑母版

编辑模式。

② 设置页眉：打开"幻灯片母版"，单击"插入"菜单→"文本框"命令，在第一张幻灯片的左上角空白处，用鼠标拖曳出一个"文本框"，并输入文字"世界非物质文化遗产"，并设置合适的大小、颜色。

③ 设置按钮：选择"插入"菜单下的"形状"→"动作按钮"→选择合适的按钮，在第一张幻灯片的右下角空白处，用鼠标拖曳出一个"返回"按钮和一个"结束"按钮，并且设置合适的大小、颜色和位置，如图 5-6-4 所示。

单击"幻灯片母版"→"关闭母版视图"按钮，返回幻灯片的普通视图页面。这时，可以看到整套幻灯片每张都有"世界非物质文化遗产"页眉和"返回"、"结束"按钮。

（3）幻灯片的切换和动画设置。

① 幻灯片切换：单击"切换"菜单，选择合适的切换方式，本例选"水平百叶窗"，如图 5-6-5 所示。

图 5-6-5　设置幻灯片切换方式

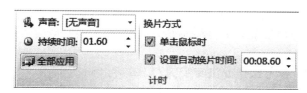

图 5-6-6　切换方式全部应用

如果要把整套幻灯片设置成相同的切换方式，则单击视窗右侧的"全部应用"按钮即可，如图 5-6-6 所示。

② 设置对象动画：选中要设置动作的对象，选择"动画"菜单下"添加动画"命令，如图 5-6-7 所示。选择合适的动画动作，如"进入"→"飞入"。单击"动画窗格"工具按钮，在屏幕右侧打开"动画窗格"，可以显示已添加动画的对象，如图 5-6-8 所示。

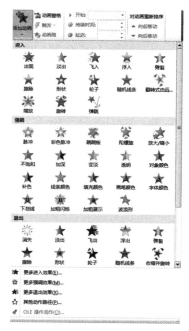

图 5-6-7　设置动画

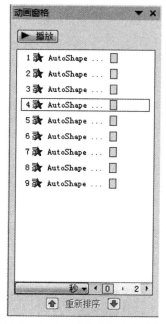

图 5-6-8　在"动画窗格"中添加动画对象

（4）插入声音、视频文件。

① 插入声音文件。

● 插入文件：单击"插入"菜单的"音频"→"文件中的音频"命令，如图 5-6-9 所示。在弹出的"插入音频"对话框中，选择需要插入的音频文件，单击"确定"按钮，如图 5-6-10 所示。随后幻灯片中间出现音频"小喇叭"图标，默认设置为单击时开始播放,在演示文稿放映到该张幻灯片时,单击"小喇叭"图标,音频文件开始播放。

图 5-6-9　插入音频

图 5-6-10　选择音频文件

这样,插入的音乐只对所选择的那张幻灯片起作用,如果音频文件没有放完,幻灯片不再往下播放;等到单击播放下一张幻灯片时,音频文件则停止播放。

● 自定义播放:如果需要给部分或全部幻灯片加上连续的背景音乐,又不影响幻灯片的正常放映,可以选择"动画"菜单下的"动画窗格"命令,在打开的动画窗格中右键单击音频文件,选择"效果选项",如图 5-6-11 所示。打开"播放音频"对话框,设置音频的"开始播放"和"停止播放"选项,如图 5-6-12 所示,这样就可以轻松控制指定的背景音乐,在指定的部分幻灯片或全部幻灯片中连续播放。

● 循环播放:单击音频"小喇叭"图标,选择"播放"菜单,勾选"循环播放,直到停止"选项。为了不影响幻灯片的视觉效果,可以顺便勾选"放映时隐藏"选项,如图 5-6-13 所示。

图 5-6-11　动画效果选项

图 5-6-12　音频播放设置

图 5-6-13　循环播放设置

② 设置超链接视频文件:在第二张幻灯片左下角插入一个自选图形,编辑文字为"播放川江号子",选择该自选图形,单击右键,在快捷菜单中选择"超链接"命令,在弹出的"插入超链接"对话框的列表框中,选择相应的视频文件,单击"确定"按钮。用同样方法,设置每张幻灯片需要播放的视频文件,编辑相应的"超链接"即可。

(5) 保存文件。单击"另存为"命令,将文件以"重庆代表作.pptx"为文件名保存在 C 盘根目录下。

3. 参考样张

参考样张如图 5 - 6 - 14 所示。

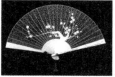

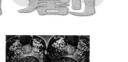

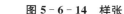

图 5 - 6 - 14　样张

归纳与小结

利用演示文稿制作软件的基本流程如图5-7-1所示。

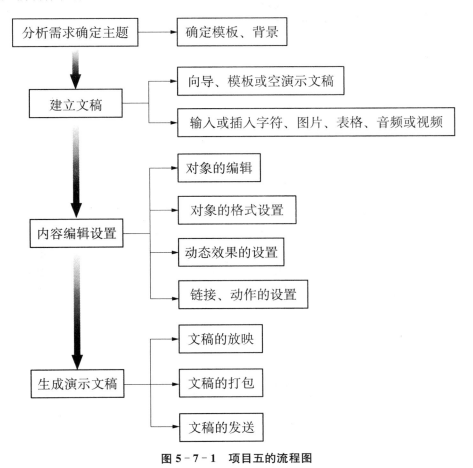

图5-7-1 项目五的流程图

项目六 电子表格

幼儿在园表现及身体素质情况的统计与分析

在幼儿园中幼儿在园表现情况和幼儿身体素质情况是家长和幼儿园老师所共同关心的问题,幼儿在园情况包括幼儿一周在园情况和一个学期情况,包括幼儿的入园、进餐、教育、游戏活动的表现;幼儿身体素质情况包括幼儿的年龄、身高、体重、立定跳远等身体素质的相关数据。幼儿园应该对幼儿的在园表现情况和幼儿的身体素质情况进行客观的观察与记录,通过量化的统计与分析,实现对幼儿成长情况的实时掌握与动态追踪。

在统计分析之前,首先要对幼儿在园情况及各项素质情况进行量化统计,获取幼儿的在园表现情况以及身体素质的相关数据。有些数据可以直接获取的,有些数据是通过统计得到的。通过本项目的完成,要学会输入数据,使用公式与函数计算各种统计值,最后生成柱形图和折线统计图等各种图表,更加直观、清晰地帮助分析幼儿的成长情况。

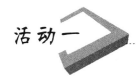

活动一 幼儿一周在园情况的评价与分析

活动要求

好孩子幼儿园制定了"幼儿一周在园情况的评价标准",如表6-1-1所示。

表6-1-1 幼儿一周在园情况的评价标准

项目内容	评价标准	权重
入园	(1) 有礼貌地向教师和小朋友问早	0.3
	(2) 将自带衣物整齐地叠放在固定的地方	0.3
	(3) 愉快地参加力所能及的晨间劳动	0.4
进餐	(1) 正确使用餐具,会干稀饭菜搭配吃	0.3
	(2) 吃东西时不随便讲话,细嚼慢咽,不咂嘴	0.2
	(3) 不挑食,不剩饭,保持衣物、桌面、地面整洁	0.2
	(4) 饭后把餐具有规律地放在指定地点	0.1
	(5) 饭后漱口,擦嘴,保持漱口桶(池)前地面整洁	0.2
教育活动	(1) 坐姿端正,双脚并放椅前,双手自然放腿上	0.2
	(2) 注意听别人讲话,不插嘴,不打听	0.2
	(3) 遵守集体活动纪律	0.2
	(4) 学习用品使用后放回原处,摆放整齐	0.2
	(5) 参与活动积极性高,思维活跃	0.2

（续　表）

项目内容	评价标准	权重
游戏活动	（1）取放玩具动作要轻,游戏后把玩具送回原处,摆放整齐	0.2
	（2）能与同伴友好游戏,不争抢玩具	0.3
	（3）遵守各种游戏规则,不在室内大声喊叫影响他人	0.3
	（4）离开活动室外出活动时,把桌椅摆放整齐	0.2
离园	（1）玩具、物品整理好放回原处	0.4
	（2）带好自己的衣物	0.3
	（3）有礼貌地向老师、小朋友告别说"再见"	0.3

　　幼儿园每周都会对每个幼儿的在园一周情况进行量化的统计。例如,李小明小朋友在第二周的在园表现情况如下:早上很有礼貌地向老师和小朋友问早;吃饭时不随便讲话;饭后将餐具放在指定地点;在游戏过程中,和小朋友争抢玩具;游戏活动结束后,把玩具送回原处,但没有摆放整齐……

　　根据表6-1-1给出的幼儿一周在园情况的评价标准,设计一张表格,对李小明小朋友的在园表现进行打分记录。然后通过公式或函数,计算李小明当天的入园、进餐、教育活动、游戏活动、离园等方面的得分,进而对李小明的表现进行评价。为了让表格更加美观和直观醒目,需要设置表格的格式。

　　参考样例如图6-1-1所示。

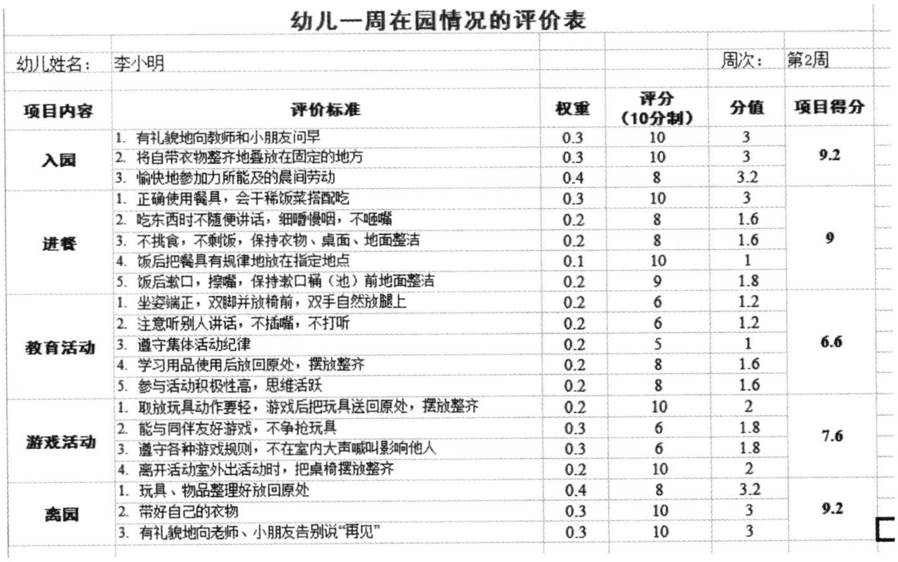

图6-1-1　幼儿一周在园情况评价表的样例

活动分析

一、思考与讨论

　　（1）要全面地评价一个幼儿的在园表现,应该对幼儿哪些方面的表现进行观察与记录?

　　（2）在Word中已经学习了表格的设计,根据要求表格应该设计成几列几行? 每列各表示什么信息? 每行分别表示什么信息? 请在纸张上规划设计幼儿一周在园情况的评价表。

　　（3）要计算李小明小朋友一周中在入园、进餐、教育活动、游戏活动、离园等各子项目方面表现的得分,每个子项目包含多少个观测评价指标? 每个指标都有权重,以"入园"为例计算李小明小朋友的得分。

　　（4）为了更加美观和清晰,幼儿一周在园情况评价表的各个部分应该怎样设置格式?

二、总体思路

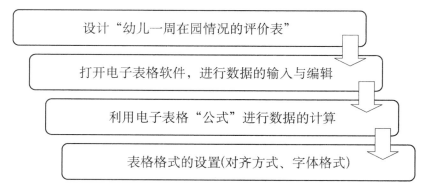

图 6-1-2　活动一的流程图

方法与步骤

一、设计"幼儿一周在园情况的评价表"

表格设计的内容具体包括：确定表格数据的构成；确定表格数据项目的名称；确定各项数据的位置与相互次序。表 6-1-2 仅供参考。

表 6-1-2　幼儿一周在园情况的评价表

幼儿姓名：_____　　　　　　　　周次：_____周

项目内容	评价标准	权重	评分（10 分制）	分值	项目得分
入园	（1）有礼貌地向教师和小朋友问早	0.3			
	（2）将自带衣物整齐地叠放在固定的地方	0.4			
	（3）愉快地参加力所能及的晨间劳动	0.4			
进餐	（1）正确使用餐具，会干稀饭菜搭配吃	0.3			
	（2）吃东西时不随便讲话，细嚼慢咽，不咂嘴	0.2			
	……				
……	……				
	……				

注：分值 = 权重 * 评分。

二、运行 Excel 并认识 Excel 窗口界面

1. 运行 Excel

单击"开始"→"所有程序"→"Microsoft Office"→"Microsoft Office Excel 2010"。

2. 讨论 Excel 和 Word 的相同点与不同点，它们的工具栏有相同之处吗？哪些按钮是新的？

3. 认识 Excel 窗口界面，认识行、行号、列、列标、单元格等，如图 6-1-3 所示。

三、输入表格内容，进行数据统计

1. 输入表格内容

（1）输入电子表格的标题。单击要输入内容的单元格，输入单元格的内容，如图 6-1-4 所示。

（2）把文字处理软件中的内容复制到电子表格软件中。

在单元格 A3 中输入"幼儿姓名"，在单元格 B3

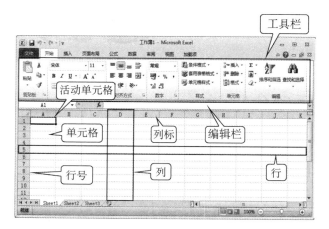

图 6-1-3　Excel 窗口

中输入"李小明"，在单元格 E3 中输入"周次："，在单元格 F3 中输入"第 2 周"。

可以把"幼儿一周在园情况的评价标准.doc"

图 6-1-4 **Excel 工作表的窗口**

文件中的表格内容复制到电子表格软件相应的单元格中,具体操作步骤如下:

① 打开"幼儿一周在园情况的评价标准.doc"文件,选择表格内容。

② 选择"开始"选项卡,在"剪贴板"组中选择"复制"按钮。

③ 切换到电子表格软件,单击单元格 A5。

④ 选择"开始"菜单,在"剪贴板"组中选择"粘贴"按钮下方的向下三角箭头,选择"选择性粘贴",方式选择"文本",将文字处理软件中的评价标准文本内容复制到电子表格软件的表格中,如图 6-1-5所示。

图 6-1-5 **从文字处理软件中复制文本内容到电子表格中**

(3) 输入电子表格的其他列标题文字内容。

在单元格 D3 中输入列标题"评分(10 分制)",在单元格 E3 中输入列标题"分值",在单元格 F3 中输入列标题"项目得分"。

(4) 在列标题"评分(10 分制)"下输入李小明小朋友的每个具体评价内容的分数。

(5) 保存新建的 Excel 文件,文件命名为"幼儿

一周在园情况的评价表。"

2. 数据统计

用公式计算幼儿入园、进餐、睡眠等项目的具体指标分值及各项目得分。

(1) 讨论:具体指标分值应该怎样计算? 计算公式是什么?

(2) 运用公式计算李小明同学该日在"入园"项目第一条指标的分值,如图 6-1-6 所示。

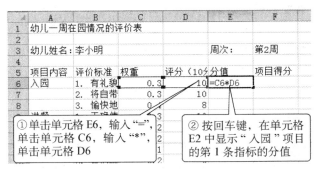

图 6-1-6 **公式的使用 1**

点拨

在 Excel 中输入公式时,必须先输入等号"="。

(3) 将鼠标指针移到单元格 E6 右下角的方形小黑点(填充柄)上,此时鼠标指针变成黑色"十"字形状;按住鼠标左键的同时向下进行拖曳,一直拖曳到单元格 E25,即可计算完成所有指标分值的计算。

(4) 讨论:"入园"项目共包括 3 条指标,那么"入园"项目的项目得分应该怎样计算? 可计算公式是什么? 可参见图 6-1-7。

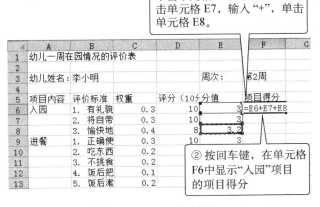

图 6-1-7 **公式的使用 2**

使用同样的方法,在单元格 F9 中计算"进餐"

项目得分、在单元格 F14 中计算“教育活动”项目得分，在单元格 F19 中计算“游戏活动”项目得分，在单元格 F23 中计算“离园”项目得分。

四、表格格式的设置

为了使表格更加美观，需要对表格进行格式设置。

1. 列宽的调整

表格 B 列的宽度太窄，内容显示不完整，需要调整列的宽度。

单击列号“B”，选中整个一列；单击“开始”选项卡，在“单元格”组中选择“格式”按钮，在弹出的下拉列表中选择“自动调整列宽”，如图 6－1－8 所示。

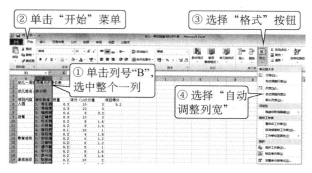

图 6－1－8　列宽的调整

2. 标题格式的设置

(1) 首先选择标题所在单元格 A1，设定标题的字体和颜色，如图 6－1－9 所示。

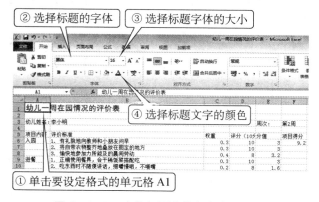

图 6－1－9　表格标题字体与颜色的设置

(2) 设定标题的对齐方式，把表格标题显示在表格的中间位置。

选择单元格 A1 到 F1，设定标题的合并对齐方式，如图 6－1－10 所示。

3. 表格内容的格式设置

除了对表格的标题进行格式设置外，还可以对表格内容进行格式设置，包括字体、对齐方式、数据显示格式、边框和填充颜色等。

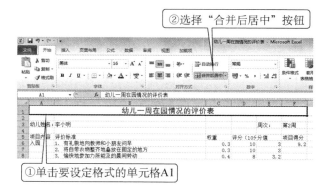

图 6－1－10　表格标题合并对齐方式的设置

首先要选择相应的单元格，单击“开始”选项卡，在“单元格”组中选择“格式”按钮，在下拉列表中选择“设置单元格格式”，弹出“设置单元格格式”对话框。(也可以右击相应的单元格，在弹出的快捷菜单中选择“设置单元格格式”，弹出“设置单元格格式”对话框)。

然后选择各选项卡，进行格式设置。

(1) 合并单元格：选择单元格 A6 到 A8，鼠标右击，在弹出的下拉菜单中选择“设置单元格格式”，在弹出的“设置单元格格式”对话框中，选择“对齐”选项卡，选择“水平对齐”和“垂直对齐”的文本对齐方式，文本控制选择“合并单元格”，单击“确定”。

用同样方法设置各个项目的项目内容和项目得分单元格的对齐方式。

(2) 设置单元格字体：设置表格列标题的字体。选择单元格 A5 到 F5，鼠标右击，在弹出的下拉菜单中选择“设置单元格格式”，在弹出的“设置单元格格式”对话框中，选择“字体”选项卡，选择合适的字体和字体大小。

用同样的方法对表中相应的单元格进行字体的设置。

对表格内容进行格式设置的结果如图 6－1－11 所示。

幼儿一周在园情况的评价表

幼儿姓名：	李小明			周次：	第2周
项目内容	评价标准	权重	评分（10分制）	分值	项目得分
入园	1. 有礼貌地向教师和小朋友问早	0.3	10	3	9.2
	2. 将自带衣物整齐地叠放在固定的地方	0.3	10	3	
	3. 愉快地参加力所能及的晨间劳动	0.4	8	3.2	
进餐	1. 正确使用餐具，会干稀饭菜搭配吃	0.3	10	3	9
	2. 吃东西时不随便讲话，细嚼慢咽，不咂嘴	0.2	8	1.6	
	3. 不挑食，不剩饭，保持衣物、桌面、地面整洁	0.2	8	1.6	
	4. 饭后把餐具有规律地放在指定地点	0.1	10	1	
	5. 饭后漱口，擦嘴，保持漱口桶（池）前地面整洁	0.2	9	1.8	
教育活动	1. 坐姿端正，双脚并放椅前，双手自然放腿上	0.2	6	1.2	6.6
	2. 注意听别人讲话，不插嘴，不打听	0.2	6	1.2	
	3. 遵守集体活动纪律	0.2	5	1	
	4. 学习用品使用后放回原处，摆放整齐	0.2	8	1.6	
	5. 参与活动积极性高，思维活跃	0.2	8	1.6	
游戏活动	1. 取放玩具动作要轻，游戏后把玩具送回原处，摆放整齐	0.2	10	2	7.6
	2. 能与同伴友好游戏，不争抢玩具	0.3	6	1.8	
	3. 遵守各种游戏规则，不在室内大声喊叫影响他人	0.3	6	1.8	
	4. 离开活动室外出活动时，把桌椅摆放整齐	0.2	10	2	
离园	1. 玩具、物品整理好放回原处	0.4	8	3.2	9.2
	2. 带好自己的衣物	0.3	10	3	
	3. 有礼貌地向老师、小朋友告别说“再见”	0.3	10	3	

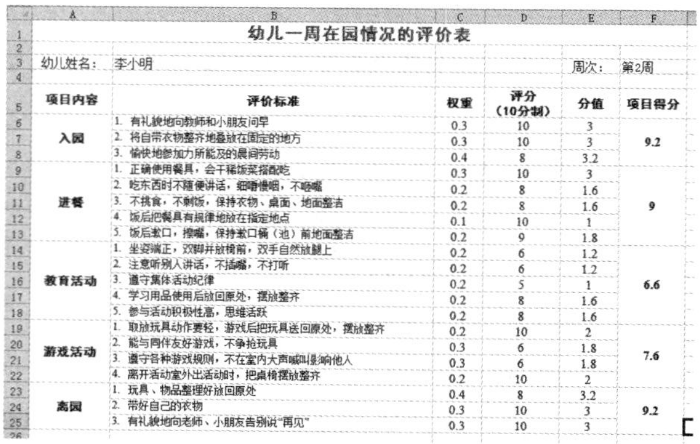

图 6－1－11　表格内容格式设置的结果

4. 比较

电子表格软件中表格的格式设置与文字处理软件中表格的格式设置有什么异同?

对表格进行格式设置,可以自己分步设定表格各个部分的字体、对齐方式、边框等,也可采用套用表格格式和单元格样式。比较这两种方式各有什么优缺点?

知识链接

一、工作簿与工作表的概念

工作表是 Excel 完成工作的基本单位。每张工作表由列和行所构成的"存储单元"组成。这些存储单元被称为"单元格"。输入的所有数据都是保存在单元格中,这些数据可以是一个字符串、一组数字、一个公式、一个图形或声音文件等。

工作簿是指 Excel 环境中用来储存并处理工作数据的文件,也就是说 Excel 文档就是工作簿,它是 Excel 工作区中一个或多个工作表的集合,其扩展名为"xlsx"(Excel 2010 之前版本的扩展名为"xls"),每一本工作簿可以拥有许多不同的工作表。

工作簿和工作表的关系就像书本和页面的关系,每个工作簿中可以包含多张工作表,工作簿所能包含的最大工作表数受内存的限制。在 Excel 程序界面的下方,可以看到工作表标签,默认的名称为"Sheet1"。每个工作表中的内容相对独立,通过单击工作表标签,可以在不同的工作表之间进行切换。

二、Excel 的运行与认识

常见的电子表格软件有 Excel 软件、金山电子表格软件等。

1. 认识工作簿与工作表

启动 Excel 后,会自动创建并打开一个新的工作簿。工作簿文件扩展名为". xlsx"。每个工作簿最多可包含 255 个不同类型的工作表,默认情况下一个工作簿中包含 3 个工作表。

Excel 工作表是一个表格,行号用 1, 2, 3, …编号,列号用 A, B, C, …编号。每个工作表由多个纵横排列的单元格构成,每个单元格的地址由列号和行号组成,如单元格 A1、单元格 C4 等。

2. 学习电子表格软件的基本操作

打开光盘中项目六\活动一\素材\神秘单词. XLSX 文件,找出神秘单词并大声朗读这个词。

三、行高、列宽的调整

1. 用鼠标设置行高、列宽

将鼠标光标移动到行号(列号)的边界线上,当鼠标光标变成双箭头时,按下鼠标左键,拖动行号(列号)的下(右)边界来设置所需的行高(列宽),调整到合适的高度(宽度)后松开鼠标左键。

在行的下边界线和列的右边界线上双击,即可将行高、列宽调整到与其中内容相适应。

2. 利用菜单精确设置行高、列宽

方法一:选定所需调整的区域,单击"开始"选项卡,在"单元格"组中单击"格式"按钮,在弹出的下拉菜单中选择"行高"(或"列宽"),然后在弹出的"行高"(或"列宽")对话框中设定行高或列宽的精确值。

方法二:选定需要设置的行或列,单击"开始"选项卡,在"单元格"组中单击"格式"按钮,在弹出的下拉菜单中选择"自动调整行高"(或"自动调整列宽"),将自动调整到最佳的行高或列宽。

四、公式的使用

在电子表格软件中,使用公式可以对表中的数值进行加、减、乘、除等运算,用"+"号表示加,用"-"号表示减,用"*"号表示乘,用"/"表示除;公式中只能使用圆括号,圆括号可以有多层。

在输入公式时,要以等号"="开头。在公式中,还可以用到其他单元格的数据,在计算公式的值时,把其他单元格的值代入公式计算。

五、单元格数据的输入

1. 数据的输入

Excel 常见的数据类型有数值型、文本型、日期型、逻辑性等。在 Excel 中输入数据的一般过程如下:选定要输入数据的单元格,输入数据,按回车键。

在 Excel 输入数字时,其默认为数值型数据。例如,输入电话号码"02150500088",按回车键后自动变成数值 2150500088,前面的"0"自动省去,而在实际需要输入数字文本时,可在数字前先输入单引号"'",可指定后续输入的数字为文本格式,即输入"'02150500088"。

输入的文本默认为左对齐,输入的数值默认为右对齐。

2. 数据的填充

(1)相同数据的自动填充。如果要输入的某行或某列数据具有一定规律,可以使用 Excel 提供的自动填充功能。

图 6-1-12 相同数据的自动填充

例如,在单元格 A1,B1,C1,D1,E1 中都输入"计算机",先在单元格 A1 中输入"计算机",然后单击单元格 A1,鼠标移至单元格 A1 右下角的方形小黑点(填充柄),鼠标指针变成"+"形状,拖曳鼠标到 E1,如图 6-1-12 所示。

(2)数据序列的自动填充。在创建统计表时常常需要输入一些按某规律变化的数据序列(如一月、二月、三月、……;星期一、星期二、……),使用自动填充功能可以方便快捷地完成。

例如,在单元格 A1 中输入"1月",拖曳单元格 A1 右下角的填充柄到单元格 A9,会自动输入 2 月、3 月、……、9 月。

例如,在单元格 A1 中输入"1",在单元格 A2 输入"3",选择区域 A1:A2,拖曳右下角的填充柄到单元格 A9,会自动输入 5,7,……,17。

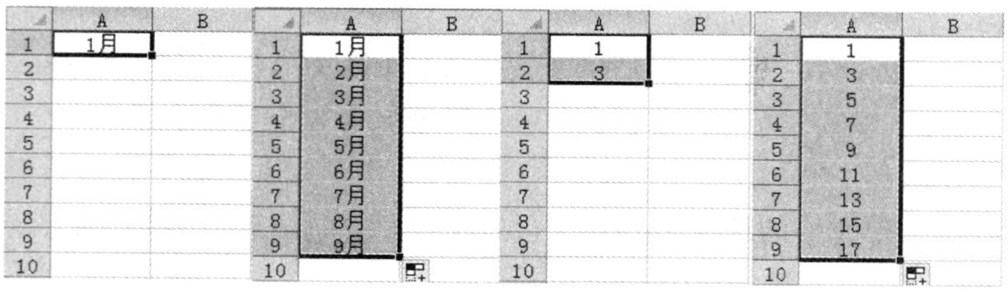

图 6-1-13 数据序列的自动填充

(3)公式与函数的自动填充。例如,在单元格 E6 中输入公式"= C6 * D6",拖曳单元格 E6 右下角的填充柄到单元格 E25,则单元格 E7 到单元格 E25 自动完成公式的填充,其中单元格 E25 的公式自动为"= C25 * D25"。

图 6-1-14 公式与函数的自动填充

 点拨

(1)各种软件的作用互不相同,文字处理软件主要用来处理以文字为主的文档,电子表格软件主要是用来处理数据及表格。要根据自己不同的需要,合理选择处理软件。

（2）在电子表格中可以方便地利用公式和函数进行数据统计。

（3）有些统计数据涉及个人信息，不应当让所有的人知道，注意重要信息的保密性。

自主实践活动

小明是一位在校大学生，每月父母给他一定的生活费，但是由于小明花钱比较随意，每到月底总是钱不够向父母再要钱，父母建议其对每月的支出情况进行记录，并要求小明以季度为单位定期向父母汇报经费使用情况。小明把1月到3月的各类费用支出情况记录在 Word 文档中，请帮助小明用 Excel 进行第一季度消费情况的统计与分析。

（1）设计统计表，表格应该包括小明吃饭费用、交通费用、购买学习用品费用、购买零食费用、其他等各项支出，每项支出要有1月到3月每个月的支出情况。

（2）使用公式计算每个月各项费用支出的合计，计算一个季度每项支出的合计，计算一个季度中各项支出占季度总支出的比例。

（3）统计表格进行格式的设置，要求清晰和醒目。

（4）进行统计表数据的分析。从统计表中获得的信息中得出结论。

活动二 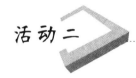 幼儿一周在园情况的班级统计与分析

活动要求

好孩子幼儿园中（2）班有20名小朋友，他们第2周在园的表现情况以表格形式已经保存在 Word 文档中。幼儿园要求老师准确地分析班级小朋友一周在园表现情况，请帮助老师对自己班级小朋友一周在园表现情况进行统计与分析。统计班级整体在入园、进餐等各个方面的表现，找出一周总体表现最好的5名小朋友。撰写"中（2）班幼儿一周在园表现情况的班级分析报告"，报告中要有数据表，还要有统计图，通过统计图能十分清晰地看出小朋友在哪些方面的行为表现较好，哪些方面的行为还有待进一步规范和引导；最后要对班级的表现情况进行文字分析，为幼儿园领导和中（2）班教师进一步制定教学计划提供有力的依据。

参考样例如图6-2-1所示。

活动分析

一、思考与讨论

（1）把中（2）班所有幼儿一周在园表现情况数据保存在文字处理软件的表格中，如何找出当天表现最好的5位小朋友？Word 表格中的数据能便捷地使用公式或函数进行统计吗？

中(2)班幼儿一周在园的表现情况

序号	姓名	入园	进餐	睡眠	教育活动	游戏活动	离园	个人总得分
1	学生1	6	8	8	7	6	10	45
2	学生2	7	8	8	8	8	10	49
3	学生3	10	9	9	8	8	10	54
4	学生4	3	5	8	7	4	8	35
5	学生5	10	10	10	8	8	10	56
6	学生6	6	8	8	6	6	9	43
……	……	……	……	……	……	……	……	……
	平均得分	7.4	7.05	8.1	7.15	6.6	8.95	45.25

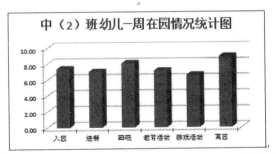

中（2）班幼儿一周在园情况统计图

在第2周中，中（2）班学生在离园、睡眠方面总体表现的较好，在游戏活动方面表现的稍差，有待进一步引导。

根据个人总得分排序结果，可以看出学生5、学生3、学生8、学生14、学生7这5位小朋友在第2周中的总体表现比较好。

序号	姓名	入园	进餐	睡眠	教育活动	游戏活动	离园	个人总得分
5	学生5	10	10	10	8	8	10	56
3	学生3	10	9	9	8	8	10	54
8	学生8	10	9	9	9	7	10	54
14	学生14	10	8	8	7	8	10	53
7	学生7	7	8	10	8	8	9	50

图6-2-1 "中（2）班幼儿一周在园表现情况"分析报告样例

（2）如何根据小朋友入园、进餐、教育活动、游戏活动、离园每个项目的得分,计算该小朋友在园一周的总体表现得分? 如何从班级整体层面分析小朋友在每个项目的表现情况?

（3）为了能清晰地看出幼儿在哪些方面的表现最好,需要制作统计图,应该制作什么类型的统计图? 手工制作这种类型的统计图采用什么方法、步骤如何? 应该选择什么数据来创建统计图?

（4）对幼儿表现情况的统计表与统计图进行讨论与分析,然后根据讨论结果撰写分析报告。用什么软件来制作分析报告? 为什么? 分析报告中应该包括哪些内容?

二、总体思路

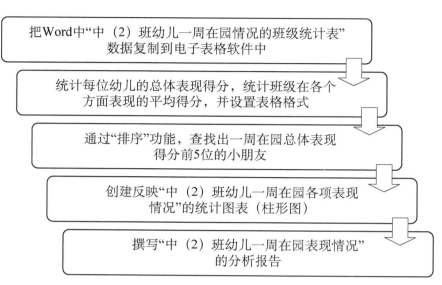

图 6-2-2　活动二的流程图

方法与步骤

一、讨论文字处理软件中班级幼儿一周在园情况的数据

1. 打开 Word 文档

启动文字处理软件,打开书后所附光盘"中(2)班幼儿一周在园情况的班级统计表.doc"文档文件;该文件中存放了中(2)班 20 位小朋友表现情况的数据。

表 6-2-1　中(2)班幼儿一周在园情况的班级统计表

幼儿姓名	入园	进餐	睡眠	教育活动	游戏活动	离园
学生 1	6	8	8	7	6	10
学生 2	7	8	8	8	8	10
……	……	……	……	……	……	……

2. 浏览表格,找出表现最好的幼儿

表现最好指各项表现得分总和最高。

各项表现得分总和最高的 5 名学生分别为
_____、_____、_____、_____、_____。

二、统计每位小朋友的总得分以及每个项目的班级平均得分

1. 启动电子表格软件,把文字处理软件表格

中的数据复制到电子表格软件的工作表中

（1）启动电子表格软件,在单元格 A1 中输入标题"中(2)班幼儿一周在园情况的班级统计表"。在单元格 A3 中输入文字"班级:",在单元格 B3 中输入文字"中(2)班",在单元格 G3 中输入文字"周次:",在单元格 H3 中输入文字"第 2 周"。

（2）切换到文字处理软件,选择其中的表格。

（3）选择"开始"选项卡,在"剪贴板"组中选择"复制"按钮。

（4）切换电子表格软件,单击单元格 A5。

（5）选择"开始"选项卡,在"剪贴板"组中选择"粘贴"按钮下方的向下三角箭头,选择"选择性粘贴",弹出"选择性粘贴"对话框,选择"文本"。将文字处理软件中的表格内容复制到电子表格软件的工作表中。

（6）保存电子表格文件,文件名为"中(2)班幼儿一周在园情况.xlsx",如图 6-2-3 所示。

2. 数据统计

（1）讨论与分析。

"学生 1"一周在园表现情况总得分的计算公式:_____

	A	B	C	D	E	F	G	H	I
1	中（2）班幼儿一周在园情况的班级统计表								
2									
3	班级：	中（2）班					周次：	第2周	
4									
5	序号	姓名	入园	进餐	睡眠	教育活动	游戏活动	离园	
6	1	学生1	6	8	8	7	6	10	
7	2	学生2	7	8	8	8	8	10	
8	3	学生3	10	9	9	8	8	10	
9	4	学生4	3	5	8	7	4	8	
10	5	学生5	10	10	10	8	8	10	
11	6	学生6	6	8	8	6	6	9	
12	7	学生7	7	8	10	8	8	9	
13	8	学生8	10	9	9	9	7	10	
14	9	学生9	9	6	8	6	6	8	
15	10	学生10	3	5	6	5	4	8	
16	11	学生11	8	7	7	8	6	8	
17	12	学生12	7	6	8	9	8	10	
18	13	学生13	8	6	6	7	7	8	
19	14	学生14	10	8	10	7	8	10	
20	15	学生15	8	6	6	6	7	8	
21	16	学生16	3	6	8	7	4	8	
22	17	学生17	7	6	8	9	8	10	
23	18	学生18	9	6	10	6	6	8	
24	19	学生19	9	8	8	6	6	8	
25	20	学生20	8	6	7	6	7	9	

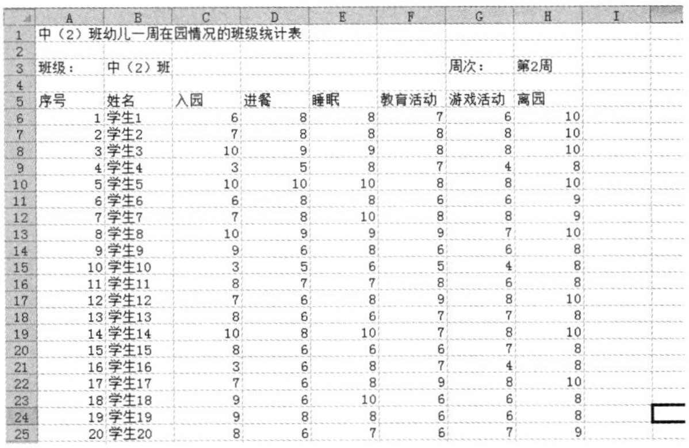

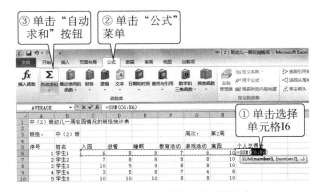

图 6-2-3 “中(2)班幼儿一周在园情况.xlsx”文档

中(2)班学生在“入园”项目方面平均分的计算公式：________________

(2) 计算每位学生一周在园表现情况的总得分。

在单元格 I5 中输入文字“个人总得分”，单击选择单元格 I6，用“自动求和 Σ ”公式计算“学生1”的个人总得分，如图 6-2-4 所示。

图 6-2-4 使用“自动求和”公式

把单元格 I6 中的公式“复制”→“粘贴”到 I7 到 I25 单元格，计算其他学生的个人总得分；或者选择单元格 I6，用“填充柄”功能计算其他学生的个人总得分。

(3) 计算中(2)班学生在“入园”等各个项目方面表现的平均得分。

在单元格 B26 中输入文字“平均得分”，选择单元格 C26，单击“公式”选项卡，在“函数库”组中单击“插入函数”按钮，弹出“插入函数”对话框，分别如图 6-2-5 和图 6-2-6 所示。

把单元格 C26 中的公式复制到 D26 至 I26 单元格，计算中(2)班学生其他在园表现方面的平均得分；或者选择单元格 C26，用“填充柄”功能计算中(2)班学生其他在园表现方面的平均得分。

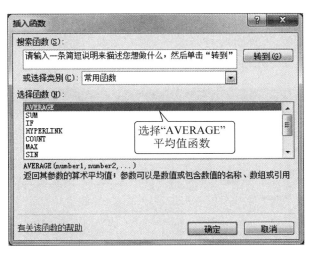

图 6-2-5 “插入函数”对话框

图 6-2-6 “函数参数”对话框

三、设置“中(2)班幼儿一周在园情况的班级统计表”的格式

1. 设置表格的数字显示格式

在统计表中把平均得分的数字格式设定为保留 2 位小数：选择区域 C26 到 I26；鼠标右击，在弹出的菜单列表中选择“设置单元格格式”选项，在弹出的对话框中选择“数字”选项卡，然后设置单元格数字格式，如图 6-2-7 所示。

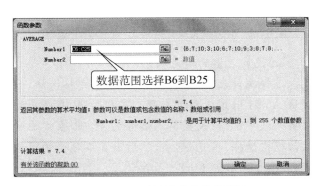

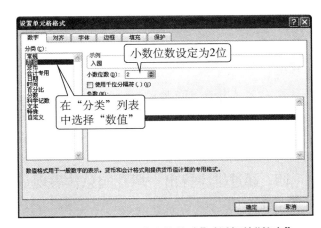

图 6-2-7 “设置单元格格式”对话框的“数字”

2. 设置表格的边框

选择统计表的内容，即区域 A5 到 I26。鼠标

右击，在弹出的菜单列表中选择"设置单元格格式"选项，在弹出的对话框中选择"边框"选项卡，然后设置单元格的边框，如图6-2-8所示。

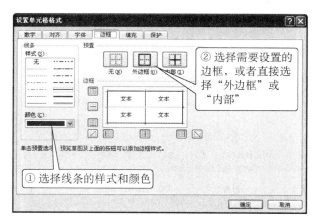

图6-2-8 "设置单元格格式"对话框的"边框"

3.设置表格的填充颜色

选择统计表中需要填充底纹的单元格区域（如区域A5到I5的表格列标题），鼠标右击，在弹出的菜单列表中选择"设置单元格格式"选项，在弹出的对话框中选择"填充"选项，然后设置单元格的填充颜色或图案，如图6-2-9所示。

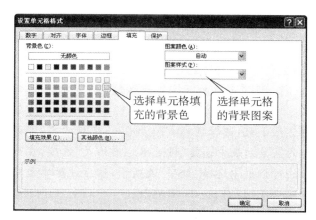

图6-2-9 "设置单元格格式"对话框的"填充"

可以设置表格其他单元格的填充背景颜色或背景图案。

4.设置表格的其他格式

设置表格的其他格式，包括表格的行高和列宽、表格中字体的格式、表格的对齐方式等。格式化后的表格如图6-2-10所示。

四、通过排序找出一周在园总体表现最好的5名学生

选择区域A6到I25，单击"数据"选项卡，在"排序与筛选"组中选择"排序"按钮，如图6-2-11所示。弹出"排序"对话框，如图6-2-12所示。

排序后的结果如图6-2-13所示。根据排序

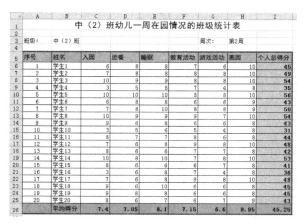

图6-2-10 设置格式后的表格（参考样式）

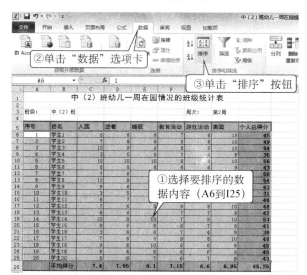

图6-2-11 选择"排序"按钮

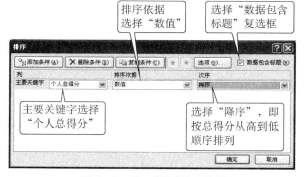

图6-2-12 "排序"对话框

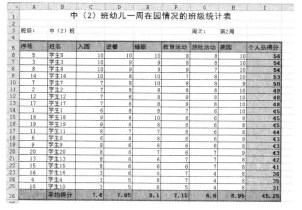

图6-2-13 排序后的结果

结果,找出一周在园表现最好的 5 名学生。

通过电子表格的"排序"操作和文字处理软件中手工查找两种方法,找出一周在园表现最好的 5 名学生,哪种方法更方便?

 点拨

要根据"序号"对表格内容重新排序,以便继续完成后续任务。

五、创建统计图表分析班级学生的表现情况

统计数据除了可以分类整理制成统计表以外,还可以制成统计图。用统计图表示有关数量之间的关系,要比统计表更加形象、具体,使人一目了然、印象深刻。常用的统计图有柱形图、饼图、折线图等。

1. 讨论

(1) 为了能直观地看出中(2)班幼儿在不同方面的表现,需要采用什么类型的统计图?

(2) 什么是柱形统计图? 一个柱形统计图包括哪些部分?

(3) 在纸上手工制作柱形统计图的一般步骤是什么?

2. 创建中(2)班幼儿一周在园表现情况的统计图

(1) 创建统计图。选择表格标题(区域 B5 到 H5),按住【Ctrl】键不放,选择各项在园表现的平均得分(区域 B26 到 H26)。选择"插入"选项卡,在"图表"组中单击"柱形图"按钮,如图 6-2-14 所示。在弹出的列表中选择适当的柱形图,如图 6-2-15 所示。

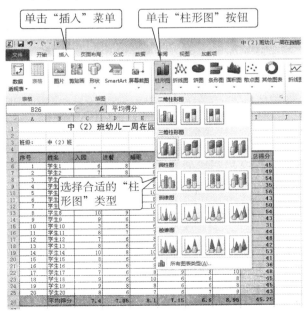

图 6-2-14　创建柱形图表-1

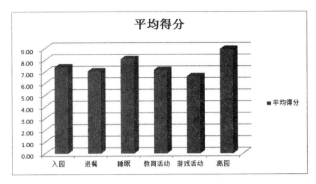

图 6-2-15　创建柱形图表-2

(2) 修改创建的统计图。选中图例"平均得分",按【Delete】键将其删除,不需要图例;双击图表标题"平均得分",修改为"中(2)班幼儿一周在园情况统计图",最终得到的统计图如图 6-2-16 所示。

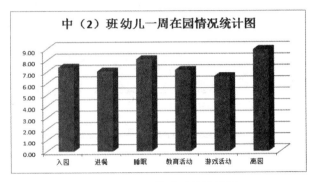

图 6-2-16　修改后的统计图

根据上面的统计图进行讨论:

中(2)班幼儿在哪个方面的表现最好? 在哪个方面的表现最需要提高?

 点拨

图表是工作表数据的图形表示。图表依赖于工作表中的数据而存在,当修改、删除工作表中对图表有链接的数据时,图表会自动改变相应的数据点,发生相应的变化。

六、撰写一份"中(2)班幼儿一周在园的表现情况"的分析报告

(1) 启动文字处理软件。

(2) 输入报告标题"中(2)班幼儿一周在园的表现情况",并设定标题格式。

(3) 把电子表格软件中的统计表和统计图复制到文字处理软件标题下。

(4) 在文字处理软件中,在复制的图表下,利用文字阐述中(2)班幼儿一周在园各个方面的表现

情况。

件发送给教师和其他同学。

七、交流与讨论

（1）把自己撰写的分析报告文件通过电子邮

（2）收看其他同学发过来的电子邮件，浏览其他同学创建的分析报告。

知识链接

一、函数的使用

函数是一个预先定义好的内置公式，利用函数可以进行简单或复杂的计算。

函数由函数名和用括号括起来的参数组成。如果函数以公式的形式出现，应在函数名前键入等号"＝"。例如，求学生成绩表中的班级总分，可以键入"＝SUM(G4:G38)"，其中 G4 到 G38 单元格内输入的是每个学生的成绩。

函数的输入有以下两种方法：

（1）方法1：对于比较简单的函数，可采用直接输入的方法。

（2）方法2：通过函数列表输入，具体操作步骤如下：

① 单击要插入函数单元格。

② 单击"公式"选项卡，在"函数库"组中选择"插入函数"按钮，打开"插入函数"对话框，选择所需要的函数，如图6-2-17所示。或者在"函数库"区域单击"自动求和"按钮下的向下三角箭头，选择常见函数，如图6-2-18所示。

图 6-2-17 "插入函数"对话框

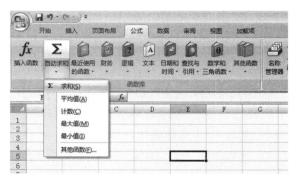

图 6-2-18 插入自动求和函数

二、单元格及区域的选择

（1）单个单元格的选择。鼠标单击即可选择指定的单元格。

（2）连续区域的选择。一般用鼠标拖曳方法，可便捷地选择连续的数据区域。

（3）不连续区域的选择。在编辑工作表时，如果要选择不相邻的多个单元格或区域，可先选择第一个单元格或区域，然后在按住【Ctrl】键的同时选择其他单元格或区域。

三、图表的创建

利用电子表格软件提供的图表功能，可以基于工作表中的数据建立图形表格，这是一种使用图形来描述数据的方法，用于直观地表达各统计值大小差异。数据图表化是用图形的方式显示工作表中的数据，利用生动的图形和鲜明的色彩使工作表更引人注目和更加完美。

创建统计图表的步骤如下：

（1）选定要绘制成图表的单元格数据区域，即数据源；

（2）选择"插入"选项卡，在"图表"组中选择所需要的图表类型；

（3）双击创建的统计图表，出现"图表工具"；

（4）根据需要，选择"设计"、"布局"、"格式"选项卡对图表进行修改。

点拨

图表能更加清晰地反映数据所表达的含义;不同类型的图表,表达的作用是不同的,要根据需要,合理选择图表的类型。

生成图表先要选择数据,当工作表中的数据发生变化时,由这些数据生成的图表会自动进行调整,以反映数据的变化。

四、数据的排序

数据排序是将工作表中选定区域的数据按指定的条件进行重新排列,具体操作如下:

(1)选定数据区域;

(2)选择"数据"选项卡,在"排序与筛选"组中单击"排序"按钮;

(3)在弹出的"排序"对话框中,依次设置"主要关键字"、"排序依据"、"次序"等;

(4)设置完毕,单击"确定"。

 点拨

数据的排序是数据处理的常用功能之一,经过排序整理后的数据便于观察,易于从中发现规律。可以根据某个关键字排序,也可以根据多个关键字排序。

自主实践活动

城市居民的收入支出情况在一定程度上反映了当地的经济发展水平和城市居民的生活质量水平。根据国家统计局的 2014 年中国统计年鉴数据,相关的数据保存在书后所附光盘"2013 年分地区城镇居民人均收入来源与先进消费支出. docx"文件中。运用所给的文件,以表格和统计图表的形式对上海、北京、天津、重庆 4 个城市的居民可支配收入和现金消费支出情况进行统计和分析,反映 4 个城市居民收支情况的对比。最后完成的作品以"4 个直辖市城市居民收入与支出情况. xlsx"为文件名保存。

具体要求如下:

(1)设计统计表,应统计上海、北京、天津、重庆 4 个城市居民可支配收入和现金消费支出两个项目的数据。

(2)计算 4 个城市居民收入和支出的平均数据。

(3)创建的统计表格进行格式的设置,要求清晰和醒目。

(4)制作适当的统计图,能直观表示 4 个城市居民收支情况的对比。对创建的统计图要进行简单的格式设置,做到简洁、明了、美观。

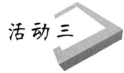 **幼儿整个学期在园情况的统计与分析**

活动要求

好孩子幼儿园中(2)班教师每周把班级幼儿一周在园表现情况以表格形式记录在 Word 文档中,学期过去一半(10 周)时,共有 10 个 Word 文档。请帮助教师分析李小明小朋友前半个学期的在园表现,统计出李小明前半个学期在园表现的总体情况;以及每个项目的平均表现情况。制作多媒体演示文稿来反映他在各个方面的表现情况及变化趋势。

参考样例如图 6-3-1 所示。

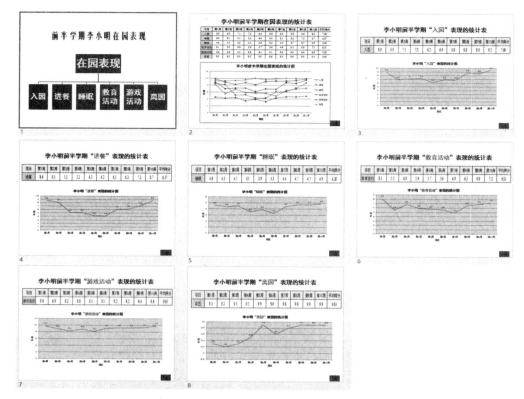

图6-3-1 "前半学期李小明在园表现"演示文稿样例

活动分析

一、思考与讨论

（1）根据幼儿在园情况,设计反映李小明小朋友前半学期在园表现情况的统计表,统计表应该包括几列? 每列的列标题是什么? 每列表示什么? 统计表的每行应该表示什么? 统计表的数据应该从哪里获取?

（2）统计表除了包括基本数据外,为了能反映李小明小朋友前半学期在园各项表现情况,应该如何处理李小明每周在园表现的各项数据?

（3）为了创建能反映前半学期李小明在园各项表现情况的变化趋势,应该创建什么类型的统计图? 应该选择什么数据来创建统计图?

（4）要制作李小明小朋友前半学期在园表现情况的多媒体演示文稿,应该设计几张幻灯片? 每张幻灯片上显示什么内容?

二、总体思路

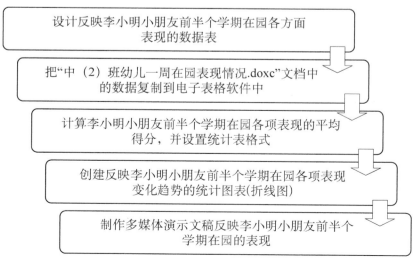

图6-3-2 活动三的流程图

方法与步骤

一、统计表的设计

为了准确反映李小明小朋友前半个学期在园各方面表现,需要设计统计表。

(1)浏览书后所附光盘"中(2)班幼儿一周在园情况"的 Word 文档,每周有一个文档,一共 10 个 Word 文档。其中,第一周的 Word 文档如图 6-3-3 所示。

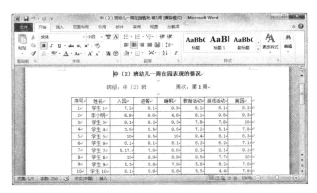

图 6-3-3 "中(2)班幼儿一周在园情况-第 1 周.doc"文档

(2)设计"李小明前半学期在园表现的统计表"。根据配套光盘中给出的"中(2)班幼儿一周在园表现"Word 文档(共 10 周),设计反映李小明小朋友前半学期在园表现的统计表,如表 6-3-1 所示。统计表也可以是如表 6-3-2 所示的样式。

表 6-3-1 李小明前半学期在园表现的统计表(一)

项目	第1周	第2周	第3周	第4周	……	第10周
入园						
进餐						
睡眠						
教育活动						
游戏活动						
离园						

表 6-3-2 李小明前半学期在园表现的统计表(二)

周次	入园	进餐	睡眠	教育活动	游戏活动	离园
第1周						
第2周						
第3周						
第4周						
……						
第10周						

二、统计表的创建与数据的输入

1. 创建"李小明前半学期在园表现的统计表"电子表格文件

(1)启动 Excel 软件,新建空白电子表格文件,文件名为"幼儿学期在园表现情况.xlsx"。

(2)把设计"李小明前半学期在园表现的统计表"输入工作表中,结果如图 6-3-4 所示。

图 6-3-4 李小明前半学期在园表现的统计表-空白

2. 在"李小明前半学期在园表现的统计表"中输入相关数据

打开配套光盘中给出的"中(2)班幼儿一周在园表现-第 1 周.docx"、"中(2)班幼儿一周在园表现-第 2 周.docx"等,共 10 个 Word 文档。找出每个文档中有关李小明小朋友每周在园各项表现的数据,然后输入电子表格软件的"李小明前半学期在园表现的统计表"中,结果如图 6-3-5 所示。

	A	B	C	D	E	F	G	H	I	J	K
1	李小明前半学期在园表现的统计表										
2											
3	项目	第1周	第2周	第3周	第4周	第5周	第6周	第7周	第8周	第9周	第10周
4	入园	8.9	6.9	7.1	7.2	6.2	6.9	6.8	8.8	8.6	9.5
5	进餐	8.6	8.1	5.1	5.2	4.3	4.2	6.1	6.2	7.2	8.7
6	睡眠	4.6	4.3	4.5	3.3	4.9	3.3	4.4	4.7	4.7	4.9
7	教育活动	8.1	5.5	6.8	5.9	5.7	5.6	4.9	6.9	6.9	7.2
8	游戏活动	9.8	8.9	8.2	9.8	9.2	5.6	9.2	9.2	9.4	9.8
9	离园	9.3	9.2	9.3	9.5	9.4	9.6	9.8	9.9	9.9	9.8
10											

图 6-3-5 李小明前半学期在园表现的统计表

三、数据的统计与统计表格式的设置

1. 计算前半个学期李小明在园表现的平均得分

(1)讨论:如何计算本学期前 10 周李小明在每个项目在园表现的平均得分? 计算公式是怎样的?

(2)在单元格 L3 中输入文字"平均得分",单击单元格 L4,利用 Average 函数计算前 10 周李小明在"入园"方面表现的平均得分。利用"复制-粘贴"或者"拖动填充柄"来计算学期前 10 周李小明在"进餐"、"睡眠"、"教育活动"、"游戏活动"、"离园"方面表现的平均得分。结果如图 6-3-6 所示。

2. 统计表格式的设置

设置"李小明前半学期在园表现的统计表"格

图6-3-6 每项在园表现平均得分的计算结果

式,参考效果如图6-3-7所示。

图6-3-7 设置格式后的统计表(供参考)

3. 工作表的重新命名

双击工作表名"Sheet1",如图6-3-8所示,输入新的工作表名称"李小明",可以将工作表"Sheet1"重新命名为"李小明"。

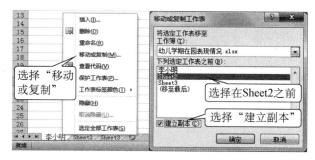

图6-3-8 工作表的重新命名

保存工作簿文件是选择"文件"菜单中的"保存"。

四、创建反映前半学期李小明在各个方面表现变化趋势的统计图

由于要对李小明在"入园"、"睡眠"、"教育活动"等各个方面的在园表现情况进行分析,因此统计图最好创建在不同的工作表中,以便于保存和管理。

1. 复制工作表

在工作表"李小明"名称上右击,在弹出的菜单中选择"移动或复制",弹出"移动或复制工作表"对话框,在工作表"Sheet2"之前建立"李小明"的副本,单击确定,如图6-3-9所示。

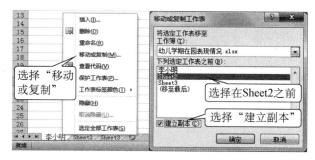

图6-3-9 复制工作表

在工作簿中复制名称为"李小明(2)"的工作表;双击工作表名称"李小明(2)",将工作表名改为"入园",结果如图6-3-10所示。

图6-3-10 工作表重新命名

2. 创建前半学期李小明在"入园"方面表现变化趋势的统计图

(1)思考与讨论。

常用的统计图有哪几种?要表示变化趋势,应该采用什么类型的统计图?

折线统计图包括哪几部分?手工制作折线统计图的制作步骤是怎样的?

要创建前半学期李小明在"入园"方面表现变化趋势的折线统计图,需要哪些数据?统计图的标题是什么?是否需要"图例"?为什么?

(2)创建折线统计图。

选择数据源(即选择创建图表所需的数据),选择单元格A3到K4。(其中第3行是列标题行,第4行是有关李小明每周在"入园"方面表现的数据。)

选择"插入"选项卡,选择"图表"组中的"折线图"按钮,在下拉列表中选择一个合适的二维折线图,生成折线图。

图表标题的修改:将图表标题修改为"李小明'入园'表现的统计图"。

图例的删除:由于统计图中只表示"入园"情况,因此将图例"-入园"可以删除。单击选择图例,按【Delete】键删除图例,结果如图6-3-11所示。

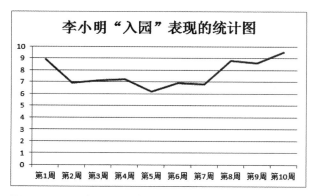

图6-3-11 修改后的李小明在"入园"方面表现情况统计图

讨论:说一说图表中各个部分的内容及作用。

(3)设置统计图表各部分的格式。

双击图表的任何部分,菜单栏中会出现"图表

工具"的"设计"、"布局"、"格式"3个选项卡,进入图表修改状态,就可以改变该部分的格式。

选择"设计"选项卡,选择合适的图表布局和图表样式,如图6-3-12所示;

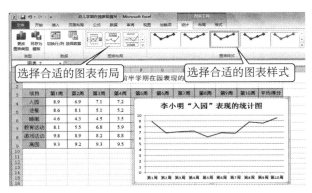

图6-3-12 图表工具(设计)

选择"布局"选项卡,对图表的标签等进行修改,如图6-3-13所示;

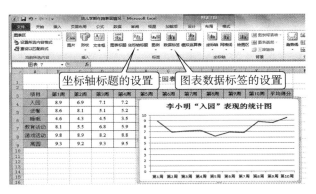

图6-3-13 图表工具(布局)

选择"格式"选项卡,对图表的"形状样式"和"艺术字样式"等进行修改,如图6-3-14所示。

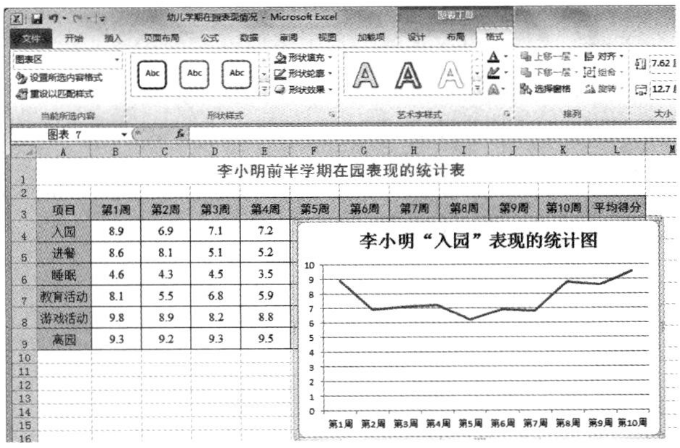

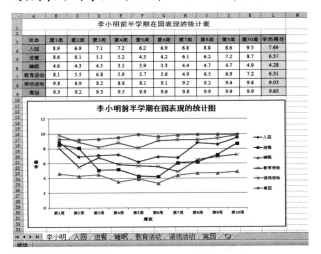

图6-3-14 图表工具(格式)

统计图格式设置结果如图6-3-15所示。

(4)讨论:从上面创建的折线统计图中,可以得到什么信息?请说出上面创建的折线统计图(见图6-3-15)各个部分的名称。

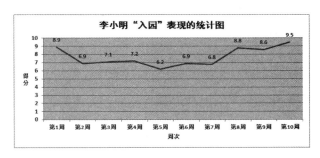

图6-3-15 统计图格式设置结果

3. 创建前半学期李小明其他方面表现变化趋势的统计图

先复制工作表,再创建李小明在"进餐"方面表现变化趋势的统计图。

用同样的方法,创建李小明在"睡眠"、"教育活动"、"游戏活动"、"离园"方面表现变化趋势的统计图。

4. 创建前半学期李小明各方面表现变化趋势的统计图

以上针对前半学期李小明的每项在园表现情况分别创建了折线图,即每个折线图只有一条折线,反映一项在园表现的变化趋势。如果要在一张统计图上得到多项在园表现的变化趋势,就需要制作多条折线的统计图。

(1)选择工作表"李小明",选择数据区域B3到K9;

(2)因为要表示李小明在"入园"、"进餐"等各个方面表现的变化趋势,图表类型选择折线统计图;

(3)创建前半学期李小明各个方面表现变化趋势的统计图;

(4)设定统计图的折线颜色与粗细、标题的格式、图表布局等,结果如图6-3-16所示。

图6-3-16 李小明在园各项表现情况统计图

五、制作"前半学期李小明在园表现"的多媒体演示文稿

1. 设计多媒体演示文稿

通过多媒体演示文稿,介绍前半个学期李小明在幼儿园各个方面的表现情况。幻灯片首页设计成图6-3-17所示,单击"在园表现",显示前半个学期李小明在幼儿园各个方面总体表现情况的统计表和统计图。单击"入园",显示前半个学期李小明在"入园"方面表现情况的统计表和统计图;单击"进餐",显示前半个学期李小明在"进餐"方面表现情况的统计表和统计图;其他类似。

图6-3-17 幻灯片首页的设计

2. 制作多媒体演示文稿

(1) 打开Microsoft PowerPoint软件,新建多媒体文件"前半学期李小明在园表现.pptx",并保存到规定的位置。

(2) 选择幻灯片模版,制作第一张幻灯片。

(3) 制作"李小明前半学期在园表现"总体情况的幻灯片。

① 输入标题"李小明前半学期在园表现的统计表"。

② 复制数据表:切换到Excel文件的"李小明"工作表,选择单元格区域A3到L9,单击"开始"选项卡,在"剪贴板"组中选择"复制"按钮。

切换到相应幻灯片,单击"开始"选项卡,在"剪贴板"组中单击"粘贴"的向下三角箭头,在下拉菜单中选择"选择性粘贴",在弹出的对话框中选择粘贴方式为"Microsoft Excel 工作表对象",单击"确定",如图6-3-18所示。

知识链接

一、图表格式的设置

1. 设置图表标题格式

单击选中图表标题,选择"开始"选项卡,在"字体"组中设置标题文字的字体、字号、颜色、对齐方式等。

2. 选择(或更改)图表数据源

单击选择图表,在"图表工具"中选择"设计"选项卡,单击"选择数据"按钮,打开"选择数据源"对话框,如图6-3-20所示。

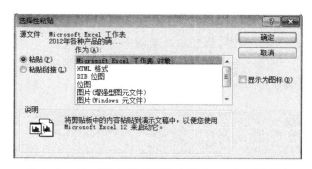

图6-3-18 "选择性粘贴"对话框——复制数据表

③ 复制统计图:切换到Excel文件的"李小明"工作表,选择折线统计图表,单击"开始"选项卡,在"剪贴板"组中选择"复制"按钮。

切换到相应幻灯片,单击"开始"选项卡,在"剪贴板"组中选择"粘贴"的向下三角箭头,在下拉菜单中选择"选择性粘贴",在弹出的对话框中选择粘贴方式为"Microsoft Office 图形对象",单击"确定",如图6-3-19所示。

图6-3-19 "选择性粘贴"对话框——复制统计图

④ 增加文字分析:如需要,可以在幻灯片的合适位置,插入文本框,增加文字分析说明。

⑥ 添加"后退"按钮:选择"插入"选项卡,在"插图"组中选择"形状"按钮,在弹出的形状列表中选择"动作"按钮,在幻灯片上添加"后退"动作按钮,并设置其超级链接到第一张幻灯片。

(4) 使用同样的方法制作"入园"、"进餐"、"睡眠"、"教育活动"、"游戏活动"、"离园"的幻灯片。结果如图6-3-1所示。

3. 设置图表的"设计"格式

选择图表,在"图表工具"中选择"设计"选项卡,可在"图表布局"或"图表样式"组中,设置图表的标题和图例的布局或者折线的样式等。

4. 设置图表的"布局"格式

选择图表,在"图表工具"中选择"布局"选项卡,可在"插入"、"标签"、"坐标轴"、"背景"、"分析"等组中,设置图标的布局(包括图表标题的位置、图表标签、坐标轴、网格线的位置以及绘图区的格式等)。

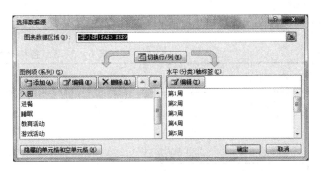

图 6 - 3 - 20 "选择数据源"对话框

5. 设置图表的"格式"格式

选择图表,在"图表工具"中选择"格式"选项卡,可在"形状格式"、"艺术字样式"、"排列"、"大小"等组中,设置图标的形状和艺术字的格式。

6. 图表的编辑

(1) 移动图表。选定图表后,拖动图表将其放置于适当的位置后释放按键。

(2) 改变图表大小。选定图表后,拖动图表边框上的尺寸控制点,可调整图表的大小。

(3) 删除图表。选定图表后按【Delete】键,可把图表删除。

二、Excel 的引用方式

在 Excel 的使用过程中,关于单元格的"绝对引用"、"混合引用"和"相对引用"是非常基本也是非常重要的概念。

1. 相对引用

当把公式复制到其他单元格中时,行或列的引用会改变。所谓行或列的引用会改变,即指代表行的数字和代表列的字母会根据实际的偏移量相应改变。在默认情况下是相对引用。

例如,C1 = A1 + B1,把单元格 C1 中的公式内容复制到其他单元格,可以看到粘贴的单元格中的公式地址应用发生变化,但地址都是同一行的前面两个单元格。

2. 绝对引用

当把公式或函数复制到其他单元格中时,引用公式或函数中的地址不会发生变化,保持不变。

例如,C1 = A1+B1,把单元格 C1 中的公式内容复制到其他单元格,可以看到粘贴的单元格中的公式地址保持不变。

3. 混合引用

行或列中有一个是相对引用,另一个是绝对引用。在混合引用的情况下,复制单元格中的公式或函数时,引用公式或函数的地址部分发生变化,可以是锁定行保持不变,也可以锁定列不变。

例如,C1 = $A1 + $B1,把单元格 C1 中的公式内容复制到其他单元格,可以看到粘贴的单元格中的公式地址行发生变化,列不变。

在实际工作中,常常需要对公式或函数进行复制操作。从上面不同类型引用的定义中可以了解,当复制公式时,不同的引用将会对公式产生不同的影响,从而对计算结果产生不同的影响。

点拨

(1) 折线统计图能清晰地反映事物的发展趋势。

(2) 为了使创建的统计图表更加清晰、美观,可以设置图表中元素的格式。

(3) 在计算机中不同软件之间可以进行信息的复制。使用信息技术来完成任务时,有时可以灵活运用多个软件来完成某项任务。

自主实践活动

创新集团公司销售多种产品,每个月各种产品的销售情况如表 6 - 3 - 3 所示,详细的销售统计情况放在文字处理软件的表格中。

表6-3-3　各种产品年度销售情况的统计表

产品名称	1月	2月	3月	……	10月	11月	12月
产品1	102 000	112 300	127 020	……	198 060	199 800	207 300
产品2	55 250	39 560	38 500	……	60 330	49 610	38 900
产品3	234 000	240 000	235 000	……	228 080	229 090	240 100
产品4	62 850	61 400	49 800	……	65 900	63 080	62 990

公司销售经理布置给新员工小明一件任务,要求小明制作一份多媒体演示文稿,帮助公司统计出每种产品的年销售总额与月销售平均额,准确分析一年来每种产品的销售情况,演示文稿中要有数据表和统计图,还要对每页演示文稿进行简单的文字分析,向公司领导分析汇报各种产品在一年中的销售变化趋势。

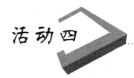 活动四　幼儿身体素质的统计与分析

活动要求

好孩子幼儿园为了了解当前幼儿的身体素质,按照《国民体质测定标准手册(幼儿部分)》的要求,对中(1)班每名幼儿(5岁)的身体素质进行了测试,获取的数据保存在文字处理软件的表6-4-1中。

表6-4-1　中(1)班幼儿身体素质情况表

姓名	性别	身高(厘米)	体重(千克)	10米折返跑(秒)	立定跳远(厘米)	网球掷远(米)	双脚连续跳(秒)	坐位体前屈(厘米)	走平衡木(秒)
学生1	男	117	20.6	6.6	103.2	5.2	5.5	15.6	4.8
学生2	女	112.1	19.6	6.9	96.8	3.8	7	13.8	5.9
学生3	女	114.5	19.8	6.6	98.2	5.2	5.4	15.5	4.8
学生4	男	111.7	25.5	7.1	95.8	8.1	6.5	11.2	10.2
学生5	女	113.4	20.3	8.3	72.6	7.6	5.9	10.8	9.5
……	……	……	……	……	……	……	……	……	……

帮助幼儿园对中(1)班幼儿身体素质测试情况进行统计与分析(按性别进行统计),统计出男生(女生)的每项身体素质情况及平均身体素质情况。撰写一份分析报告,根据测试结果,对照《国民体质测定标准手册(幼儿部分)》的标准,分析中(1)班幼儿的身体素质情况。参考样例如图6-4-1所示。

中(1)班幼儿身体素质情况的分析报告

中(1)班幼儿身体素质情况的统计表

性别	身高(厘米)	体重(千克)	10米折返跑(秒)	立定跳远(厘米)	网球掷远(米)	双脚连续跳(秒)	坐位体前屈(厘米)	走平衡木(秒)
男 平均值	114.96	22.83	6.93	100.26	7.79	5.94	13.10	6.93
女 平均值	111.73	20.83	7.17	93.09	7.11	6.40	12.41	7.06
总计平均值	113.45	21.89	7.04	96.91	7.47	6.15	12.78	6.99

中(1)班幼儿男生的平均身高为114.96厘米,其中身高超过班级男生平均身高的男生有4位,他们是"学生12"、"学生15"、"学生3"、"学生10"。女生的平均身高为111.73厘米,略低于男生。

中（1）班幼儿身体素质情况得分表

——对照《国民体质测定标准手册（幼儿部分）》的标准

性别	身高	体重	10米折返跑	立定跳远	网球掷远	双脚连续跳	坐位体前屈	走平衡木	总得分
男　平均值	4	3	4	4	4	4	4	3	30
女　平均值	4	3	4	4	4	3	3	3	28

据上面的统计表和得分表得知，对照《国民体质测定标准手册（幼儿部分）》的标准，得知该班 5 岁幼儿中，男女生的身体素质得分均在 28~31 分区间内，身体素质情况均为"良好"，其中男生的身体素质稍微好于女生，主要是男生在"双脚连续跳"、"坐位体前屈"方面身体素质要明显比女生好。

图 6 - 4 - 1　中(1)班幼儿身体素质情况分析报告样例

活动分析

一、思考与讨论

（1）"中(1)班幼儿身体素质情况表"中包括男生与女生的身体素质数据，如何计算所有男生的平均身高和所有女生的平均身高？

（2）根据计算出来的班级男生平均身高，如何找出班级男生中所有身高超过男生平均身高的学生？

（3）如何计算所有男生各项身体素质测试数据的平均值？ 如何计算所有女生各项身体素质测试数据的平均值？

（4）对照给出的评定标准，如何根据计算出的男生与女生各项身体素质的平均值，得出男生与女生各项身体素质的分值？ 如何根据计算出的总得分得出男生与女生的评价等级？

二、总体思路

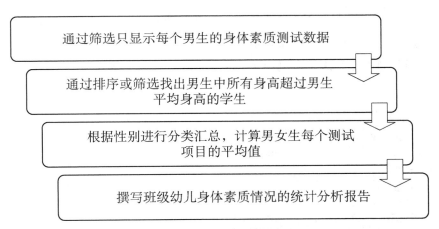

图 6 - 4 - 2　活动四的流程图

方法与步骤

一、创建"5 岁幼儿身体素质情况"电子表格文件

启动文字处理软件，打开书后所附光盘"中(1)班幼儿身体素质的情况表.docx"文件，文件中存放中(1)班 15 名幼儿的身体素质测试数据。

在电子表格软件的工作表 B2 单元格中，输入标题文字"中(1)班幼儿身体素质的统计表"。

把文字处理软件中的表格内容以文本形式复制到电子表格软件工作表 B4 单元格开始的区域中。

把标题设置为合并单元格并居中，调整表格的行高、列宽，设置统计表的字体格式等，效果如图 6 - 4 - 4 所示。保存文件名为"中(1)班幼儿身体素质情况.xlsx"。

二、查找所有男生的身体素质情况

（1）请手工找出中(1)班所有男生的身体素质情况

（2）通过电子表格软件的"筛选"功能，找出所有男生的身体素质情况。

用鼠标选择身体素质统计表的任何一个单元

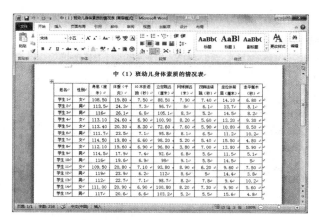

图 6-4-3 “中(1)班幼儿身体素质的情况表.docx”文件内容

中（1）班幼儿身体素质的统计表

姓名	性别	身高（厘米）	体重（千克）	10米折返跑（秒）	立定跳远（厘米）	网球掷远（米）	双脚连续跳（秒）	坐位体前屈（厘米）	走平衡木（秒）
学生1	女	108.5	19.8	7.5	88.5	7.9	7.4	14.1	6.8
学生2	男	113.5	24.3	7.3	96.7	8	6.1	13.7	8.1
学生3	男	116	26.1	6.8	105.1	8.3	5.2	14.5	8.2
学生4	女	113.1	24.6	6.9	100.9	8.2	5.6	13.2	9.3
学生5	女	113.4	20.3	8.3	72.6	7.6	5.9	10.8	8.5
学生6	男	111.7	23.5	7.1	95.8	8.1	6.5	11.2	10.2
学生7	女	114.5	19.8	6.6	98.2	5.2	5.4	15.5	4.8
学生8	女	112.1	19.6	6.9	96.8	3.8	7	13.8	5.9
学生9	男	114.5	17.9	7.4	92.6	6.8	5.6	11.5	5.1
学生10	男	116	19.6	6.9	98	9.1	5.8	14.5	5
学生11	女	109.5	20.8	7.1	93.8	8.9	6.2	9.6	7.5
学生12	男	119	23.9	6.2	112	8.6	5	14.4	3.8
学生13	男	112	22.7	7.1	98.7	8.2	7.8	9.4	10.2
学生14	女	111	20.9	6.9	100.8	8.2	7.3	9.9	5.6
学生15	男	117	20.6	6.6	103.2	5.2	5.5	15.6	4.8

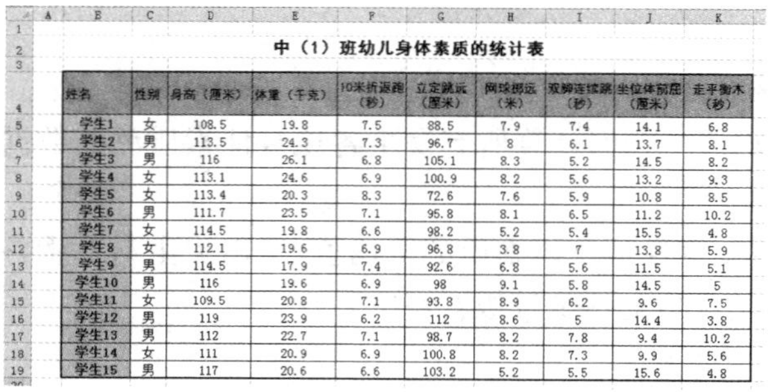

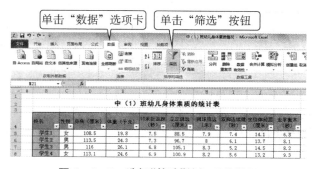

图 6-4-4 “中(1)班幼儿身体素质情况.xlsx”文件内容

格。单击“数据”选项卡，在“排序和筛选”组中选择“筛选”按钮，统计表列标题单元格右侧出现向下三角箭头。

图 6-4-5 选择“筛选”按钮后的效果

如果只显示出所有男生的身体素质情况，则单击统计表列标题“性别”右边的向下三角箭头，在列表中选择“男”，取消选择“女”，如图 6-4-6 所示。单击“确定”按钮，结果如图 6-4-7 所示。

三、查找所有身高超过男生平均身高的男生

(1) 计算所有男生的平均身高。

① 筛选出统计表中所有男生的数据。如前所述，通过“筛选”功能筛选出所有男生的身体素质测试数据。

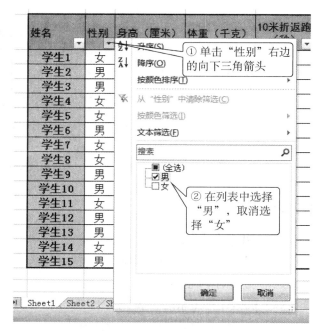

图 6-4-6 筛选条件的选择

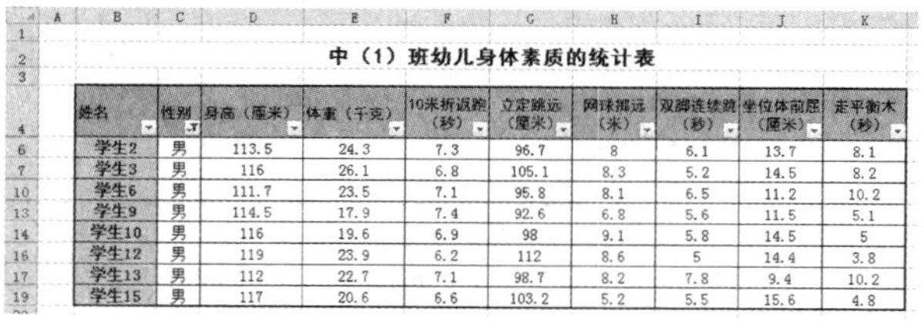

图 6-4-7 筛选的结果

② 计算所有男生的平均身高。复制筛选出的所有男生的身体素质测试数据，将其复制粘贴到单元格 B22 开始的单元格内。

在单元格 D31 中输入“= AVERAGE(D23：D30)”，或者使用“插入函数”插入平均值函数，统计班级中所有男生的平均身高。

③ 设定平均值保留 2 位小数。中(1)班所有男生的平均身高为“114.96 厘米”，结果如图 6-4-8 所示。

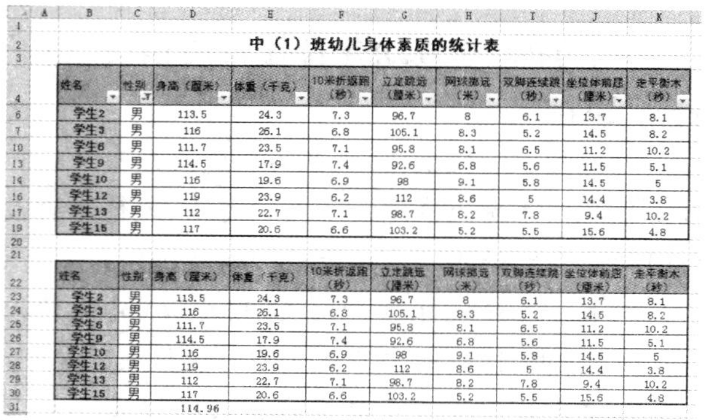

图 6-4-8 计算男生的平均身高

注意:如果直接在单元格 D20 中对筛选出来的数据计算平均值,即在单元格 D20 中输入"=AVERAGE(D6:D19)",就会出现错误,计算出来的结果是不正确的。

 点拨

删除 B22 到 K31 区域中的内容,这些内容是为了计算男生平均身高。

(2)手工查找所有超过男生平均身高的男生。

请比较每位男生的身高与男生的平均身高(单元格 D31 的值),找出所有超过平均身高的男生。

超过男生平均身高的男生有哪些人?_____、
_____、_____、_____、_____。

(3)通过"排序"查找所有超过男生平均身高的男生。

对于筛选出所有男生的身体素质测试数据,首先根据"身高"字段进行排序,然后找出所有超过平均身高的男生。

选择区域 B4 到 K19,选择"数据"选项卡,在"排序和筛选"组中选择"排序"按钮,打开"排序"对话框,如图 6-4-9 所示。

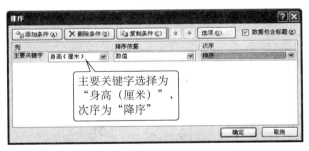

主要关键字选择为"身高(厘米)",次序为"降序"

图 6-4-9 "排序"对话框

以"身高(厘米)"为主要关键字进行排序,排序依据为"数值",次序为"降序",即按照身高数值从高到低进行排序。排序结果如图 6-4-10 所示。

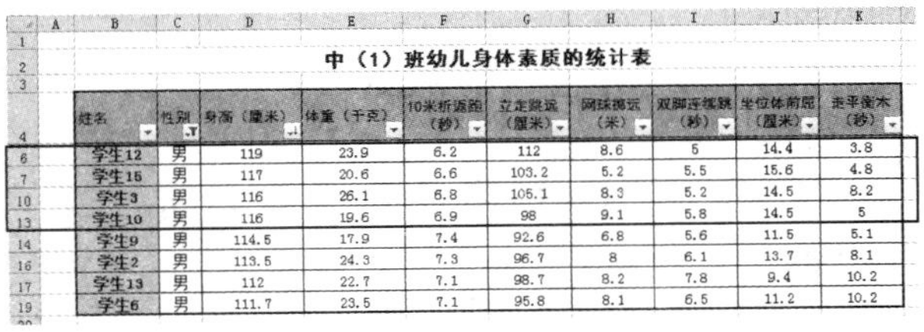

图 6-4-10 男生按身高排序的结果

根据排序结果,找出所有身高高于男生平均身高(114.96 厘米)的男生。

超过男生平均身高的男生有哪些人?_____、

_____、_____、_____、_____。

(4)使用"筛选"功能,找出所有超过男生平均身高的男生。

首先取消前面的排序操作。单击"身高(厘米)"右边的向下三角箭头,在列表中选择"数字筛选",再选择"大于",如图 6-4-11 所示。弹出"自定义自动筛选方式"对话框,如图 6-4-12 所示。筛选的结果如图 6-4-13 所示。

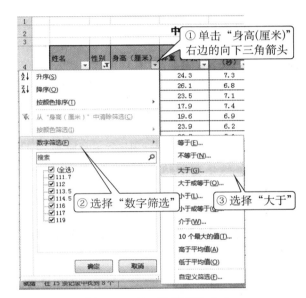

① 单击"身高(厘米)"右边的向下三角箭头
② 选择"数字筛选"
③ 选择"大于"

图 6-4-11 数字筛选方式

选择"大于"
输入身高平均值"114.96"

图 6-4-12 "自定义自动筛选方式"对话框

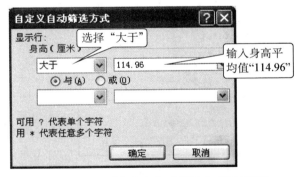

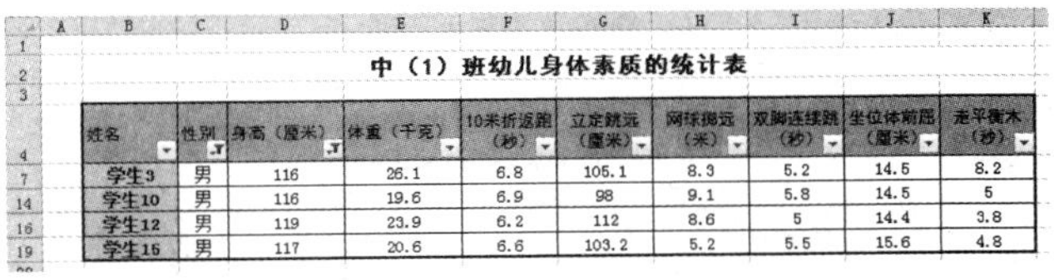

图 6-4-13 自定义筛选的结果

(5)比较"手工查找"、"先排序再查找"、"自动筛选"3 种查找方法。

四、根据性别进行分类,计算男女生各测试项目的平均值

(1)手工统计所有男生每个测试项目的平均

值，完成表 6－4－2。

表 6－4－2　中(1)班男生各测试项目的平均值

性别	身高平均值（厘米）	体重平均值（千克）	10 米折返跑平均值(秒)	立定跳远平均值(厘米)	网球掷远平均值(米)	双脚连续跳平均值(秒)	坐位体前屈平均值(厘米)	走平衡木平均值(秒)
男								

(2) 通过“分类汇总”计算男女生各测试项目的平均值。

① 取消上次的筛选。再次选择“数据”选项卡，在“排序与筛选”组中选择“筛选”按钮，取消前面的筛选操作，显示出所有表格内容。

② 数据的排序。要进行数据的分类汇总，应该先进行数据的排序。单击统计表中的任意单元格，选择“数据”选项卡，在“排序与筛选”组中选择“排序”按钮，根据“性别”的“升序”顺序排列。

③ 数据的分类汇总。选择“数据”选项卡，在“分级显示”组中选择“分类汇总”按钮，打开“分类汇总”对话框，如图 6－4－14 所示。分类字段选择“性别”，汇总方式选择“平均值”，选定要汇总的项目，选择“汇总结果显示在数据下方”。

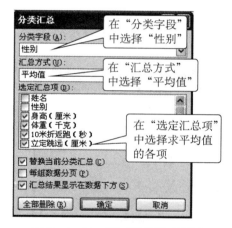

图 6－4－14　“分类汇总”对话框

分类汇总的结果数据设定保留两位小数。分类汇总后的结果如图 6－4－15 所示。

中（1）班幼儿身体素质的统计表

姓名	性别	身高（厘米）	体重（千克）	10米折返跑（秒）	立定跳远（厘米）	网球掷远（米）	双脚连续跳（秒）	坐位体前屈（厘米）	走平衡木（秒）
学生2	男	113.5	24.3	7.3	96.7	8	6.1	13.7	8.1
学生3	男	116	26.1	6.8	105.1	8.3	5.2	14.5	8.2
学生6	男	111.7	23.5	7.1	95.8	8.1	6.5	11.2	10.2
学生9	男	114.5	17.9	7.4	92.6	6.8	5.6	11.5	5.1
学生10	男	116	19.6	6.9	98	9.1	5.8	14.5	5
学生12	男	119	23.9	6.2	112	8.6	5	14.4	3.8
学生13	男	112	22.7	7.1	98.7	8.2	7.8	9.4	10.2
学生15	男	117	20.6	6.6	103.2	5.2	5.5	15.6	4.8
	男 平均值	114.96	22.33	6.93	100.26	7.79	5.94	13.10	6.93
学生1	女	108.5	19.8	7.5	88.5	7.9	7.4	14.1	6.8
学生4	女	113.1	24.6	6.9	100.9	8.2	5.6	13.2	9.3
学生5	女	113.4	20.3	8.3	72.6	7.6	5.9	10.8	8.5
学生7	女	114.5	19.8	6.6	98.2	5.2	5.4	15.5	4.8
学生8	女	112.1	19.6	6.9	96.8	3.8	7	13.8	5.9
学生11	女	109.5	20.8	7.1	93.8	8.9	6.2	9.6	7.5
学生14	女	111	20.9	6.9	100.8	8.2	7.3	9.9	5.6
	女 平均值	111.73	20.83	7.17	93.09	7.11	6.40	12.41	6.91
	总计平均值	113.45	21.63	7.04	96.91	7.47	6.15	12.78	6.92

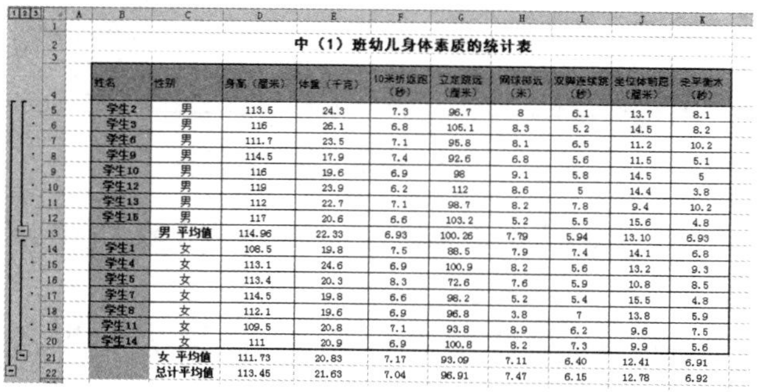

图 6－4－15　分类汇总后的结果

点拨

在进行数据的分类汇总前，必须先进行排序；要根据什么字段来分类，就必须根据这个字段来排序。

(3) 改变显示的级别。

在工作表的左边是行或列级别符号 1 2 3，单击工作表左上角的第二级显示级别符号 2，会出现如图 6－4－16 的分类汇总结果。

中（1）班幼儿身体素质的统计表

姓名	性别	身高（厘米）	体重（千克）	10米折返跑（秒）	立定跳远（厘米）	网球掷远（米）	双脚连续跳（秒）	坐位体前屈（厘米）	走平衡木（秒）
	男 平均值	114.96	22.33	6.93	100.26	7.79	5.94	13.10	6.93
	女 平均值	111.73	20.83	7.17	93.09	7.11	6.40	12.41	6.91
	总计平均值	113.45	21.63	7.04	96.91	7.47	6.15	12.78	6.92

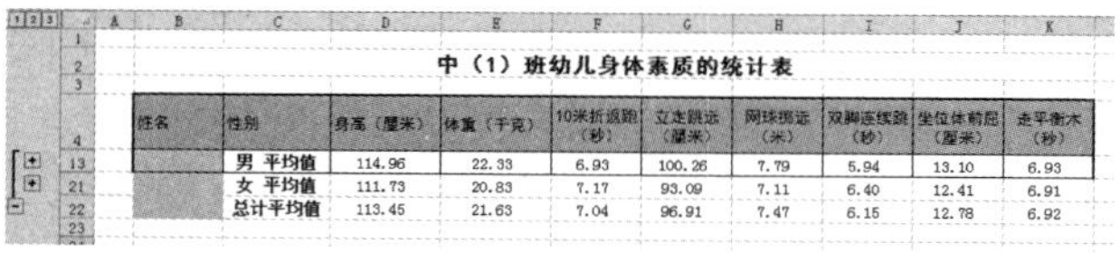

图 6－4－16　反复显示级别之后的分类汇总结果

五、对照标准进行统计

对照《国民体质测定标准手册(幼儿部分)》的标准，计算男女生在每项身体素质方面的得分，并分别计算男女生的总分。统计结果如图 6－4－17 所示。

中（1）班幼儿身体素质的统计表

姓名	性别	身高（厘米）	体重（千克）	10米折返跑（秒）	立定跳远（厘米）	网球掷远（米）	双脚连续跳（秒）	坐位体前屈（厘米）	走平衡木（秒）
	男 平均值	114.96	22.33	6.93	100.26	7.79	5.94	13.10	6.93
	女 平均值	111.73	20.83	7.17	93.09	7.11	6.40	12.41	6.91
	总计平均值	113.45	21.63	7.04	96.91	7.47	6.15	12.78	6.92

性别	身高	体重	10米折返跑	立定跳远	网球掷远	双脚连续跳	坐位体前屈	走平衡木	总得分
男 平均值	4	3	4	4	4	4	4	3	30
男 平均值	4	3	4	4	4	3	3	3	28

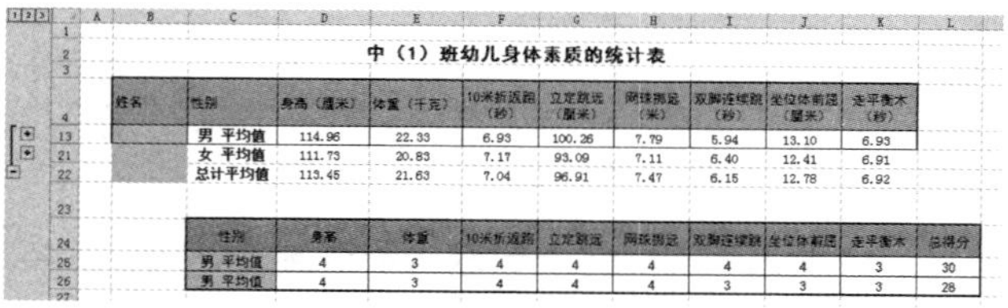

图 6－4－17　身体素质情况得分

根据“综合评级标准”，得分在 28～31 分的，等级为“二级(良好)”，因此该班级幼儿身体素质情况为二级(良好)。

六、撰写“中(1)班幼儿身体素质情况的分析报告”

(1) 启动文字处理软件。

(2) 输入报告标题“中(1)班幼儿身体素质情况的分析报告”，并设定标题字符格式。

(3) 把相关的统计表内容复制到文字处理软件标题的下面。

（4）在文字处理软件中，在复制的统计表下面，输入5岁男生、女生身体素质情况的文字分析。

最终结果可参考图6-4-1。

知识链接

一、数据的自定义筛选

数据筛选是按给定的条件从工作表中筛选出符合条件的记录，其他不符合条件的记录则被隐藏起来。单击"列表"按钮可选择筛选条件，之后显示出满足条件的记录，未满足条件的记录则被隐藏。

自定义筛选条件，单击"列表"按钮，在列表中选择"自定义"条件，则弹出"自定义自动筛选方式"对话框。

选择筛选条件后单击"确定"，即可显示满足条件的记录，不满足条件的记录被隐藏。

二、数据的分类汇总

1. 分类汇总的概念

Excel分类汇总是通过使用Subtotal函数与汇总函数（包括Sum、Count和Average）一起计算得到的。可以为每列显示多个汇总函数类型。"分类汇总"命令会分级显示列表，以便可以显示和隐藏每个分类汇总的明细行。

2. 插入分类汇总

首先，确保数据区域中要对其进行分类汇总计算的每个列的第一行都具有一个标签，每个列中都包含类似的数据，并且该区域不包含任何空白行或空白列。

若要对包含用作分组依据的数据的列进行排序，先选择该列，然后单击"数据"选项卡的"排序和筛选"组，单击"升序"或"降序"。

3. 分类汇总编辑

"汇总方式"：计算分类汇总的汇总函数（如求和、求平均等）。

"选定汇总项"框中，对于包含要计算分类汇总值的每个列，选中其复选框。

如果想按每个分类汇总自动分页，请选中"每组数据分页"复选框。

若要指定汇总行位于明细行的上面，请清除"汇总结果显示在数据下方"复选框；若要指定汇总行位于明细行的下面，请选中此复选框。

4. 级别显示

若要只显示分类汇总和总计的汇总，请单击行编号旁边的分级显示符号" 1 2 3 "。使用"＋"和"－"符号来显示或隐藏各个分类汇总的明细数据行。

5. 删除已插入的分类汇总

选定列表中包含分类汇总的任意单元格，单击数据分类汇总，在"分类汇总"对话框中单击"全部删除"按钮，即可删除Excel分类汇总。

三、页面布局

如果需要打印工作表或进行页边距、页面背景等方面的设置，可以选择"页面布局"选项卡实现。如图6-4-18所示，可以设置页面的主题效果，进行页面设置（包括页边距、纸张方向、纸张大小、打印区域的设置等）。

图6-4-18 "页面布局"选项卡

点拨

> （1）分类汇总可以把数据先按某个关键字进行分类，再按照求和、求平均值等进行数据的汇总。
> （2）"分类汇总"功能只能根据单个字段来分类，要能根据多个字段同时进行分类汇总，需要使用电子表格软件的"数据透视表和图表报告"功能。"数据透视表"能够将数据的筛选、排序和分类汇总等操作一次完成，并生成汇总表格。

自主实践活动

某学校 2014 级部分学生期中考试的成绩存在"成绩.xlsx"文件中，请帮助教师对成绩进行分析，制作多媒体演示文稿，对 2014 级学生期中考试的成绩进行统计与分析。制作数据表和统计图，对不同专业学生的平均成绩进行对比；并对同一个专业学生不同学科的考试成绩进行对比分析。

（1）统计每个学生多门学科的总成绩，以及每门学科的年级平均成绩，并设定表格的格式。

（2）找出总分最高的学生与最低的学生，找出所有总分在 240 分以上的女生，找出 3 门学科成绩均在 80 分以上的学生，并统计学生数。

（3）计算年级中每个专业（材料、热能、冶金）学生各门学科的平均分。

（4）制作统计图，分析与比较不同专业学生各门学科的成绩。

综合活动　上海空气质量的查询、统计与分析

我们每时每刻都在呼吸，一个人每天要呼吸两万多次，每天至少要与环境交换一万多升气体，可见空气质量的好坏与人的健康息息相关。现代医学研究表明，呼吸自然新鲜的空气能促进血液循环，增强免疫能力，改善心肌营养，消除疲劳，提高人体的神经系统功能，提高工作效率；反之，则将导致头晕、乏力、烦闷、精神不振、注意力不集中等症状，日积月累还将引发各种人体疾病。

空气质量对人类生活的重要性可想而知，通过本次综合活动对上海的空气质量情况进行查询，在查询结果基础上进行统计与分析，以便对城市空气质量有更加清晰的认识，同时也要更加关注城市空气质量。

活动要求

一、活动任务

（1）从上海环境监测中心的上海市空气质量实时发布系统（www.semc.gov.cn/aqi）查询去年每个月上海空气质量的相关数据。

（2）对查询的每个月空气质量数据进行汇总，汇总一个月中空气质量分别为"优"、"良"、"轻度污染"、"中度污染"、"重度污染"、"严重污染"的天数。

（3）制作去年 1 月—12 月空气质量的统计表，能直观地看出去年每个月中各种空气质量的天数、去年各种空气质量的天数。

（4）制作合适的统计图，对去年每月空气质量为"优"和"严重污染"的天数变化趋势进行表示。制作合适的统计图，表示一年中空气质量分别为"优"、"良"、"轻度污染"、"中度污染"、"重度污染"、"严重污染"的天数比例。

（5）利用多媒体演示文稿制作工具制作去年上海空气质量的分析报告。

二、活动分析

（1）小组合作学习有关空气质量的知识，讨论并明确关于上海空气质量的研究内容。

（2）从相应网站上查询并下载去年每个月上海空气质量的相关数据，如何获取网站中的相关数据？

（3）根据活动任务的要求,设计去年1月—12月空气质量的统计表,统计表的各列的标题是什么? 每行表示什么内容?

（4）把获取的相关数据进行相应处理后填写在设计的统计表中。由于获取的是每天空气质量的数据,而统计表中需要输入的是每月各类空气质量的天数,因此需要使用电子表格的"分类汇总"功能,根据什么字段分类,汇总方式是什么?

（5）要制作空气质量为"优"和"严重污染"的每月天数变化趋势统计图,应该选择什么样的图表类型? 要制作一年中各种类型空气质量的天数比例,应该选择什么样的图表类型?

（6）把统计表与统计图复制到多媒体演示文稿中,制作上海空气质量的分析报告。

方法与步骤

一、学习与讨论

1. 学习有关空气质量的知识

（1）什么是空气质量?

（2）空气污染的污染物有哪些?

（3）什么是空气质量指数（AQI）?

（4）空气质量指数范围及相应的空气质量类别的对应关系如何?

2. 确定小组成员与分工

表6-5-1　小组成员与分工

姓名	特长	分工

二、获取相关数据

1. 访问相应的网站

上海市空气质量实时发布系统网址为 http://www.semc.gov.cn/aqi,在网站首页的右下角可以查询上海近3年来每天的空气质量情况。

图6-5-1　网站查询相关数据

2. 查询并导出每月的空气质量数据

查询得到的每月的空气质量数据,可以导出以便进行数据统计。

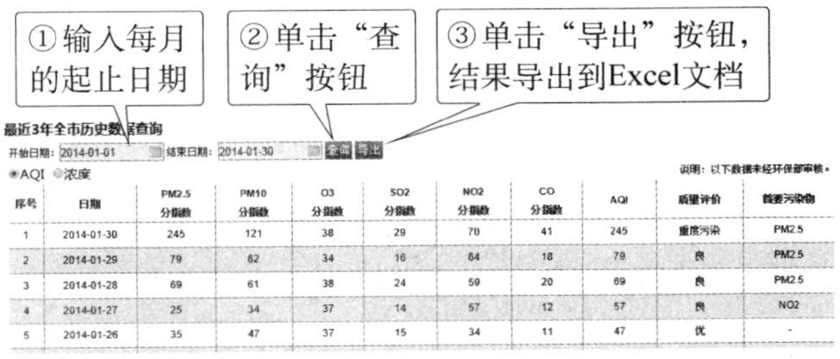

①输入每月的起止日期　②单击"查询"按钮　③单击"导出"按钮,结果导出到Excel文档

图6-5-2　查询并导出相关数据

三、设计空气质量的统计表

设计反映上海去年1月至12月空气质量的统计表,如表6-5-2所示。

表6-5-2　上海去年1月至12月空气质量统计表

月份	优（天数）	良（天数）	轻度污染（天数）	中度污染（天数）	重度污染（天数）	严重污染（天数）
1月						
2月						
……						

四、数据汇总后填入统计表

（1）把查询并导出的去年每个月的上海空气质量Excel文档中的数据进行排序与分类汇总。

① 打开下载的Excel文档。

② 首先根据"质量评价"字段进行排序。

③ 根据"质量评价"字段进行分类,汇总方式选择"计数",汇总项选择"质量评价"。

（2）根据分类汇总结果,把一个月中各种质量评价的天数输入统计表。

（3）依此类推,把去年每个月的汇总结果填写在统计表中。

五、对统计表进行统计与格式设置

（1）在"上海去年1月至12月空气质量统计表"最后加入"合计"行，计算年度各类空气质量的累计天数。

（2）设置统计表的格式使其更为合理与美观。

六、创建统计图反应年度的空气质量

（1）制作空气质量为"优"和"严重污染"的每月天数变化趋势统计图。选择相应的数据，图表类型选择"折线图"，创建统计图，并设置统计图表的格式。

（2）制作一年中各种类型空气质量的天数比例的统计图。选择相应的数据，图表类型选择"饼图"，创建统计图，并设置统计图的格式。

七、创建反应年度空气质量的分析报告

根据统计表和统计图对上海年度空气质量进行分析，利用多媒体演示文稿制作分析报告。

综 合 测 试

第一部分　知识题

1. Excel 2010 是（　　）。
   A．数据库管理软件　　　　　　　　B．文字处理软件
   C．电子表格软件　　　　　　　　　D．幻灯片制作软件

2. Excel 2010 工作簿文件的默认扩展名为（　　）。
   A．docx　　　　B．xlsx　　　　C．pptx　　　　D．mdbx

3. 在 Excel 2010 中，若一个单元格的地址为 F5，则其右边紧邻的一个单元格的地址为（　　）。
   A．F6　　　　B．G5　　　　C．E5　　　　D．F4

4. 在 Excel 2010 中，一个单元格的名称中包含所属的（　　）。
   A．列标　　　　B．行号　　　　C．列标与行号　　　　D．列标或行号

5. 在 Excel 2010 工作表的单元格中，如想输入数字字符串 070615（学号），则应输入（　　）。
   A．00070615　　　　B．"070615"　　　　C．070615　　　　D．'070615

6. 在 Excel 2010 中，填充柄在所选单元格区域的（　　）。
   A．左下角　　　　B．左上角　　　　C．右下角　　　　D．右上角

7. 若在 Excel 2010 某工作表的 F1，G1 单元格中分别填入 3.5 和 4，并将这两个单元格选定，然后向右拖动填充柄，在 H1 和 I1 中分别填入的数据是（　　）。
   A．3.5，4　　　　B．4，4.5　　　　C．5，5.5　　　　D．4.5，5

8. 在 Excel 2010 中，若需要选择多个不连续的单元格区域，除选择第一个区域之外，以后每选择一个区域都要同时按住（　　）。
   A．【Ctrl】键　　　　B．【Shift】键　　　　C．【Alt】键　　　　D．【Esc】键

9. 在 Excel 2010 的页面设置中，不能够设置（　　）。
   A．纸张大小　　　　B．每页字数　　　　C．页边距　　　　D．页眉/页脚

10. 在 Excel 2010 中，单元格 D5 的绝对地址表示为（　　）。
    A．D5　　　　B．D$5　　　　C．$D5　　　　D．D5

11. 在 Excel 2010 中，在向一个单元格输入公式或函数时，则使用的前导字符是（　　）。
    A．=　　　　B．>　　　　C．<　　　　D．%

12. 在 Excel 2010 的工作表中，假定 C3：C6 区域内保存的数值依次为 10，15，20 和 45，则函数 ＝MAX(C3：C6) 的值为（　　）。
    A．10　　　　B．22.5　　　　C．45　　　　D．90

13. 在 Excel 2010 中，进行分类汇总前，首先必须对数据表中的某个列标题（字段名）进行（　　）。
    A．自动筛选　　　　B．高级筛选　　　　C．排序　　　　D．查找

14. 在 Excel 2010 中建立图表时，有很多图表类型可供选择，能够很好地表现一段时期内数据变化趋势的图表类型是（　　）。
    A．柱形图　　　　B．折线图　　　　C．饼图　　　　D．XY散点图

二、判断题

1. Excel 中的单元格可输入文字、公式、函数及逻辑值等数据。　　　　　　　　　　（　　）

2. Excel 规定在同一工作簿中不能引用其他表。 （　　）

3. 在 Excel 中,若干工作表的集合称为工作簿。 （　　）

4. 在 Excel 中,所选的单元格范围不能超出当前屏幕范围。 （　　）

5. 在 Excel 中,剪切到剪贴板的数据可以多次粘贴。 （　　）

6. 若工作表数据已建立图表,则修改工作表数据的同时也必须修改对应的图表。 （　　）

7. 在文字处理 Word 中,表格的单元格既可以合并又可以拆分,Excel 中的单元格也是既可以合并又可以拆分。 （　　）

8. 在 Excel 工作表的单元格中,如想输入学号"070985",则直接输入"070985"。 （　　）

9. 一个工作簿文件中最多只能有 3 个工作表。 （　　）

10. 在 Excel 2010 中建立图表时,能表示比例的图表类型是柱形图。

三、填空题

1. 在 Excel 中,一般工作文件的默认文件类型为（　　　　　）。

2. 在 Excel 中默认工作表的名称为（　　　　　）。

3. 在 Excel 工作表中,如没有特别设定格式,则文字数据会自动（　　　　　）,而数值数据自动（　　　　　）。

4. 在 Excel 工作表中,行标号以（　　　　　）表示,列标号以（　　　　　）表示。

5. 填充柄在每一单元格的（　　　　　）下角。

6. 快速查找数据表中符合条件的记录,可使用 Excel 中提供的（　　　　　）功能。

7. 在 Excel 2010 中,在 A1 单元格内输入"101",拖动该单元格填充柄至 A8,则单元格中内容是（　　　　　）,按住【Ctrl】键,拖动该单元格填充柄至 A8,则单元格中内容是（　　　　　）。

8. 单元格 C1 ＝ A1 ＋ B1,将公式复制到 C2 时,C2 的公式是（　　　　　）。

9. 如果输入一个单引号,再输入数字数据,则数据靠单元格（　　　　　）对齐。

10. 在 Excel 2010 中数据源数据发生变化时,相应的图表（　　　　　）。

第二部分　操作题
重庆近年来城镇居民人均生活消费支出

一、项目背景与任务

近几年来,重庆市城镇居民的人均可支配收入不断提高。由于各项改革政策的出台,城镇居民家庭消费情况(如就业、住房、医疗、养老保险等)也在不断变化。重庆城镇居民人均生活消费情况的数据资料可以从重庆统计信息网(www.cqtj.gov.cn)查询,近 3 年的数据通过网站的"数据查询"栏目查询获取,再往前几年的数据可以通过"历史数据"查询,通过这一年 12 月综合月度数据的" ＊ 年 12 月统计月报. xls"文件获取。

请从重庆统计信息网查询获取相关数据,设计重庆近年来城镇居民人均生活消费支出的统计表,完成相关数据的统计和汇总工作,并以表格和统计图表的形式对近年来重庆城镇居民人均消费情况进行统计分析,最后完成一份分析报告。

在 D 盘根目录下建立"消费分析"文件夹,作品保存在相应的该文件夹下,统计表格以"消费. xlsx"为文件名保存,分析报告以"消费. docx"为文件名保存。

二、设计要求

(1) 请从重庆统计信息网查询获取相关数据,设计重庆近年来城镇居民人均生活消费支出的统计表。

(2) 把设计的重庆近年来城镇居民人均生活消费支出统计表输入电子表格软件 Excel,把获取的重庆近年来城镇居民人均生活消费支出的有关数据输入统计表。

(3) 在统计表的每种消费支出后增加一列,统计每种消费支出占总消费支出的比例,比例的显示格式为百分比,保留一位小数。

(4) 使用统计表中的有关数据,制作适当的统计图,能反映在食品、教育、居住方面近年来的变化趋势。

(5) 根据统计表格和创建的统计图,利用文字处理软件 Word 创建分析报告,对近年来重庆城镇居民在食品、教育、居住方面的人均生活消费情况进行分析,要求主题鲜明、版面清晰、分析有理。

三、制作要求

(1) 对创建的统计表格进行格式的设置,使表格清晰和醒目。

(2) 使用公式进行数据统计,计算结果正确。

(3) 根据统计表创建的统计图表类型正确,进行格式设置,做到简洁、明了、美观。

（4）分析报告中要有统计表和统计图，并有文字表述。

四、参考操作步骤

（1）项目任务分析。设计重庆近年来城镇居民人均生活消费支出的统计表，进入重庆统计信息网，浏览近年来重庆城镇居民人均生活消费情况，把相关的数据输入 Excel 统计表，然后进行统计表格式的设置，进行消费总和的计算，再在每一个消费项目的后面插入一列，统计该项消费占总消费的比例。

根据设计要求，创建的统计图只要能反映食品、教育、居住方面近年来的变化趋势，因此只要选择 3 方面的消费数据，图表的类型应为折线图。然后进行图表格式的设置。最后创建分析报告，分析报告中可以把 Excel 中的统计表做好统计图直接复制，文字分析的内容可以从给出的相应文件中选择合适的内容。

（2）启动电子表格软件 Excel。在单元格 A1 中输入统计表的标题"重庆近五年来城镇居民消费支出统计表"。在第二行中输入统计表的列标题（如年份、食品、衣着等），在 A 列中输入近 5 年的主要年份，每行表示每年的各类消费支出。

（3）把从重庆统计信息网上获取的近 5 年来重庆城镇居民在各方面消费支出的数据输入电子表格软件的工作表，参考结果如图 6 - 6 - 1 所示。

	A	B	C	D	E	F	G	H	I	J
1	重庆近五年来城镇居民消费支出统计表									
2	年 份	食品	衣着	家庭设备及	医疗保健	交通和通信	教育文化服	居住	杂项商品和服务	
3	2010年	5012	1697	1072	1021	1384	1408	1275	462	
4	2011年	5847	2056	1079	1050	1718	1474	1205	540	
5	2012年	6870	2229	1196	1102	1903	1471	1177	625	
6	2013年	7245	2334	1326	1245	1976	1723	1376	589	
7	2014年	6308	1878	1293	1188	2010	1714	3521	369	

图 6 - 6 - 1　参考结果 1

（4）选择单元格 A2:I2，设置对齐方式的文本控制方式为"自动换行"。

（5）调整各列的宽度为合适的宽度。

（6）在 J 列统计"消费总和"，通过公式统计所有消费的总和。

例如，在单元格 J3 中输入公式"＝ B3＋C3＋D3＋E3＋F3＋G3＋H3"。

（注意：不能直接用求和函数和自动求和工具进行计算，因为后面还要插入列，统计各类消费的百分比。）

（7）在各类消费后面插入空白列，通过公式计算各类消费占总消费的比重。计算公式为各类消费支出除以总消费支出。

例如，在 C3 单元格输入公式"＝ B3/R3"。

（8）各类消费占总消费比例的数据格式设置为"百分比"，小数位数设为"1"。

（9）设置统计表的格式，表格标题设置跨列居中，设置统计表不同区域不同的底纹颜色，因为每种消费支出有具体数值与百分比，因此设置标题列标题合并单元格。

参考结果如图 6 - 6 - 2 所示。

	A	B	C	D	E	F	G	H	I	J	K	L	M	N	O	P	Q	R
1	重庆近五年来城镇居民消费支出统计表																	
2	年 份	食品		衣着		家庭设备及服务		医疗保健		交通和通信		教育文化服务		居住		杂项商品和服务		消费总和
3	2010年	5012	37.6%	1697	12.7%	1072	8.0%	1021	7.7%	1384	10.4%	1408	10.6%	1275	9.6%	462	3.5%	13331
4	2011年	5847	39.1%	2056	13.7%	1079	7.2%	1050	7.0%	1718	11.5%	1474	9.8%	1205	8.0%	540	3.6%	14969
5	2012年	6870	41.5%	2229	13.4%	1196	7.2%	1102	6.6%	1903	11.5%	1471	8.9%	1177	7.1%	625	3.8%	16573
6	2013年	7245	40.7%	2334	13.1%	1326	7.4%	1245	7.0%	1976	11.1%	1723	9.7%	1376	7.7%	589	3.3%	17814
7	2014年	6308	34.5%	1878	10.3%	1293	7.1%	1188	6.5%	2010	11.0%	1714	9.4%	3521	19.3%	369	2.0%	18281

图 6 - 6 - 2　参考结果 2

（10）使用统计表中的有关数据，制作适当的统计图，能反映食品、教育、居住方面近年来的变化趋势。根据要求确定统计图的类型，因为要反应近年来的变化趋势，图表类型应选择折线图。

（11）创建能反映食品、教育、居住方面近年来变化趋势的统计图。

① 选择要创建图表的数据区域：选择 C3：C7（"食品"消费支出占年度总消费的比例），按住【Ctrl】键选择 M3：M7（"教育"消费支出占年度总消费的比例），按住【Ctrl】键选择 O2：O7（"居住"消费支出占年度总消费的比例）。

② 选择"插入"选项卡，在"图表"组中选择"折线图"按钮，选择一个带有数据标记的二维折线图，生成折线图。

（12）对创建的折线图进行修改。

① 修改折线图标题：双击折线图，出现图表工具菜单栏，选择合适的图表布局，显示出图表标题、坐标轴标题，将图表标

题修改为"近年来食品、教育、居住消费支出的变化趋势图",将 Y 坐标轴标题修改为"消费支出占比"。

② 修改折线图系列名称和横轴:单击"选择数据"命令,在弹出的"选择数据源"对话框中,修改"水平(分类)轴标签",选择水平轴标签的数据源为 A3 到 A7;修改图例项(序列),单击序列 1,点击"编辑"命令,将序列 1 名称改为"食品";单击序列 2,点击"编辑"命令,将序列 2 名称改为"教育文化服务";单击序列 3,点击"编辑"命令,将序列 3 名称改为"居住";单击确定。如图 6 - 6 - 3 所示。

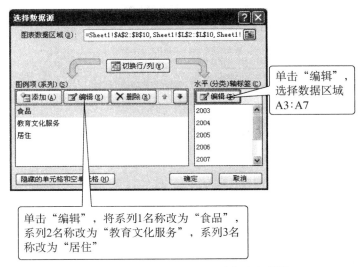

图 6 - 6 - 3 修改折线图系列名称和横轴

(13) 对创建的折线图进行格式设置。

可以设置标题的字体、绘图区的背景等。参考结果如图 6 - 6 - 4 所示。

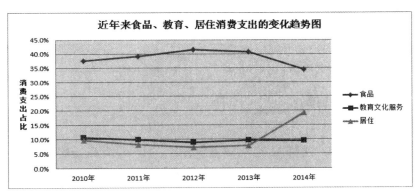

图 6 - 6 - 4 参考结果 3

(14) 在 D 盘根目录下建立"消费分析"文件夹,统计表格以"消费. xlsx"为文件名保存在该文件夹下。

(15) 根据统计表格和折线图,利用 Word 软件创建分析报告,对近年来重庆城镇居民在食品、教育、居住方面的人均生活消费情况进行分析。

① 设计分析报告的版面布局。

② 新建一个 Word 文档,把电子表格软件 Excel 中的"重庆近年来城镇居民人均生活消费支出统计表"的所需内容复制到该 Word 文档中,调整位置并设置其大小和格式。

③ 把电子表格软件 Excel 中的"近年来食品、教育、居住消费支出的变化趋势图"复制到该 Word 文档中,调整位置并设置其大小,设置其图片格式,其中的版式为浮于文字上面。

④ 插入文本框,在文本框中加入对近年来重庆城镇居民在食品、教育、居住方面的人均生活消费情况进行文字的分析描述,并进行文本框格式的设置、位置的调整。

对近年来重庆城镇居民在食品、教育、居住方面的人均生活消费情况进行分析的内容,可以从"人均生活消费情况进行分析的选项. docx"文件中选择。

参考结果如图 6 - 6 - 5 所示。

(16) 分析报告以"消费. docx"为文件名,保存在 D 盘的"消费分析"文件夹下。

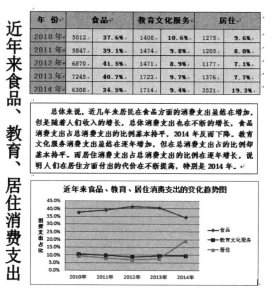

近年来食品、教育、居住消费支出

图 6-6-5　参考结果 4

归纳与小结

通过电子表格进行数据加工和表达的一般过程如图 6-7-1 所示。

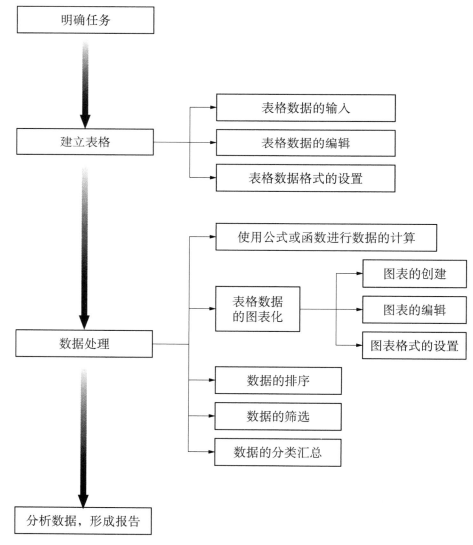

图 6-7-1　项目六的流程图

项目七 数据库

幼儿园班级管理微型数据库

目前我国的幼儿园正处在历史上最大的变革时期,无论公办还是民办幼儿园,都面临着自身深刻的变革,机遇与挑战并存,能否抓住机遇、顺应未来决定着很多幼儿园的前途。随着幼儿园数量规模的不断扩大,传统的手工管理模式已经不能有效地管理幼儿园中教师和幼儿的信息,而当今计算机与网络技术的高速发展,正好可以弥补这个问题。使用计算机管理系统,不仅能提高幼儿园的管理水平,还能减少办园经费,提高幼儿园的动作效率,同时,还为建立幼儿园特色"招牌"提高竞争力,为幼儿园的管理工作节约不少人力和物力。

随着各个幼儿园规模的扩大,班额、教师和幼儿数量也在不断增加,如何有效地通过可视化操作来完成这些数据的录入、编辑、查询、修改等操作,将是本章学习的重点。Microsoft Office Access 是由微软发布的关联式数据库管理系统,它结合 Microsoft Jet Database Engine 和图形用户界面两项特点,是 Microsoft Office 的成员之一。Access 在 2000 年时成为计算机等级考试中计算机二级的一种数据库语言,并且因为它的易学易用特点正逐步取代传统的 VFP,成为二级考试最受欢迎的数据库语言。

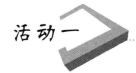

活动一　幼儿园班级数据库及数据表的建立

活动要求

为了便于幼儿园的全园数据统计与查询,要求各班老师利用 Access 数据库工具,对各班幼儿的基本情况、父母所在单位及联系方式、各班任课教师及保育员等信息进行录入。

参考样例如图 7-1-1 所示

图 7-1-1　班级信息数据库样例

活动分析

一、思考与讨论

(1) 要全面地了解幼儿园各个班级的情况,需要有哪些表格?反映哪些内容?

(2) 与 Excel 相比,在录入数据前应该做些什么工作?

(3) 录入表中数据时需要注意什么?有没有格式方面的限制?

二、总体思路

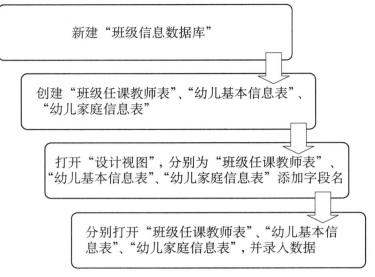

新建"班级信息数据库"

创建"班级任课教师表"、"幼儿基本信息表"、"幼儿家庭信息表"

打开"设计视图",分别为"班级任课教师表"、"幼儿基本信息表"、"幼儿家庭信息表"添加字段名

分别打开"班级任课教师表"、"幼儿基本信息表"、"幼儿家庭信息表",并录入数据

图 7-1-2　活动一的流程图

方法与步骤

一、运行与认识 Access 窗口界面

（1）运行 Access。

单击"开始" 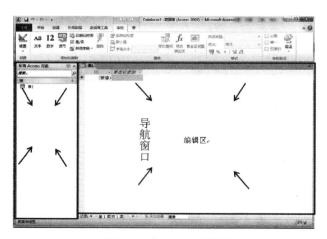 →"所有程序"→"Microsoft office"→"Microsoft Access"。

（2）与 Word、Excel、PowerPoint 等软件进行对比,特别是找到 Access 工具栏中有哪些其他三大软件所没有的工具,这也是学习可以文字处理的 Word 和表格处理的 Excel 之后还需要学习 Access 的原因。

（3）认识 Access 窗口界面,如图 7-1-3 所示,主要认识其导航窗口以及编辑区等。

图 7-1-3　Access 窗口

二、数据库的建立

（1）在打开的 Access 窗口"开始"菜单中新建

空数据库,如图 7-1-4 所示。

①单击"文件"菜单
②选择"新建"
③点击"空数据库"

图 7-1-4　Access 新建数据库窗口

（2）进入 Access 数据录入界面,如图 7-1-5 所示。

图 7-1-5　Access 表格数据录入窗口

点拨

还可以利用 Access 中的样本模板来新建数据库,这两种方法有何异同?分别在什么时候使用?

三、数据表的建立

(1) 在建立数据库时,系统会生成默认名为"表一"的表格,如图 7-1-6 所示。需要对其改名,并增加或更改里面的数据。

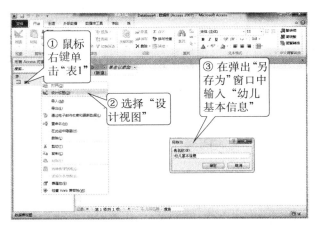

图 7-1-6　更改表名

(2) 创建新表,并改名为"幼儿家庭情况表"。

参照如图 7-1-7 所示的 Access 表格数据录入窗口,将表名改为"幼儿家庭信息表"。

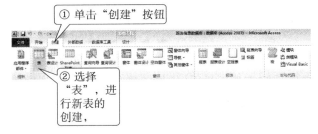

图 7-1-7　创建新表

四、录入数据

(1) 设计视图主要用于设计表的结构,在设计视图中输入数据(如编辑字段,并定义字段的数据

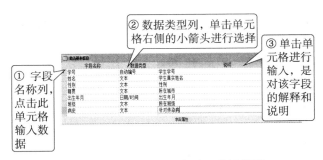

图 7-1-8　设计字段名称及数据类型

类型、长度、默认值等参数)。

在 Access 中共有 10 种数据类型,常用的是表 7-1-1 中的这 8 种。

表 7-1-1　常用的 Access 数据类型

数据类型	字段长度	说明
文本	最多可存储 255 个字符	存储文本
备注	不定长,最多存储 6.4 万个字符	存储较长文本
数字	字节:1 个字节,整形:2 个字节 单精度:4 个字节,双精度:8 个字节	存储数值
日期/时间	8 个字节	存储时间和日期
货币	8 个字节	存储货币值
自动编号	4 个字节	自动编号
是/否	1 位	存储逻辑型数据
OLE 对像	不定长,最多可存储 1 GB	存储图像、声音等

表 7-1-1 中的文本型数据使用频率最高,一般不需要计算的数值数据都应设置成文本型(如身份证号码、电话号码等)。特别强调在 Access 中文本数据的单位是字符,英文和汉字都算一个字符,这不同于字节。

OLE 对像用于存储 Word 文档、Excel 表格、图像、声音和其他二进制数据,最多可达 1 GB。OLE 对像只能在窗体或报表中使用对像框进行显示。

自动编号型数据用于对表格中的纪录进自动编号。当有一条新纪录时,自动编号型字段的值自动产生,或者依次自动加 1,或者随机编号,在自动编号的字段属性中进行设置。

(2) 字段属性的设置。例如,图 7-1-9 对"性别"字段属性进行设置。

图 7-1-9　"性别"字段属性设置

在"性别"字段属性中,为了避免录入数据时出现错误,在有效性规则中输入图 7-1-9 所示的数

据，从而在录入数据时将不能输入“男”或“女”以外的数据，于是字段大小选择输入“1”。为了方便输入，当在默认值中输入“男”时，录入时该字段默认所有人为“男”，输入“女”时可直接修改。特别提示的是属性中输入的符号必须为英文符号。

其他字段属性可参照图 7-1-9 进行设置。

(3) 数据的录入。选定左边的表向导中的“幼儿基本信息”，如图 7-1-10 所示，输入编辑数据。

幼儿基本信息

学号	姓名	性别	籍贯	出生年月	班级	病史	单击以添加
1	王进	女	重庆黔江	11-03-06	青果班	无	
2	唐灵	女	重庆万州	10-09-13	青果班	无	
3	张思聪	男	上海虹口	11-04-04	红橙班	无	
4	邓紫红	女	上海黄浦	11-03-11	青果班	手足口治愈	
5	肖程程	女	上海虹口	10-02-13	红橙班	无	
6	张新雷	男	上海黄浦	11-06-07	豆丁班	水痘正在治疗	
7	李华保	男	上海黄浦	11-02-23	青果班	无	
8	程玲	女	重庆万州	11-05-24	红橙班	无	
9	肖心如	女	重庆万州	11-01-18	青果班	风疹治愈	
(新建)							

图 7-1-10 “幼儿基本信息表”

参照上面的方法，分别建立如图 7-1-11 和图 7-1-12 所示的两张表。

班级任课教师表

班级	任课教师姓	出生年月	担任职务	学历	职称	单击以添加
青果班	陈玲玲	69-02-01	保育员	小学	无	
青果班	陈小蓉	93-01-02	配班教师	专科	幼儿园二级	
红橙班	李红	67-06-21	保育员	初中	无	
红橙班	李小冰	94-02-01	配班老师	专科	幼儿园二级	
豆丁班	王林	80-02-01	主班教师	本科	幼儿园高级	
青果班	张佳佳	83-02-01	主班教师	本科	幼儿园高级	
红橙班	张清清	86-01-11	主班教师	本科	幼儿园一级	
豆丁班	张蓉	68-05-01	保育员	初中	无	
豆丁班	张思意	90-02-04	配班教师	本科	幼儿园一级	

图 7-1-11 “班级任课教师表”

幼儿家庭信息表

姓名	家庭住址	家庭成员姓	成员关系	家庭成员电话
程玲	重庆市万州区金龙小区10幢10-2	程合国	父女	13097567771
邓紫红	重庆市万州区金龙小区10幢5-1	张欣	母女	13865378896
李华保	重庆市万州区金龙小区5幢3-2	张希西	母子	15934678891
唐灵	重庆市万州区金龙小区10幢23-2	唐万浩	父女	15854344453
王进	重庆市万州区金龙小区10幢23-1	王刚	父女	13095444124
肖程程	重庆市万州区金龙小区10幢7-2	肖烈	父女	13134678999
肖心如	重庆市万州区金龙小区8幢10-2	张苗	母女	13956888731
张思聪	重庆市万州区金龙小区8幢8-3	张林	父子	13838488835
张新雷	重庆市万州区金龙小区9幢16-1	廖玲	母子	13196578899

图 7-1-12 “幼儿家庭信息表”

知识链接

一、常用术语

1. 数据库

数据库(DB)是长期存储在计算机外存上、有结构、可共享的数据集合。数据库中的数据按照一定的数据模型描述、组织和存储，具有较小的冗余度、较高的数据独立性和可扩展性，并可以为不同的用户共享，如图 7-1-13 所示。

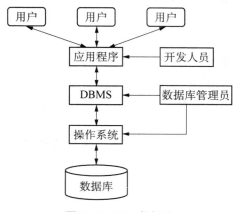

图 7-1-13 数据库

2. 数据库管理系统

数据库管理系统(DBMS)是指数据库系统中对数据库进行管理的软件系统，是数据库系统的核心组成部分。数据库的一切操作(如查询、更新、插入、删除以及各种控制)，都是通过 DBMS 进行的。

DBMS 是位于用户(或应用程序)和操作系统之间的系统软件。DBMS 在操作系统支持下运行，借助于操作系统实现对数据的存储和管理，使数据能被各种不同的用户所共享，保证用户得到的数据完整和可靠。DBMS 与用户之间的接口称为用户接口，提供给用户可使用的数据库语言。

数据库管理系统是数据库系统的核心，其主要工作就是管理数据库，为用户或应用程序提供访问数据库的方法。

目前常见的 DBMS 有 Access，SQL Server，DB2，Oracle 等。

3. 应用程序

应用程序是指各种开发工具开发的满足特定应用环境的程序。根据应用程序的运行模式，应用程序可以分为两类：一类用于开发客户机/服务器模式中的客户端程序，如 Visual Basic，Visual C++等；另一类用于开发浏览器/服务器模式中的服务端程序，如 ASP，NET 等。

4. 数据库系统相关人员

数据库系统相关人员是数据库系统的重要组成部分，分为数据库管理员、应用程序开发人员和最终用户 3 类。

(1) 数据库管理员：负责数据库的建立、使用、维护的专门人员；

(2) 应用程序开发人员：开发数据库应用程序的人员，可以使用数据库管理系统的所有功能；

（3）最终用户：一般来说，最终用户是通过应用程序使用数据库的人员，最终用户无需自己编写应用程序。

5. 数据库系统

数据库系统（DBS）是由硬件系统、数据库管理系统、数据库、数据库应用程序、数据库系统相关人员等构成的人-机系统。数据库系统不单指数据库或数据库管理系统，而是指带有数据库的整个计算机系统。

过去，数据库公司产品仅为DBMS。随着数据库公司向面向应用的系统集成转型，产品往往是一整套网络数据库应用解决方案，包换DBMS、数据库应用服务器、开发工具套件等。

从严格意义上来说，数据库、数据库管理系统、数据库系统三者的含义是有区别的，但是在许多场合往往不作严格区分，可能出现混用的情况。

二、数据模型

数据模型是数据库中数据的存储方式，是数据库系统的核心和基础。在几十年的数据库发展史中，出现了3种重要的数据模型：

（1）层次模型，它用树型结构来表示实体及实体间的联系。例如，1968年IBM公司推出的IMS。

（2）网状模型，它是网状结构来表示实体及实体间的联系。例如，1969年美国CODASYL组织公布《DBTG报告》，此后根据《DBTG报告》实现的系统一般称为DBTG系统。

（3）关系模型，它用一组二维表来表示实体及实体间的关系。例如，Microsoft Access的理论基础是1970年IBM公司研究人员E. F. Codd发表的大量论文。

在这3种数据模型中，前两种现在已经很少见到，目前应用最广泛的是关系数据模型。从20世纪80年代以来，软件开发商提供的数据库管理系统几乎都支持关系模型。

下面介绍关系模型及其基本知识。

1. 二维表

关系模型将数据组织成二维表的形式，这种二维表在数学上称为关系。

下面介绍有关关系模型的基本术语。

（1）关系：一个关系对应一个二维表。

（2）关系模式：关系模式是对关系的描述，一般形式如下：

$$关系名(属性1,属性2,……,属性n)$$

（3）记录：表中的一行称为一条记录，记录也被称为元组。

（4）属性：表中的一列称为一个属性，属性也被称为字段。每一个属性都有一个名称，称为属性表。

（5）关键字：表中的某个属性集，它可以唯一确定一条记录。

（6）主键：一个表中可能有多个关键字，但在实际应用中只能选择一个，被选用的关键字称为主键。

（7）值域：属性的取值范围。

关系模型要求关系必须是规范化的，即要求关系必须满足一定的规范条件，这些条件中最基本的就是关系的每个分量必须是不可再分的数据项，也就是说不允许表中还有表。

2. 关系的种类

关系有3种类型：

（1）基本表：基本表就是关系模型中实际存在的表。

（2）查询表：查询表是查询结果表，或查询中生成的临时表。

（3）视图：视图是由基本表或其他视图导出的表。视图是为了满足数据查询方便、数据处理简便及数据安全要求而设计的数据表，不对应实际存储的数据。利用视图可以进行数据查询，也可以对基本表进行数据维护。

关系模型最大的优点是简单。一个关系就是一个数据表格，用户容易掌握，只需要用简单的查询语句就能对数据表进行操作。用关系模型设计的数据库系统用查表方法查找数据，而用层次模型和网状模型设计的数据库系统通过指针查找数据，这是关系模型和其他两类数据模型很大的区别。

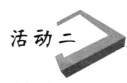

幼儿园班级数据库及数据表的建立

活动要求

班级数据录入完成后,青果班老师王进发现查找数据很不方便,找一些她所需要的信息往往要打开3张表格,而且随着信息量的增大,录入表格的增多也会越来越不方便,于是需要设计出方便教师进行查询的数据表或窗体。

参考样例如图7-2-1所示。

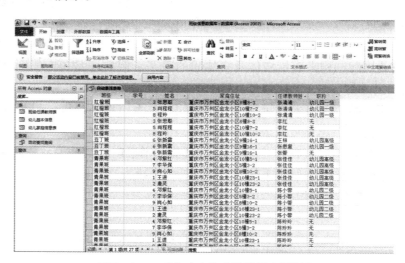

图7-2-1 "自动查找查询数据表"样例

活动分析

一、思考与讨论

(1)建立表与表之间的关系有何作用?

(2)如何将几张表的某些数据用一张数据表显示?

(3)为了更加清晰准确地显示,在Access中能不能用到Excel中学过的"筛选"?

(4)窗体和数据表的区别是什么?

二、总体思路

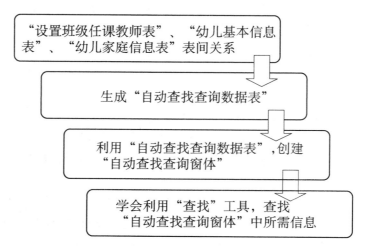

图7-2-2 活动二的流程图

方法与步骤

（1）打开查询设计选项表，如图7-2-3所示。

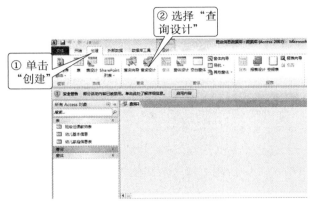

图7-2-3 创建"查询"

（2）添加"班级任课教师表"、"幼儿基本信息表"、"幼儿家庭信息表"，如图7-2-4所示。

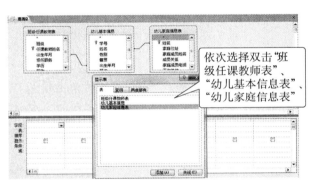

图7-2-4 选择显示表

（3）设计表间关系，参见图7-2-5至图7-2-8。

图7-2-5 设计表间关系

图7-2-6 联接属性

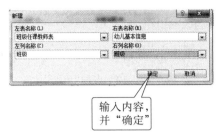

图7-2-7 新建表间关系

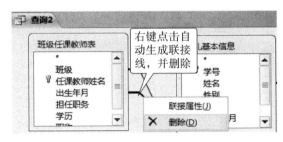

图7-2-8 删除多余关系

点拨

在Access中，不同表中的数据之间存在一种关系，这种关系将数据库里各张表中的每条数据记录都和数据库中唯一的主题相联系，使得对每一个数据操作都成为对数据库的整体操作。

（4）选择需要自动查找查询类别，如图7-2-9所示。

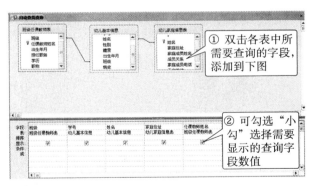

图7-2-9 选择字段名

（5）生成查找查询数据表，分别如图7-2-10和图7-2-11所示。

（6）进行数据筛选。当表中显示文字过多，可对生成样表进行筛选。

例如，如图7-2-12所示，只需要显示"豆丁班"的查询数据，可通过数据筛选，得到如图7-2-13所示的筛选结果。

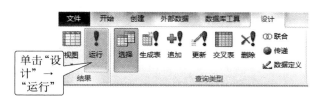

图 7 – 2 – 10　点击"运行"

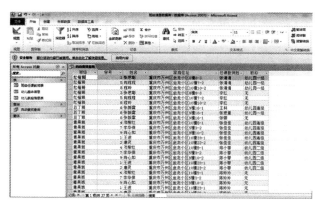

图 7 – 2 – 11　生成查询数据表

图 7 – 2 – 12　数据筛选

图 7 – 2 – 13　筛选结果

（7）一步生成自动查找查询窗体,如图 7 – 2 – 14 和图 7 – 2 – 15 所示。

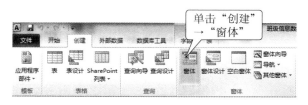

图 7 – 2 – 14　创建"窗体"

图 7 – 2 – 15　生成需要查询窗体

（8）查找字段信息。

例如,如果需要查找学号为"1"的学生信息,可进行如图 7 – 2 – 16 所示的操作。

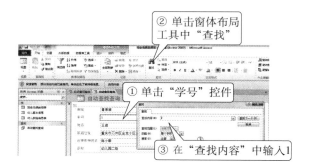

图 7 – 2 – 16　窗体中利用工具查询

知识链接

一、主键

主键可以是表中的一个字段或段集,为表中的每个记录提供唯一的标识符。创建主键的方法如下:

（1）在 Access2010 窗口中,打开"开始"选项卡,在"视图"组中单击"视图"下拉按钮,在下拉列表中选择"视图设计"选项,切换到设计视图。

（2）在"字段名称"列表中选择要设置的字段,在"工具"组中单击"主键"按钮即可。如果再次单击已被设置为主键的字段,然后单击"主键"按钮,则将取消主键。

点拨

　　如需为表创建多个主键,则按住【Shift】键,选择需要设置主键的字段,在"工具"组中单击"主键"按钮即可创建多个主键,即主键是字段集。

二、索引

1. 索引的创建

（1）将表切换到设计视图,选择要创建索引的字段。

（2）打开"设计"选项卡,在"显示/隐藏"族中单击"索引"按钮,弹出"索引"对话框,对索引的属性进行设置。

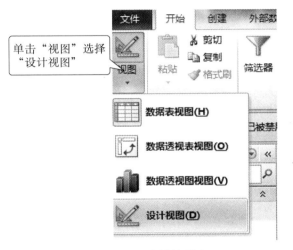

图 7-2-17　索引的创建 1

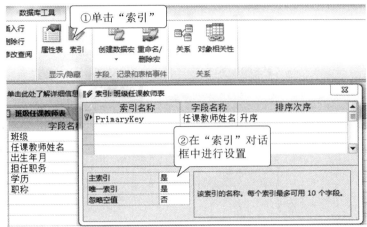

图 7-2-18　索引的创建 2

2. 索引的删除

对很少使用的索引,可以将其删除。

在设计视图中,打开"设计"选项卡,在"显示/隐藏"组中单击"索引"按钮,弹出"索引"对话框。

选择要删除的索引行右击,在菜单中选择"删除行"命令即可。

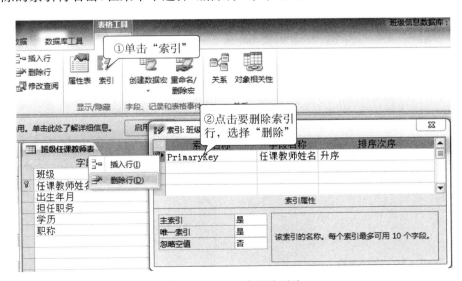

图 7-2-19　索引的删除

三、创建表关系

　　在数据库中表之间的关系主要建立在相同字段之间,有一对一、一对多两种关系,建立关系的两个表称为"父表"和"子表",将两个表的关键字段称为"主键"和"外键",表关系就建立在"主键"和"外键"之间。

其中,一对一是指父表中一条记录与子表中的唯一一条记录关联,一对多则指主表中记录与子表中的多条记录关联。

四、表的操作

1. 修改表结构

有时用户需要对数据表的结构进行修改,包括删除字段、添加字段、改变字段数据类型和设置字段有效性规则等。

(1)更改字段名称。打开数据库中的表,打开"字段"选项卡,在"属性"组中单击"名称和标题"按钮,弹出"输入字段属性"对话框。输入字段名称。或在表中上级字段名称栏内,在编辑状态输入字段名称,按【Enter】键即可。

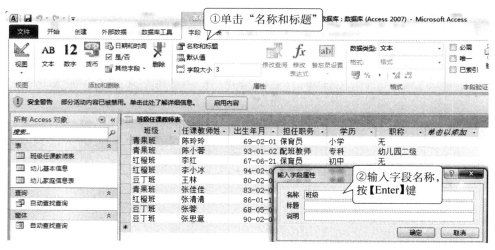

图 7-2-20 更改字段名称

(2)添加字段。打开表后,打开"字段"选项卡,在"添加和删除"组中包含多个按钮(如"文本"、"数字"、"货币"等),单击其中某个按钮可在表中所选单元格右侧添加该类型的类型。

单击"其他"按钮,在下拉列表中有更多的字段样式。

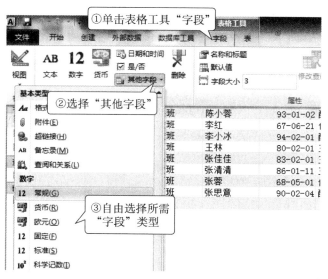

图 7-2-21 添加字段

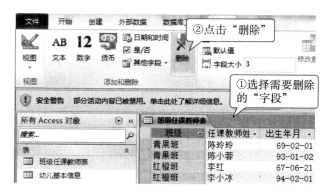

图 7-2-22 删除字段

(3)删除字段。删除字段有以下两种方法:

① 选择需要删除字段的一个或多个单元格,打开"字段"选项卡,在"添加或删除"组中单击"删除"按钮。弹出对话框,单击"是"按钮即可。

② 在字段名称上右击,在快捷菜单中选择"删除"命令,在弹出的对话框中单击"是"按钮即可。

（4）移动字段的位置。在打开的表中选择需要移动的字段,按住鼠标左键,当鼠标指针变为移动形状时进行拖动,拖到目标位置后释放鼠标即可。

2. 记录操作

在数据表视图模式下,用户可以对表进行浏览、添加记录、删除记录和修改记录等操作。

（1）输入记录。打开数据库表,在表中单击字段名下方需要输入数据的单元格,直接输入数据即可。

（2）添加记录。直接在表的最后一个记录下面输入相应数据即可。也可以打开"开始"选项卡,在"记录"组中单击"新建"按钮,将自动定位到最后一条记录输入即可。

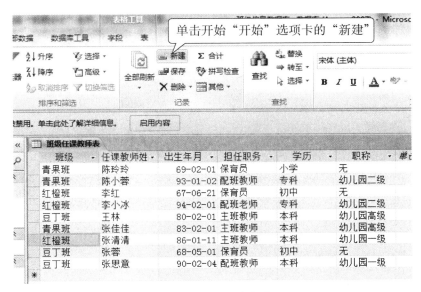

图 7-2-23 添加记录

 点拨

（1）在 Access 中默认的 ID 字段为唯一字段,自动编号,不能用于数据输入。

（2）在 Access 中不能对记录的位置进行改变。添加记录时,添加的新记录总是位于表的最后一行。

（3）删除记录。在打开的表中,将鼠标指针移到要删除记录的前面,当指针形状变为"➜"时,单击选择该记录。

① 右击,在快捷菜单中选择"删除记录"命令。

② 打开"开始"选项卡,在"记录"组中单击"删除"按钮,弹出提示对话框,单击"是"按钮,确认删除该记录。

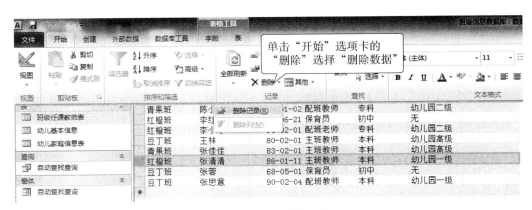

图 7-2-24 删除记录

（4）排序记录。

① 打开表，选择需要排序的字段列中的某单元格。

② 打开"开始"选项卡，在"排序和筛选"组中单击"升序"或"降序"按钮；或在字段名上右击，在快捷菜单中选择"升序"或"降序"命令即可。

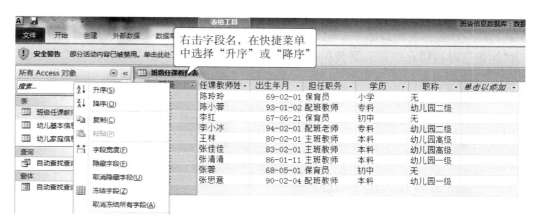

图 7－2－25 排序记录

（5）筛选记录。

① 打开表，选择需要排序的字段列中的某单元格。

② 打开"开始"选项卡，在"排序和筛选"组中单击"筛选器"按钮；或单击字段名称后的下拉按钮，弹出"筛选器"对话框，在其中进行设置即可。

图 7－2－26 筛选记录

 点拨

（1）与 Excel 相比，Access 具有强大的数据处理与统计分析能力，Access 的查询功能可以方便地进行各类汇总和平均等统计，并且可以灵活设置统计的条件。例如，在统计分析上万条、十几万条及以上的记录数据时，速度很快且操作方便，这一点是 Excel 无法与之相比的。

（2）"查询向导"是非常省时省力的工具。

（3）信息量越大，越能体现数据库的优势。

（4）数据库的开发要注意信息的保密性。

自主实践活动

朝阳学校是一所私立大学，拥有近万名学生，学校教学管理难度可想而知，因此迫切需要开发一款可以进行管理的数据库。

具体要求如下：

1. 录入

（1）教师档案信息（包括姓名、性别、工作时间、政治面貌和学历等）；

（2）教师授课信息（包括课程编号、教师编号、授课地点、授课时间等）；

（3）学生信息（包括学号、姓名、出生年月、班级编号等）；

（4）学生成绩（包括学号、学期、课程编号、成绩等）。

2. 建立查询

可提供对教师档案信息、教师授课信息、学生信息和学生成绩的查询与浏览功能。

拓展要求如下：

对学生信息、学生成绩等信息提供查询、统计、计算等功能。

综 合 测 试

知 识 题

一、选择题

1. 存储在计算机内按一定的结构和规则组织起来的相关数据的集合称为（　　）。

　　A．数据库管理系统　　　　　　　　　　B．数据库系统

　　C．数据库　　　　　　　　　　　　　　D．数据结构

2. 下列叙述中正确的是（　　）。

　　A．数据库系统是一个独立的系统

　　B．数据库技术的根本目标是要解决数据的共享问题

　　C．数据库管理系统就是数据库系统

　　D．以上说法都不对

3. 对于"关系"的描述，正确的是（　　）。

　　A．同一个关系中允许有完全相同的元组

　　B．在同一个元组中必须按关键字升序存放

　　C．在同一个元组中必须按关键字作为该关系的第一属性

　　D．同一关系中不能出现相同的属性

4. 数据库(DB)、数据库系统(DBS)、数据库管理系统(DBMS)三者之间的关系是（　　）。

　　A．DBS 包括 DB 和 DBMS　　　　　　　B．DBMS 包括 DBS 和 DB

　　C．DB 包括 DBS 和 DBMS　　　　　　　D．DBS 就是 DB，也就是 DBMS

5. Accesss 数据库对象不包括（　　）。

　　A．表　　　　　　　B．查询　　　　　　C．模型　　　　　　D．属性

6. 以下关于数据表叙述正确的是（　　）。

　　A．每个表的记录与实体可以以一对多的形式出现

　　B．每个表都要有关键字

　　C．每个表的关键字只能是一个字段

　　D．在表内可以定义一个或多个索引，以便与其他表建立关系

7. 在 Access 数据库窗口使用表设计器创造表的步骤依次是（　　）。

　　A．打开表设计器，定义字段，设定主关键字，设定字段属性和表的存储

　　B．打开表设计器，设定主关键字，定义字段，设定字段属性和表的存储

　　C．打开表设计器，定义字段，设定字段的属性和表的存储，设定主关键字

　　D．打开表设计器，设定字段的属性和表的存储，定义字段和主关键字

8. 在表设计器中定义字段的操作包括（　　）。

　　A．确定字段的名称、数据类型、字段大小以及显示的格式

　　B．确定字段的名称、数据类型、字段宽度以及小数点显示的位数

　　C．确定字段的名称、数据类型、字段属性以及关键字

D．确定字段的名称、数据类型、字段属性以及编制相关的说明

9. 下列特性中（　　　）不是数据库系统所具有的。

A．数据共享　　　　　　　　　　　　　　　B．数据独立性

C．数据结构化　　　　　　　　　　　　　　D．独立的数据操作界面

10. 在 Access 数据库系统中，不能建立索引的数据类型是（　　　）。

A．文本　　　　　　　B．备注　　　　　　　C．数值　　　　　　　D．时间/日期

二、判断题

1. Access 系统是操作系统的一部分。　　　　　　　　　　　　　　　　　　　　　　（　　）

2. 数据库系统对数据进行管理的核心是 DBMS。　　　　　　　　　　　　　　　　　（　　）

3. 数据库系统的核心是用户。　　　　　　　　　　　　　　　　　　　　　　　　　　（　　）

4. 能够实现对数据库中数据操作的软件是操作系统。　　　　　　　　　　　　　　　（　　）

5. 在数据库中，表之间的关系主要是建立在相同字段之间。　　　　　　　　　　　　（　　）

6. 文件系统和数据库系统都能够解决数据冗余和数据的独立性。　　　　　　　　　　（　　）

7. 在关系数据库管理系统中，用户视图在数据库三级结构中属于外模型。　　　　　　（　　）

8. 数据管理技术发展包括人工管理阶段、文件系统管理阶段、数据库系统管理阶段。　（　　）

9. 数据库系统的核心和基础是数据模型。　　　　　　　　　　　　　　　　　　　　　（　　）

10. 在数据表视图模式下，用户不可以对表进行浏览、添加记录、删除记录和修改记录等操作。

三、填空题

1. 数据库系统相关人员是数据库系统的重要组成部分，有（　　　　　）、（　　　　　）和（　　　　　）3 类人员。

2. 数据库系统是由（　　　　　）、（　　　　　）、（　　　　　）、（　　　　　）、（　　　　　）等构成的人-机系统。

3. 数据模型包括 3 种重要的数据模型，分别是（　　　　　）、（　　　　　）、（　　　　　）。

4. 二维表关系的种类分为（　　　　　）、（　　　　　）、（　　　　　）。

5. 主键可以是表中的一个（　　　　　）或（　　　　　），为表中的每个记录提供一个唯一的标识符。

6. 建立关系的两个表称为"（　　　　　）"和"（　　　　　）"，将两个表的关键字段称为"（　　　　　）"、"（　　　　　）"。

7. 有时用户需要对数据表的结构进行修改，包括（　　　　　）、（　　　　　）、（　　　　　）和置字段有效性规则等。

8. 在数据表视图模式下，用户可以对表进行（　　　　　）、添加记录、（　　　　　）和（　　　　　）等操作。

9. 通过窗体可以查看和访问数据库，也可以对数据源（表或查询）中数据进行（　　　　　）、（　　　　　）等操作。

10. 在窗体的下方，显示有"记录选择器"，通过其可以进行（　　　　　）、（　　　　　）、（　　　　　）及删除记录等操作。

归纳与小结

对"幼儿园班级管理微型数据库"项目,总结其过程和方法如图7-3-1所示。

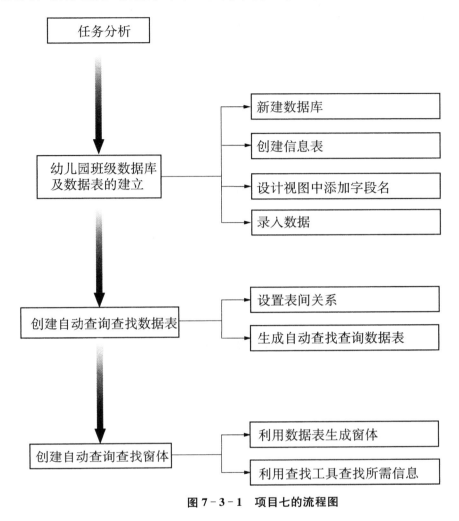

图7-3-1　项目七的流程图

项目八 网页制作

幼儿成长档案的设计与制作

幼儿成长档案已在幼儿园教育实践中被广泛应用,它生动展现了幼儿在成长过程中收集整理的绘画作品、手工创意制作,以及幼儿学会的本领、参加活动的表现、成长阶段的照片等。幼儿成长档案收集、整理的过程,是教师、家长和幼儿共同成长的过程,也是增进家园联系的有效手段,有利于幼儿园教育与家庭教育形成合力,促进幼儿健康成长。

但纸质的成长档案存在一定的局限性,无法记录幼儿说话的声音以及活动视频等多媒体信息,也不方便大家浏览。本项目将通过 Dreamweaver 设计制作网页版的幼儿成长档案。

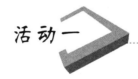

活动一 幼儿成长档案网页的设计

活动要求

幼儿成长档案记录了幼儿在幼儿园中点点滴滴的成长历程,是对每个幼儿成长轨迹的完整记录。请通过调查研究,了解幼儿成长档案应包含的具体内容,并进行简单的需求分析,为幼儿设计规划成长档案,同时构建网站框架结构并制作网站首页。

参考样例如图 8-1-1 所示。

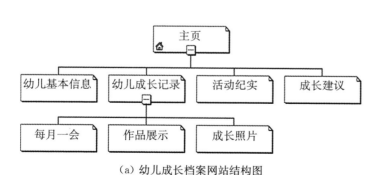

（a）幼儿成长档案网站结构图

（b）幼儿成长档案主页效果图

图 8-1-1 幼儿成长档案网页设计样例

活动分析

一、思考与讨论

(1) 本活动是整个项目的开始,在制作网站之前必须根据实际情况初步形成需求分析,对整个项目网站进行整体性规划,这样有助于顺利完成整个项目。请讨论幼儿成长档案应该包含哪些内容?它们将以什么样的方式进行归类?

（2）制作网站前预先做好素材和资料的整理非常有必要，从哪些途径可以获得幼儿相关信息？

（3）幼儿的主页上应该包含一些最基本的信息，怎样合理地布局这些信息？网站主页应该和哪些页面实现跳转？

（4）网页有多种美化方式，作为初学者考虑对网页进行哪些方面的美化？

二、总体思路

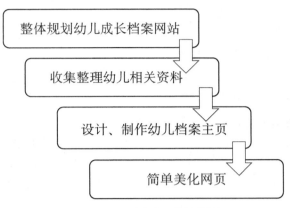

图 8－1－2　活动一的流程图

方法与步骤

一、整体规划幼儿档案项目网站

1．收集整理相关资料

明确整个项目要求后，利用网络和其他途径，收集整理有关幼儿档案的资料信息，并进行认真学习。

2．网站的需求分析

在设计幼儿档案网站前，首先要明确幼儿档案建立的目的、作用、内容等。同时，分析网站的功能、呈现方式、目标人群等，形成初步的网站结构。

3．确定网站框架

根据幼儿档案的内容以及浏览的对象，确定幼儿档案项目网站的框架。

二、建立网站结构

根据幼儿档案项目网站的需求，制定出网站的整体规划，利用 Dreamweaver 的站点管理，整体规划设计网站。

1．启动 Dreamweaver

在 Windows "开始"所有程序中，选择 Adobe Dreamweaver CS6，单击打开。

2．新建站点

启动软件在欢迎页面新建内容中，选择菜单 "Dreamweaver 站点"，如图 8－1－3所示。

3．设置站点名称和文件夹

在弹出"站点设置对象"对话框中，设置站点名称为"幼儿成长档案"、站点文件夹为"My web"，如图 8－1－4所示。

图 8－1－3　新建站点

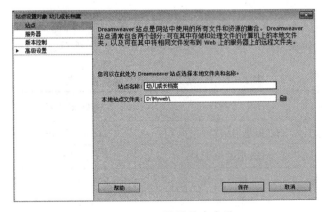

图 8－1－4　设置站点名称

同时，在"高级设置"→"本地信息"中，设置默认图像文件夹为"images"，单击"保存"按钮，如

图 8-1-5 所示。

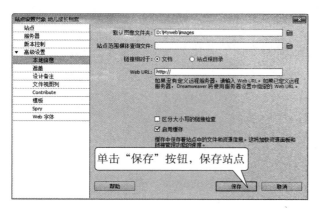

单击"保存"按钮，保存站点

图 8-1-5 设置图像文件夹

4．新建网页文档

选择菜单"文件"→"新建"，出现"新建文档"对话框，选择"空白页"→"HTML"→"无"，单击"创建"按钮，如图 8-1-6 所示。

单击"创建"按钮，逐一新建网页

图 8-1-6 创建新网页文档

再选择菜单"文件"→"保存"，保存文件名为"index. html"。

重复以上新建网页文档步骤，分别新建网页，如表 8-1-1 所示，效果如图 8-1-7 所示。

表 8-1-1 幼儿成长档案网页文件名

栏目	网页文件名
幼儿基本信息（主页）	Index. html
幼儿成长记录	Czjl. html
每月一会	Myyh. html
作品展示	Zpzs. html
成长照片	Czzp. html
活动纪实	Hdjs. html
成长建议	Czjy. html

图 8-1-7 站点本地文件

三、设计幼儿档案主页

1．确定主页内容

幼儿档案主页应该清新简单，一般包含标题、幼儿的基本信息、网页导航等，即幼儿基本信息网页。

2．设计主页布局

图片和文本是网页的两大构成元素，如何合理布局图片和文本的位置是整个页面布局的关键。每个人的网页布局设计可能各不相同，一个布局合理、结构清晰的网页一定会给浏览者留下良好的印象。这里只选用较为简单的页面布局，如图 8-1-8 所示。

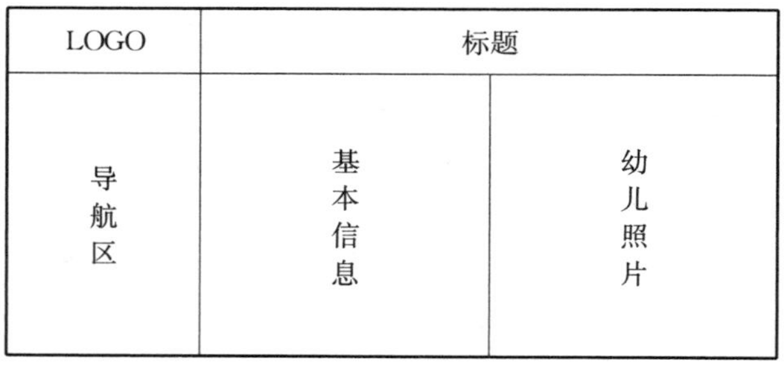

LOGO	标题	
导航区	基本信息	幼儿照片

图 8-1-8 主页布局

四、制作幼儿档案主页

完成幼儿档案主页的设计之后，就可以利用 Dreamweaver 开始制作网站的第一个网页。

1．布局网页

在制作网页过程中要合理进行页面的布局，需要借助布局表格和单元格定位文本和图像。

（1）启动 Dreamweaver，选择菜单"文件"→"打开"，出现"打开"对话框，选择规划网站时已经新建的"Index. html"网页文件，如图 8-1-9 所示。

（2）选择"设计"视图，在"插入"窗格，选择"布局"，选择"表格"按钮，如图 8-1-10 所示。出现

图 8-1-9　打开项目网站

"表格"对话框,设置行数为"3",列为"1",表格宽度为"1 024"像素,如图 8-1-11 所示。

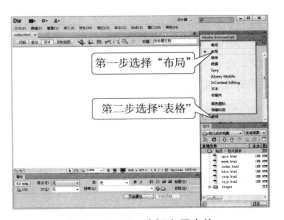

图 8-1-10　选择布局表格

图 8-1-11　设置布局表格属性

 点拨

为了配合不同浏览者的屏幕分辨率,达到

最佳的网页浏览效果,可以根据主流显示器的分辨率设置网页的页面宽度。

(3) 根据设计的主页布局,需要在表格中嵌套表格。在表格第二行插入一张 1 行 3 列的表格,宽度为"1 024"像素。效果如图 8-1-12 所示。

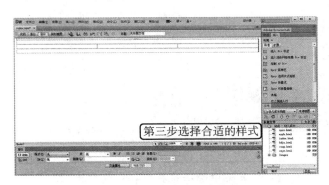

图 8-1-12　嵌套布局表格效果

 点拨

通过表格中的嵌套表格,可以定位网页元素以及设置边框线。

2. 输入主页内容

(1) 在布局表格第二行第二列中输入幼儿的基本信息,具体内容,如图 8-1-13 所示。

(2) 设定文字的字体、字号、颜色等,效果如图 8-1-13 所示。

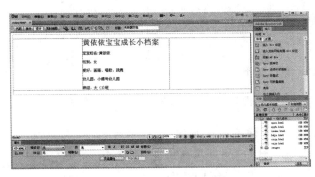

图 8-1-13　输入内容后效果

3. 制作网页导航

一个内容丰富的网站一般由许多网页组成,这些网页之间通常又是通过超链接的方式相互建立关联的。在幼儿主页中也需要建立与其他网页的链接,由于之前已经创建了站点的其他网页,因此超链接的创建就可以借助"Spry 菜单栏"方便地完成。

(1) 光标定位在布局表格第二行第二列中,在

"插入"窗格选择"布局",选择"Spry 菜单栏"按钮,出现"Spry 菜单栏"对话框,选择"垂直",单击"确定"按钮,如图 8-1-14 所示。

图 8-1-14 插入 Spry 菜单栏

(2) 在页面中选择选择"Spry 菜单栏"控件,在属性窗格中选择"项目 1",在"文本"项中输入"幼儿基本信息",单击"链接"项后的"文件夹"图标,出现"选择文件"对话框,选择对应的网页文件"index. html",如图 8-1-15 所示。

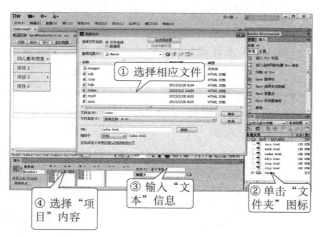

图 8-1-15 设置 Spry 菜单栏选项

(3) 重复以上步骤,完成项目 2,3,4,以及"文本"和"链接"相应属性的设置。

4. 插入幼儿照片

为了使幼儿档案更加生动,可以将幼儿的照片插在幼儿的基本信息页面中。

(1) 光标定位在第二行第三列(插入点),在"插入"窗格中选择"常用",单击"图像"按钮,出现"选择图像源文件"对话框,选择书后所附光盘素材文件夹中文件名为"Photo. jpg"的幼儿照片,单击"确定"按钮,如图 8-1-16 所示。

(2) 在弹出对话框"替换文本"中输入"黄依依照片",单击"确定"按钮,如图 8-1-17 所示。

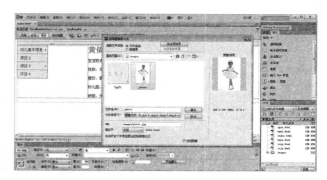

图 8-1-16 插入幼儿照片信息

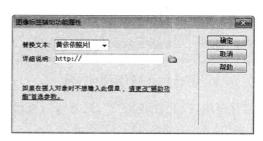

图 8-1-17 为照片添加替换文本

5. 简单美化网页

(1) 设置单元格背景颜色。光标定位在第一行,在"属性"窗格"背景颜色"中选择相应背景色,如图 8-1-18 所示。

图 8-1-18 设置单元格背景颜色

(2) 设置页面背景。光标定位在页面,单击"属性"窗格"页面属性"按钮,出现"页面属性"对话框,单击"浏览"按钮,选择书后所附光盘素材文件夹中背景图片"bg01. gif",单击"确定",如图 8-1-19 所示。

图 8-1-19 设置页面背景

五、保存网页并预览整体效果

（1）保存网页。选择"文件"菜单→"保存"，保存制作的幼儿基本信息网页。

（2）预览整体效果。选择"文件"菜单→"在浏览器中预览"，浏览网页的整体效果。

六、交流与分享

把设计好的网页文件，通过适当的传输方式发送给教师和其他同学（如电子邮件、网上邻居共享等），在组内或班级内介绍自己设计的幼儿成长档案主页。

通过听取其他同学的介绍，做出适当评价；认真倾听他人设计思想，修改自己的成长档案主页。

知识链接

一、基本概念

1. 站点（Web Site）

制作网页之初，要先建立站点。站点实际上是一个文件夹，用于保存要在网上发布的网页及相关图形、声音等文件，可以认为站点是相关网页的集合。

2. 主页（Homepage）

在浏览器的地址栏中键入网址，按回车键后，进入某个站点浏览，浏览器中显示的第一个网页画面称为该站点的主页，也称为首页。主页是站点的大门，通过主页连接到站点中其他各网页，主页是整个站点的"门面"和入口。

3. 网页

通过浏览器在网上看到的每一幅画面就是一个网页。

4. HTML（Hyper Text Mark-up Language）

HTML 即超文本标记语言或超文本链接标示语言，是目前网络上应用最为广泛的语言，也是构成网页文档的主要语言。HTML 文本是由 HTML 命令组成的描述性文本，HTML 命令可以说明文字、图形、动画、声音、表格、链接等。HTML 的结构包括头部（Head）、主体（Body）两大部分，其中头部描述浏览器所需的信息，主体则包含所要说明的具体内容。

另外，HTML 作为网络的通用语言，它是一种简单、通用的全置标记语言。它允许网页制作人建立文本与图片相结合的复杂页面，这些页面可以被网上任何人浏览，无论使用何种类型的电脑或浏览器。

二、使用 Dreamweaver 帮助

在使用 Dreamweaver 遇到问题时，可以使用"Dreamweaver 帮助"。方法是选择菜单"帮助"→"Dreamweaver 帮助"，打开如图 8-1-20 所示的"学习和支持/Dreamweaver 帮助"页面，可以使用关键字搜索和目录搜索。

1. 使用关键字搜索

如果知道自己要查找问题的主题和关键字时，可以使用关键字搜索功能迅速在帮助库中查找自己所需要的内容，方法是在搜索框内输入需要查找的关键字，单击"搜索"按钮进行搜索，搜索结果会按与问题的相关程度在"搜索结果"任务窗格中列出。

图 8-1-20 "Dreamweaver 帮助"窗格

2. 使用页面链接

当不能确认自己的搜索主题或关键字时，可以使用页面中的链接进入相应的内容进行浏览。

自主实践活动

为了营造具有艺术氛围的学校文化，丰富全体同学的课余生活，发现更多有艺术特长的同学，学校决

定 12 月 21 日至 12 月 26 日为学校艺术周。通过举办学校艺术周活动,陶冶学生热爱学习、热爱生活、热爱艺术的高尚情操,推进学校艺术教育的发展,同时为同学们提供相互交流、相互学习的机会。

请帮助学校制作一份艺术周活动计划的网页,让全校师生通过浏览网页了解艺术周的活动安排情况。

设计要求如下:

(1) 网页色彩搭配协调,版面布局合理、有新意。

(2) 计划书内容翔实,文字大小和颜色等安排合理。

制作要求如下:

(1) 新建艺术周计划书网页,使用网页背景图片对网页进行修饰。

(2) 插入与艺术周相关的设计图片。

(3) 设置网页中文字的字体、大小、颜色。

(4) 网页中应通过表格体现活动周的具体日程安排。

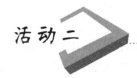 # 幼儿成长记录网页的制作

活动要求

幼儿在幼儿园的成长过程中,会积累下很多记录他成长的足迹。例如,他一个阶段学会的本领,一个时期完成的绘画或手工作品,记录每个阶段成长的照片等。可以利用 Dreamweaver 将幼儿的这些成长过程制作成网页。

活动一已经完成幼儿档案整个网站的结构设计与主页制作,本次活动将利用已掌握的网页制作技能,完成"幼儿基本信息"、"幼儿成长记录"网页的设计与制作。

参考样例如图 8-2-1 所示。

图 8-2-1 幼儿成长记录网页样例

活动分析

一、思考与讨论

(1) 幼儿在成长过程中积累的成长内容有很多,用什么样的呈现方式可以将幼儿的成长过程进行方便有效的记录? 哪些内容可以通过网页的形式进行呈现?

(2) 幼儿作品通常可以利用数码相机记录,形成作品照片后,怎样在网页中呈现才能更适应浏览者的习惯?

（3）幼儿的声音文件可利用录音笔记录,在网上查找一些声音的呈现方式,思考幼儿声音在网页中应该如何展现?

二、总体思路

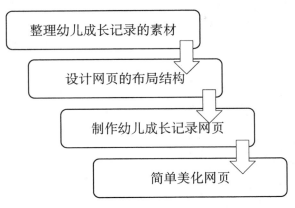

图 8 - 2 - 2 活动二的流程图

方法与步骤

一、设计幼儿成长记录网页

幼儿成长记录由一个成长记录网页和 3 个子网页组成,子网页分别为"每月一会"、"作品展示"、"成长相册"。它们的结构图如图 8 - 2 - 3 所示。

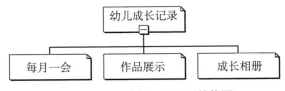

图 8 - 2 - 3 成长记录网页结构图

"每月一会"网页主要记录在幼儿成长过程中每月学会的新本领,"作品展示"网页是展示在幼儿成长过程中的绘画、手工制作等作品,"成长相册"是记录幼儿成长过程各个阶段的照片。这几个网页相对较为简单,网页可以参照图 8 - 2 - 4 进行布局。

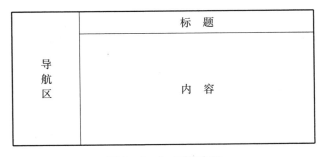

图 8 - 2 - 4 网页布局

二、制作幼儿成长记录

1. 制作幼儿成长记录页面

幼儿成长记录页面与"幼儿基本信息"网页为

同一层网页,同时又包含 3 个子网页,所以,它需包含链接到同一层网页和主页的导航,也应包含链接到子网页的导航。子网页导航将利用图片创建热点超链接完成。

（1）布局网页。根据幼儿成长记录页面内容,利用表格布局网页。过程比较简单,具体步骤可参照活动一。

（2）输入标题。光标定位后,输入网页标题内容"黄依依成长记录"。

（3）创建导航。光标定位后,参照"幼儿基本信息网页"导航的制作方法,创建页面导航,效果如图 8 - 2 - 5 所示。

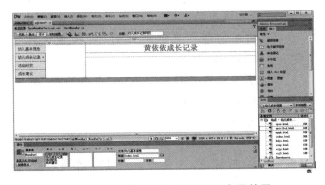

图 8 - 2 - 5 幼儿成长记录网页布局效果

（4）插入图片。光标定位在第二行第二列,在"插入"窗格中选择"常用",单击"图像"按钮,出现"选择图像源文件"对话框,选择文件名为"bg02.jpg"的图片,单击"确定"按钮。

（5）制作图片热点链接。图片热点是将一幅图片划分为若干区域,然后为每个区域分别创建超链接,这些区域就被称为图片热点。在这里将利用图片热点创建"每月一会"、"作品展示"、"成长相册"的超链接。

① 选中导航图片,在下方"属性"面板中,选择"矩形热点工具",在图片上拖曳鼠标,绘制出矩形热点区域,如图8-2-6所示。

图8-2-6 绘制图片矩形热点

② 绘制出矩形热点后,在"属性"面板"链接"中输入链接网页的文件名"mryh.html",并在"目标"中选择"_blank",表示在新窗口打开"每月一会"网页链接。

③ 参照步骤①和②,分别再为"作品展示"、"成长相册"创建图片矩形热点超链接。

(6)设置页面背景。光标定位在页面,单击"属性"窗格"页面属性"按钮,出现"页面属性"对话框,单击"浏览"按钮,选择背景图片,单击"确定"。

(7)保存网页。

2. 制作"每月一会"网页

(1)布局网页。根据"每月一会"网页的页面内容,利用表格布局网页。

(2)输入标题。光标定位后,输入网页标题"黄依依每月一会"。

(3)插入表格并设置格式。"每月一会"内容在网页中将以表格形式呈现,需要学习网页中表格的插入以及格式的设置。

① 光标定位后,选择菜单"插入"→"表格",弹出"表格"对话框,设置行数为13,列数为2,如图8-2-7所示。

② 选择表格第一行,在"属性"面板"背景颜色"中选择表头的颜色。

(4)输入"每月一会"内容。根据幼儿每月学会的本领,输入相应的内容,效果如图8-2-8所示。

(5)插入声音文件超链接。传统的幼儿档案没有办法记录幼儿成长过程中的原始声音文件,利

图8-2-7 插入表格

图8-2-8 "每月一会"网页

用网页制作的成长档案就可以实现这一功能。将幼儿会读的儿歌、会念的古诗等,通过录音软件录制成声音文件后,能够记录在幼儿档案中。

① 在"1月"内容后,输入"下载试听",选中文字"下载试听",单击"链接"后"文件夹"图标,弹出"选择文件"对话框,选择幼儿录制的儿歌声音文件,单击"确定",完成超链接的创建,如图8-2-9所示。

图8-2-9 插入声音文件超链接

② 利用同样的方法,为"会念的古诗"后的"下载试听"创建声音超链接。

(6)设置网页背景。

(7)保存网页。

3. 制作"作品展示"网页

"作品展示"网页将展示幼儿典型的绘画和手

工作品。需要将照片一张张插入定位的表格中,并设置图片的大小和超链接,使浏览者可以点击照片后浏览原图。

(1) 布局网页。根据"作品展示"网页的页面内容,利用表格布局网页。

(2) 输入标题。光标定位后,输入网页标题"黄依依作品展示"。

(3) 逐一插入作品照片。

① 光标定位后,在"插入"窗格中选择"常用",单击"图像"按钮,出现"选择图像源文件"对话框,选择书后所附光盘素材文件夹内"幼儿作品照片"文件夹中文件名为"01.jpg"的作品照片,单击"确定"按钮,如图8-2-10所示。

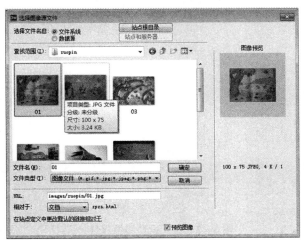

图8-2-10 插入作品图片

② 选中图片文件,在"属性"窗格中设置图片"宽度"为"200"像素。默认为锁定纵横比时,高度不用设置。

③ 创建作品照片超链接,在"属性"窗格中设置图片链接,单击链接后"文件夹"按钮,出现"选择文件"对话框,选择作品照片文件,如图8-2-11所示。

④ 参照以上步骤,插入其他作品照片并创建作品超链接。

(4) 设置网页背景。

(5) 保存网页。

知识链接

一、了解 DIV＋CSS 布局网页

网页的布局复杂,会使设计极为困难、修改更是繁琐。使用 DIV＋CSS 布局网页时,不需要像表格一样通过内部的单元格来组织版式,通过 CSS 强大的样式定义功能,可以比表格布局更简单、更自由地控制页面版式和样式。对于页面设计人员来说,这种方式布局页面需要掌握 HTML 语言和 CSS 样式代码,如图8-2-13所示,就是 DIV＋CSS 代码形成最简单的布局页面。

图8-2-11 创建作品照片超链接

4. 制作"成长相册"网页

"成长相册"网页展示了幼儿各阶段的成长照片,它的制作步骤与"作品展示"网页相同,请参照制作步骤自己实践,效果如图8-2-12所示。

图8-2-12 成长相册网页效果图

注:网页整体效果,参考光盘\样例\Myweb\czjl.html 网页。

三、保存并预览

单击工具栏上的"保存"按钮,保存制作的网页。选择工具栏上的"预览"按钮,浏览网页的整体效果。

四、交流与分享

把制作好的网页,通过网上邻居传到教师机,在组内或班级内进行介绍。浏览其他同学的"幼儿成长记录"网页,借鉴他们的优点,修改自己的网页。

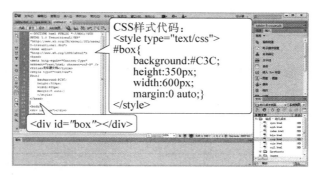

图 8－2－13　布局页面效果

二、设置超链接颜色

在默认情况下,超链接是蓝色的。也可以通过页面 CSS 样式,改变超链接的颜色。在"属性"面板中,选择"页面属性",弹出"页面属性"对话框。选择"链接 CSS"选项,单击"链接颜色"下拉列表框,选择绿色,单击"确定"按钮,超连接的颜色就改变成绿色。使用同样的方法,还可以修改"已访问链接"和"变换图像链接"的颜色,如图 8－2－14 所示。

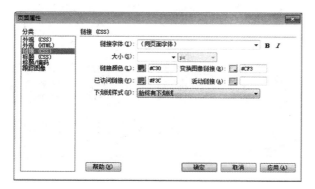

图 8－2－14　设置链接颜色

图 8－2－15　设置图像属性

三、设置图像属性

目前,因特网支持的网页图像格式主要有 GIF,JPEG,PNG3 种。设计人员将这些类型的图像插入网页后,还可以根据不同的情况对图像属性进行设置,选择需要设置的图像,在属性面板中即可看到该图像的属性并进行设置,如图 8－2－15 所示。

自主实践活动

学校艺术周为同学们提供了丰富多彩的活动项目,每个项目都有具体的要求、规定和奖项设置。请制作一个网站,将这些活动项目介绍给同学们。

设计要求如下:

(1) 根据网站内容确定主题,选用适当的网页色调。

(2) 设计制作 4 个以上网页,网页分别为艺术周活动主页、具体活动项目介绍网页。

(3) 活动项目介绍网页中要求插入能体现活动项目的照片,以及对活动项目的具体介绍内容。

(4) 浏览比较方便,网页间可以相互跳转。

(5) 网页色彩搭配协调,版面布局合理、有新意。

制作要求如下:

(1) 利用 Dreamweaver 的布局表格对网页中图片及文字等网页元素进行定位。

(2) 设置各网页中文字的字体、大小、颜色。

(3) 通过使用文字或图片的超链接,实现网页间的相互跳转。

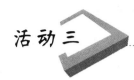

活动三　幼儿活动纪实网页的制作

活动要求

　　幼儿园定期会开展很多丰富多彩、适合幼儿的实践和体验活动,教师们也很有心,每次活动都会拍很多照片作为资料保存。这些照片真实地记录了幼儿在活动中的成长和发展。通过 Flash 电子相册软件,可以方便地将这些照片自动生成 Flash 相册,插入到幼儿的活动纪实网页中,作为幼儿成长档案的一部分。

　　本次活动将利用 Flash 电子相册软件,制作幼儿活动纪实 Flash 相册,并学习在网页中插入 Flash,完成幼儿活动纪实网页的设计与制作。

　　参考样例如图 8-3-1 所示。

图 8-3-1　幼儿活动纪实网页样例

活动分析

一、思考与讨论

　　(1) 在制作电子相册之前,需要将活动照片进行分类整理,思考将整理好的照片按什么样的顺序插入相册制作软件,才能更好地展示幼儿在活动中的表现?

　　(2) 电子相册软件可以将活动照片制作成新颖、时尚的多媒体电子相册,也可以添加背景音乐,在电子相册中添加怎样的背景音乐会更适合观赏者?

　　(3) 在前面的学习中已经掌握网页中图片的插入方法,请尝试在网页中插入 Flash 动画,并总结有何异同点?

二、总体思路

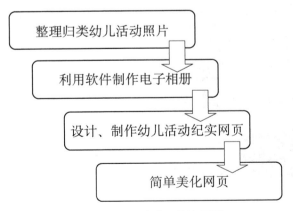

图 8-3-2　活动三的流程图

方法与步骤

一、制作电子相册

　　电子相册是随着网络的发展与普及而新生的一种媒体形式。作为传统相册的延伸,它既有一般相册能保存照片的功能,又有传统相册所无法具备的优点。电子相册可以根据自己的想法在制作过程中添加一些其他元素(如背景音乐、图片等),使自己的相册更加生动和个性化。电子相册正在颠覆人们保存"回忆"的形式,创造出一个全新的立体的"记忆"空间。在幼儿活动纪实中,选用电子相册这种形式进行记录,能够使幼儿的成长档案更加生动。

1. 整理活动中的照片

在制作电子相册之前,先要将拍摄的照片输入计算机,输入的方法大体有两种。

(1)方法一:使用连线将计算机与数码相机连接到一起,使用数码相机的驱动软件将照片导入计算机。一般数码相机的 IEEE 端口和计算机的 USB 接口通过一根专用数据线进行连接。

(2)方法二:从数码相机中取出记录介质,插入到读卡器中,然后通过读卡器向计算机输送照片文件。

将需要制作的照片复制到指定的文件夹内。本活动将利用幼儿成长相册中的照片。

2. 制作电子相册

制作电子相册的软件很多,在制作过程中方法和步骤略有不同,这里选用 Flash Slideshow Maker 软件。

(1)添加照片。打开 Flash Slideshow Maker 软件,在"文件浏览器"窗格中选择素材光盘中的"photo"文件夹,选中需要的照片,单击"添加"按钮,将照片添加到电子相册。软件自动为每张照片设定了默认的停留时间和转场效果,效果如图 8-3-3 所示。

图 8-3-3 添加活动纪实照片

(2)选择模版。单击"模板",打开"模板"窗口。在模板窗格区,单击选中自己喜欢的相册模板,在背景音乐窗格区单击"添加"按钮,选择电子相册的背景音乐。效果如图 8-3-4 所示。

(3)制作输出。

单击"输出",打开"输出"窗口。选择"输出目

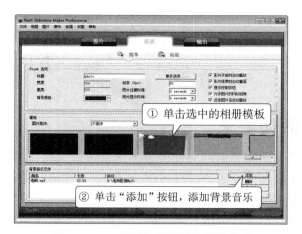

图 8-3-4 设置相册模板和背景音乐

录",单击"制作输出"按钮,如图 8-3-5 所示。软件自动生成电子相册的 Flash 文件和网页文件。

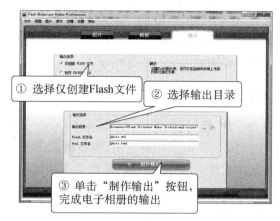

图 8-3-5 输出 Flash 电子相册

二、设计幼儿活动纪实页面

1. 确定活动纪实网页内容

活动纪实网页中主要包含标题、导航、Flash 的电子相册等内容。

2. 设计活动纪实网页布局

根据幼儿活动纪实网页的具体内容,自己设计网页的页面布局。这里选用较为简单的页面布局,如图 8-3-6 所示。

图 8-3-6 设计网页布局

三、制作幼儿活动纪实网页

1. 布局网页

（1）在 Dreamweaver 站点"文件列表"任务窗格，双击幼儿活动纪实网页"hdjs.htm"，打开网页，如图 8－3－7 所示。

图 8－3－7 幼儿成长档案文件列表

（2）选择"设计"视图，在"插入"窗格选择"布局"，选择"表格"按钮，出现"表格"对话框，设置行数为"3"，列为"1"，表格宽度为"1 024"像素。再在第二行中嵌套相应表格，布局效果如图 8－3－8 所示。

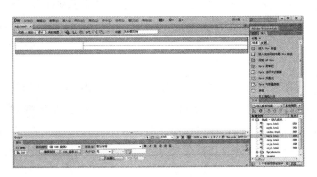

图 8－3－8 网页布局效果

2. 制作网页导航

幼儿活动纪实网页需要实现与同一层网页相互跳转，同时也能返回主页。所以，需要制作能跳转到同一层网页和主页的超链接导航栏。

光标定位后，参照"幼儿基本信息网页"导航的制作方法，创建页面导航，效果如图 8－3－9 所示。

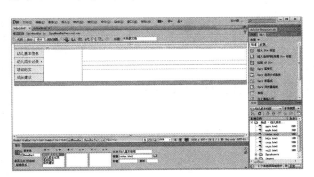

图 8－3－9 创建页面导航效果

3. 输入内容

在表格行第二行输入网页标题"幼儿活动纪实"，并设定字体、字号、颜色等，效果如图 8－3－10 所示。

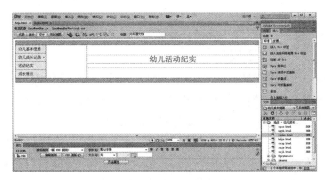

图 8－3－10 输入内容的效果图

4. 插入 Flash 电子相册

（1）将插入点放置到要插入 Flash 的位置，在"插入"窗格中选择"常用"，单击"媒体 SWF"按钮，出现"选择 SWF"对话框，选择书后所附光盘素材文件夹中文件名为"Photo.swf"的幼儿活动 Flash，单击"确定"按钮，如图 8－3－11 示。

① 选择Flash文件

② 单击"媒体SWF"

③ 单击"确定"按钮

图 8－3－11 插入 Flash 电子相册

（2）在"属性"面板中设置 Flash，宽度为"600"、高度为"400"，单击"确定"按钮，如图 8－3－12 所示。

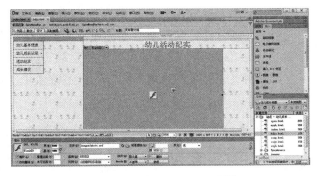

图 8－3－12 设置 Flash 属性

5. 设置页面背景

光标定位在页面，单击"属性"窗格"页面属性"

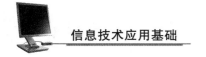

按钮,出现"页面属性"对话框,单击"浏览"按钮,选择背景图片,单击"确定"。

6. 保存网页

知识链接

一、流媒体

所谓流媒体,是指采用流式传输的方式在因特网播放的媒体格式。流媒体又叫流式媒体,它是指商家用一个视频传送服务器把节目当成数据包发出,传送到网络上。用户通过解压设备对这些数据进行解压后,节目就会像发送前那样显示出来。

这个过程一系列相关的包称为"流"。流媒体实际指的是一种新的媒体传送方式,而非一种新的媒体。流媒体技术全面应用后,人们在网上聊天可以直接语音输入;如果想彼此看见对方的容貌和表情,只要双方各有一个摄像头就可以;在网上看到感兴趣的商品,点击以后讲解员和商品的影像就会"跳"出;更有真实感的影像新闻也会出现。

二、流媒体技术应用

因特网的迅猛发展和普及为流媒体业务发展提供了强大的市场动力,流媒体业务正变得日益流行,流媒体技术广泛用于多媒体新闻发布、在线直播、网络广告、电子商务、视频点播、远程教育、远程医疗、网络电台、实时视频会议等信息服务的方方面面。流媒体技术的应用将为网络信息交流带来革命性的变化,对人们的工作和生活将产生深远的影响。

一个完整的流媒体解决方案应是相关软硬件的完美集成,大致包括内容采集、视音频捕获和压缩编码、内容编辑、内容存储和播放、应用服务器内容管理发布及用户管理等。

自主实践活动

艺术周活动很快就结束了,同学们在艺术周活动中充分展示了自己的艺术特长,摄影小组的教师和同学拍下不少艺术周的活动照片。学校希望在学校网站中展示这些照片,请制作成 Flash 电子相册在网页中展示。

设计要求如下:

(1)根据艺术周的活动主题,确定适当的网页色调。

(2)设计网页,网页为艺术节活动相册。

(3)浏览比较方便,网页间可以相互跳转。

(4)网页色彩搭配协调,版面布局合理、有新意。

制作要求如下:

(1)利用 Dreamweaver 中的布局表格对网页元素进行定位。

(2)利用软件将艺术节活动的照片制作成电子相册。

(3)使用超链接,实现网页间的相互跳转。

(4)网页间的跳转选用不同的网页过渡效果实现。

四、交流与讨论

把制做好的幼儿活动纪实网页,通过网上邻居等方式进行共享,并在组内或班级内进行交流和评价。根据同学们提出的修改意见,结合自己的思路修改网页。

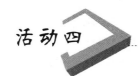

活动四 幼儿成长建议网页的制作

活动要求

幼儿的成长离不开教师和家长的关心,幼儿成长档案中记录下了幼儿成长各方面的资料。通过这些资料的对比分析,可以制定和调整教育策略,为幼儿的成长提供更适合的外部环境。

本活动将利用网页表单制作"幼儿成长建议",教师和家长可以通过网页提出对幼儿成长的建议。

参考样例如图8-4-1所示。

图8-4-1　幼儿成长建议网页样例

活动分析

一、思考与讨论

(1) 如果需要设计一份反映幼儿成长情况的问卷,可以从哪些方面进行问卷设计?

(2) 网页中个人信息的收集可以通过表单的形式,需要收集哪些个人基本信息?

(3) 网上问卷一般是怎样排列的? 如何布局这份幼儿成长建议反馈表?

二、总体思路

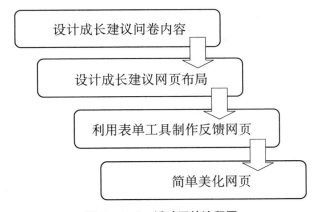

图8-4-2　活动四的流程图

方法与步骤

一、设计成长建议网页

1. 确定成长建议网页内容

成长建议网页中应该包含个人信息,以及需要输入的建议。在小组内讨论,设计网页中呈现的内容。

2. 页面设计

根据成长建议所涉及的具体内容,可以将网页分为个人信息和反馈内容两部分。

二、制作个人信息反馈

个人信息部分涉及添加表单中的"单行文本框"和"下拉框"。

1. 布局网页

(1) 在 Dreamweaver 站点"文件列表"任务窗格,双击幼儿成长建议网页"zcjy. htm",打开网页。

（2）选择"设计"视图，在"插入"窗格选择"布局"，选择"表格"按钮，出现"表格"对话框，设置行数为"3"，列为"1"，表格宽度为"1 024"像素，再在第二行中嵌套相应表格，布局效果如图8-4-3所示。

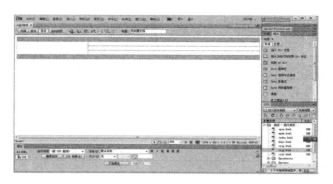

图8-4-3　成长建议网页布局效果

2. 制作网页导航

成长建议网页需要实现与同一层网页相互跳转，同时也能返回主页。所以，需要制作能跳转到同一层网页和主页的超链接导航栏。

光标定位后，参照活动一的导航制作方法，创建页面导航。

3. 输入标题

在表格行第二行输入网页标题"成长建议"，并设定字体、字号、颜色等，效果如图8-4-4所示。

图8-4-4　输入内容的效果图

4. 添加表单

表单是网页中进行信息交互的最基本元素，它的主要作用是从客户端收集用户输入的信息，然后提交服务器端并由特定的程序做处理。表单对象中的值缺少表单标签，就无法传递给服务器。因此，要在网页中插入表单对象，首先要插入表单标签。

光标定位在第二行，选择"插入"面板中的"表单"，网页页面中出现一个空白表单，如图8-4-5所示。

图8-4-5　插入表单标签

5. 输入内容

（1）光标移至空白表单中，输入"个人信息"，选中文字，设置文字为粗体。

（2）换行输入"姓名："和"E-mail："，换行输入"性别"，效果如图8-4-6所示。

个人信息：

姓名：　E-mail：

性别：

图8-4-6　效果图

6. 插入单行文本框

（1）光标移至"姓名："后，选择"插入"面板→"表单"→"文本字段"。弹出"辅助功能属性"对话框，在"ID"项输入名称"name"，如图8-4-7所示。

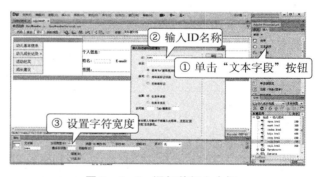

图8-4-7　添加单行文本框

（2）选中"文本字段"，在"属性"面板中设置"字符宽度"为"10"，"类型"为"单行"，如图8-4-7所示。

（3）光标移至"E-mail："后，选择"插入"面板→"表单"→"文本字段"。弹出"辅助功能属性"对话框，在"ID"项输入名称"mail"。

（4）选中"文本字段"，在"属性"面板中设置"字符宽度"为"30"，"类型"为"单行"。

7. 添加选择列表

（1）光标移至"性别："后，选择"插入"面板→"表单"→"选择（列表/菜单）"。弹出"辅助功能属性"对话框，在"ID"项输入名称"sex"。

（2）选中"选择列表"项，在"属性"面板中单击"列表值"，弹出"列表值"对话框，如图8-4-8所示。

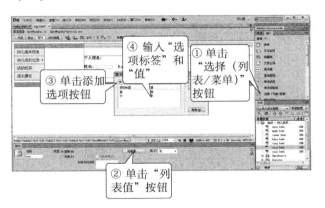

图8-4-8　添加选择列表

（3）鼠标单击对话框中的"添加"按钮，在"项目标签"项中输入"男"，在"值"项中输入"男"。

（4）鼠标再次单击"添加"按钮，在"项目标签"项中输入"女"，在"值"项中输入"女"，单击"确定"按钮。

三、制作成长建议反馈

成长建议部分涉及添加表单中的"选项按钮"、"文本区"和"复选框"。

1. 添加单选按钮

（1）光标移至"性别"下方，输入"成长建议"，选中文字，设置文字的格式。回车换行输入"你认为以下哪一项对幼儿的成长影响最大？"。

（2）回车换行后，选择"插入"面板→"表单"→"单项按钮组"。弹出"单项按钮组"对话框，如图8-4-9所示，在"名称"中输入"question1"。

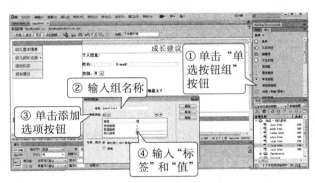

图8-4-9　添加单选按钮组

（3）鼠标单击对话框中的"添加"按钮，在"标签"和"值"项中分别输入"学校教育"和"1"，单击"添加选项"按钮，输入"家庭教育"、"幼儿自身"标签，"值"分别为"2"和"3"，效果如图8-4-9所示。

2. 添加复选框

（1）光标移至单选按钮下方，输入"你认为黄

依依小朋友在成长过程中哪些方面表现比较突出？"

（2）回车换行后，选择"插入"面板→"表单"→"复选框组"。弹出"复选框组"对话框，如图7-4-9所示，在"名称"中输入"question2"。

（3）鼠标单击对话框中的"添加"按钮，在"标签"和"值"项中分别输入"语言、交流"、"1"，同样的方法，输入标签"音乐、舞蹈"、"绘画"、"动手制作"，"值"分别为"2"、"3"、"4"，效果如图8-4-10所示。

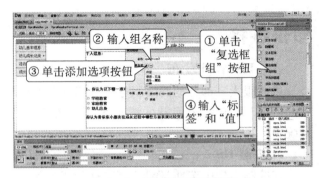

图8-4-10　添加复选框组

3. 添加文本区

（1）光标移至复选框下方，输入"你的建议："。

（2）回车换行后，选择"插入"面板→"表单"→"文本区域"。弹出"辅助功能属性"对话框，在"ID"项输入名称"question3"。

（3）"属性"面板中设置"字符宽度"为"50"，"行数"为"5"，如图8-4-11所示。

图8-4-11　添加文本区域

4. 添加提交按钮

按钮是表单中非常重要的表单对象，用户输入信息的提交需要通过按钮来完成。在成长建议网页中需要添加"提交"和"重置"两个按钮。

（1）光标移至"复选框组"下方，选择"插入"面板→"表单"→"按钮"。弹出"辅助功能属性"对话框，在"ID"项输入名称"tijiao"。

（2）"属性"面板中设置"动作"为"提交表单"，

如图 8-4-12 所示。

① 单击"按钮"

② 设置按钮动作

图 8-4-12　添加提交、重置按钮

（3）使用同样的方法添加"按钮"，"ID"项输入名称"chongzhi"，设置"动作"为"重设表单"。效果如图 8-4-12 所示。

5. 设置网页背景

6. 保存并预览网页

四、交流与分享

把制作好的网页，通过网上邻居传到教师机，在组内或班级内进行介绍。浏览其他同学的成长建议网页，借鉴他们做得好的地方，修改自己的网页。

知识链接

一、IIS 本机发布

目前很大一部分的网络服务器都架设在因特网信息服务（Internet Information Service，IIS）之上。在 Windows7 系统中，在默认的情况下，它们在系统初始安装时都不会安装 IIS，因此需要将这些组件添加到系统中。

1. 安装 IIS

在控制面板中选择"程序"，在"打开或关闭 Windows 功能"中，出现如图 8-4-13 所示的"Windows 功能"对话框，选择"Internet 信息服务"。点击"确定"按钮，即可完成 IIS 的安装。

图 8-4-13　安装 IIS

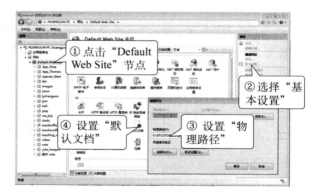

① 点击"Default Web Site"节点

② 选择"基本设置"

④ 设置"默认文档"

③ 设置"物理路径"

图 8-4-14　设置站点属性

2. 配置 IIS 中的 Web 服务器

打开"Internet 服务管理器"，出现"Internet 信息服务"对话框，如图 8-4-14 所示。点击"Default Web Site"节点，选择"基本设置"命令。弹出"编辑网站"对话框，在"物理路径"框中设置网页在硬盘中的位置，可以点击"…"按钮，根据实际情况自己进行设置。

选择"默认文档"命令，弹出"属性"对话框，设置自己默认的网站首页文件名称。一般来说，网站首页文件的名称都是 Index. html，Index. htm 或 Default. html。在 IIS 里默认为"Default. html"，可以点击"添加"按钮，然后在打开的对话框中输入首页文件的名称。

3. 浏览

打开 IE 浏览器，在地址栏中键入"http：//localhost"，即可看到自己指定的主页已经开始在本机上发布了。其他局域网中的电脑只要在 IE 地址栏中键入发布电脑的 IP 地址，同样可以进行浏览。

二、文件传输协议

在因特网上有许多极有价值的信息资料，有着大量的应用程序、图像、声频和视频等资料，这些资料放在因特网各网站上,这些存放资料的网站叫做文件服务器。用户可用因特网提供的文件传输协议(File Transfer Protocol,FTP)服务,将这些资料从远程文件服务器传到本地主机磁盘上,这个过程叫做下载。相反,用户也可使用文件传输协议将本地机上的信息通过因特网传到远程某主机(条件是该主机允许用户存放信息),这个反向传输过程叫做上传。

因特网上的文件服务器分为专用文件服务器和匿名文件服务器。专用文件服务器是各局域网专供某些合法用户使用的资源,用户要想成为它的合法用户,必需经过该服务器管理员的允许,并且获得一个账号,这个账号包括用户名和密码,否则无法访问这个服务器。

许多网站在因特网上建立了匿名服务器供网民们访问。所谓匿名,就是网民访问匿名服务器不需要用户名和密码。为了文件服务器的安全,对这些文件服务器只能下载而不能上传。

自主实践活动

学校的艺术活动周举办得非常成功,需要对活动进行总结。特别是听取参与同学的反馈,他们的建议会对下次更好地举办艺术周活动有很大的帮助。请为学校制作一份艺术周活动的反馈网页。

设计要求如下:
(1) 根据艺术周的活动主题,确定适当的网页色调。
(2) 设计制作艺术活动反馈网页,收集相关反馈信息。
制作要求如下:
利用表单在网页中插入所需的表单域收集相关信息。

综合活动 学校网站的创建与维护

活动要求

学校作为教育的主要阵地,担负着教书育人的职责。每个学校都有自己的特点和办学特色,学校的网站除了反映上述内容外,学校的规模、教职工的状况、班级情况、学生人数、教学设施、图书馆信息、招生信息以及联系方式等也要反映出来。还可以在网站中将自己所在班级的某一科成绩按优、良、合格和不合格进行统计,用图表的形式体现,以便让更多的人了解学校和自己所在的班级。

活动分析

(1) 小组合作讨论学校的情况。
(2) 查找有关学校网站的信息,培养获取信息的能力。
(3) 将学校各方面的信息统计出来,决定校园的网站应从哪几个方面来考虑,培养提出问题、分析问题的能力。
(4) 根据学校和班级的信息,合理设计网页,培养整理信息的能力。
(5) 使用网页设计软件进行网页设计,使用电子表格软件对数据进行统计,培养使用信息技术进行数据处理的能力及解决问题的能力。

方法与步骤

一、讨论

（1）确定小组成员及分工。

表 8-5-1　小组成员及分工

姓　名	特　长	分　工

（2）确定小组的研究主题。

学校网站主要包括哪几个方面的内容？

根据讨论的结果，各小组结合组内学生的兴趣等确定有关学校网站的主题。

二、有关学校网站的创建与维护

小组合作，自主实践与探索，制作有关学校网站的创建和维护工作。

以"创建网站与网站维护"为主题，各小组根据自己选定的主题展开综合活动，通过网页设计软件进行创建与维护。

（1）浏览一些学校的网站。

浏览资源（如 http://www.ecnu.edu.cn，http://www.bnu.edu.cn 等），也可以通过搜索引擎（如 www.baidu.com，www.google.com 等）查找一些学校的网站。

（2）设计反映学校情况的网页，并在网页中填入具体内容，包括学校介绍、教学设施、教师状况、学生状况、图书馆、班级介绍、在线帮助、联系方式等。

（3）使用网页设计软件制作学校网站，包括创建站点及各个网页。注意考虑下面的几个问题："网页的主题是什么？"、"网页横幅的设计考虑了吗？"、"网页导航栏如何设计？"……

① 在网页中插入表格及表格属性的设置。

在表格中设计导航栏。

在表格中插入计数器和电子邮箱的链接。

② 使用网页设计软件可以设置滚动字幕，考虑应该怎样设置？同时考虑怎样设置动态效果？

③ 怎样将扫描的图片或用数码相机拍摄的图片添加到网页的图表中？图片可以是自己所在学校的徽标，插入后还应注意图片属性的修改。

④ 在网页设计中，表单的作用和目的是什么？通过哪些表单控件设计其内容？

（4）在制作的网站中创建一个讨论式的站点，使用在线帮助创建讨论式的站点。

（5）网站的发布。

① 讨论：网站设计完成后，如果不发布，访问者能够看到吗？

② 网站发布前首先要检查所有的链接，若有问题则需要维护，怎样检查其链接？

③ 网站怎样发布出去？

综合测试

第一部分　知识题

一、选择题

1. 静态网页的扩展名通常是（　　）。

A. doc　　　　B. txt　　　　C. html　　　　D. ppt

2. 网页中表格的边框线最小可以设为（　　）。

A. 0　　　　B. 1　　　　C. 2　　　　D. 5

3. 在网页页面设计时，应该考虑一些原则，以下说法中不妥当的是（　　）。

A. 颜色的使用、搭配要合理，服从内容表达的要求　　B. 图文并茂，图片越多越好，能体现出网页的丰富多彩

C. 内容表达要清晰　　D. 同一网页的栏目风格要相对统一

4. 网页中的图片一般采用的图片类型是（　　）。

A. html, jpeg　　　　B. jpeg, gif　　　　C. wav, wmv　　　　D. bmp, flv

5. 表示网页开始和结束的标识符号是（　　）。

A. <html>, </html>　　B. <p>, </p>

C. <body>, </body>　　D. <a>, </a>

6. （　　）软件不属于网页制作的常用工具。

A. Excel　　　　B. FrontPage　　　　C. Dreamweaver　　　　D. Fireworks

7. 在 Dreamweaver 中,表格的宽度可以被设置为 100%,这意味着( )。

    A. 表格的宽度是固定不变的

    B. 表格的宽度会随着浏览器窗口大小的变化而自动调整

    C. 表格的高度是固定不变的

    D. 表格的高度会随着浏览器窗口大小的变化而自动调整

8. 有关<TITLE></TITLE>标记,正确的说法是( )。

    A. 表示网页正文开始

    B. 中间放置的内容是网页的标题

    C. 位置在网页正文区<BODY></BODY>内

    D. 在<HEAD></HEAD>文件头之后出现

9. 在 Dreamweaver 中,可以通过单击标签选择器中的( )来选取表格中的单元格。

    A. <table>标签   B. <tr>标签   C. <td>标签   D. <tc>标签

10. 下面关于设计主页的叙述,不正确的是( )。

    A. 主页的风格要和其他页面的风格统一   B. 主页内容安排要符合一般的浏览习惯

    C. 主页中的 Logo 要放在页面的左上角   D. 主页的设计要注意内容安排和界面美观

二、判断题

1. 在网页中可以使用文字、图片、动画、声音和视频等多种格式的内容。   ( )

2. 实现网站中网页之间的跳转,通常使用超链接的方式。   ( )

3. Dreamweaver 中布局网页可以利用表格来实现。   ( )

4. IIS 是 WEB 服务器用来发布网页的组建。   ( )

5. 网页之间可以通过超链接实现跳转,同一网页内无法实现跳转。   ( )

6. 网页中滚动文本框常用来输入内容较多的文本,如用户意见、个人建议等。   ( )

7. 网页设计时首先要考虑网页的美观性。   ( )

8. 在 HTML 的文件中,无论在文字或标记之间按下多少个空格,在浏览器中都只会显示一个空格。   ( )

9. 从 Word 中直接复制粘贴到 Dreamweaver 中的文字可以保留其原有格式。   ( )

10. 在属性面板设置网页打开的方式中,能回到上一级的浏览窗口,显示超链接所指向的网页文件的是"_parent"。

三、填空题

1. 目前网络上应用最为广泛的网页语言是( )。

2. ( )是网页浏览者与网页设计者通过服务器实现交互的工具。

3. 网页编辑完毕,可按( )键查看预览效果。

4. 建立空链接的方法是在属性面板的链接框内输入( )。

第二部分 操作题
中国结专题网制作

活动要求

    中国结所显示的情致与智慧,正是中华古老文明的一个侧面。

    它是数学奥秘的游戏呈现。

    它有着复杂曼妙的曲线,却可以还原成最单纯的二维线条。

    它有着飘逸雅致的韵味,最初是人类生活的基本工具。

    中国结有太多值得传承的理由,学校为了让学生对中国结有更多的了解,组织几位同学制作"中国结专题网"来传承这种文化。

    作为这次任务的负责人,你该怎样更好地完成学校交给你的这个挑战?

    中国结专题网所需的相关资料放在"综合题资料"文件夹中。美化页面所需的素材可以通过网上下载获取。

活动分析

一、活动任务

    浏览中国结的照片及相关资料,并以自己的身份,设计这个中国结专题网。

在 D 盘根目录下建立"中国结专题网"文件夹,作品保存在该文件夹下。整个项目完成后,将文件夹上传。

二、活动分析

1. 设计要求

(1) 分析中国结所体现的一种文化,一种精神,确定适合的主题。

(2) 依据主题选取相关照片及资料,设计至少 3 个网页,分别是中国结的起源、中国结的欣赏、中国结的制作等内容。

(3) 通过中国结的照片在网页中呈现对中国结的欣赏。

(4) 网页色彩搭配协调、版面布局合理、有新意,并且要有较强的感染力和美感。

2. 制作要求

(1) 在首页中创建页面导航,实现与其他网页的跳转;

(2) 设置各网页中文字的字体、大小、颜色;

(3) 在某一个网页中用背景图片进行修饰;

(4) 利用表格进行网页元素的定位和布局;

(5) 网页中插入的图片必须能够正常显示。

方法与步骤

(1) 筛选网页需要的素材。

浏览"综合题素材"文件夹下的内容,结合个人设计方案,选取需要的素材进行归类。

(2) 设计页面布局(仅供参考,学生可自行设计)。

① 建立网站架构图,如图 8-6-1 所示。

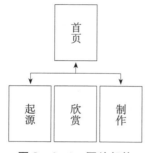

图 8-6-1　网站架构

(a) 首页布局

(b) 起源、制作页面布局

(c) 欣赏页面布局

图 8-6-2　页面布局

② 进行页面布局,如图 8-6-2 所示。

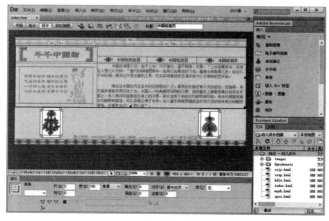

图 8-6-3　中国结主题网首页效果

(3) 制作首页。

① 插入表格。选择菜单"表格"→"插入"→"表格"。根据首页布局,设置表格"行数"为"4","列数"为"2";"边框粗细"、"单元格边距"、"单元格间距"都为"0";指定宽度为"780"像素。

② 合并单元格。选中表格第一行,选择菜单"表格"→"合并单元格"。

③ 输入页面内容。在表格第一行输入网站标题,在第二行左单元格输入导航标题,右单元格输入网站前言,设定文字的字体、字号、颜色等。

④ 设置页面背景。选择菜单"格式"→"背景",选择"背景图片"复选框,单击"浏览"按钮,选择背景图片,单击"确定"按钮。

⑤ 保存首页。选择菜单"文件"→"保存",输入文件名"index. htm",保存网页,整体效果如图 8-6-3 所示。

(4) 制作文章显示页面。

① 插入表格。选择菜单"表格"→"插入"→"表格"。根据文章显示页面布局,设置表格"行数"为"2","列数"为"1";"边框粗细"、"单元格边距"、"单元格间距"都为"0";指定宽度为"780"像素。

② 输入页面内容。在表格第一行输入页面标题,在第二行输入文章内容,设定文字的字体、字号、颜色等。

③ 创建返回首页的超链接。在网页合适的位置输入"返回首页",选中文字,选择菜单"插入"→"超链接",单击"浏览"按钮,选择"index. htm"网页,单击"确定"按钮。

⑤ 保存文章显示页面。选择菜单"文件"→"保存",输入文件名"XXX. htm",保存网页。

重复以上步骤,完成其他文章显示页面的制作。

（5）制作图片显示页面。

① 插入表格。选择菜单"表格"→"插入"→"表格"。根据图片显示页面布局,设置表格"行数"为"2","列数"为"1";"边框粗细"、"单元格边距"、"单元格间距"都为"0";指定宽度为"780"像素。

② 输入页面内容。在表格第一行输入页面标题,设定文字的字体、字号、颜色等。

③ 嵌套表格。在表格第二行插入表格,设置表格"行数"为"2","列数"为"6";"边框粗细"、"单元格边距"、"单元格间距"都为"0";指定宽度为"100"百分比。

④ 插入图片。光标移至单元格,选择菜单"插入"→"图片"→"来自文件",选择所需的运动会图片,单击"确定"按钮。在新表格的所有单元格中,插入图片。

⑤ 创建返回首页的超链接。在网页的合适位置输入"返回首页",选中文字,选择菜单"插入"→"超链接",单击"浏览"按钮,选择"index. htm"网页,单击"确定"按钮。

⑥ 保存图片显示页面。选择菜单"文件"→"保存",输入文件名"tupian. htm",保存网页。

（6）制作首页超链接。

① 打开首页。选择菜单"文件"→"打开",选择文件"index. htm"。

② 创建超链接。分别选中首页中的导航文字,选择菜单"插入"→"超链接",分别找到链接的网页文件,单击"确定"。

③ 保存首页。

归纳与小结

利用网页制作软件进行网站开发的过程与方法如图8-7-1所示。

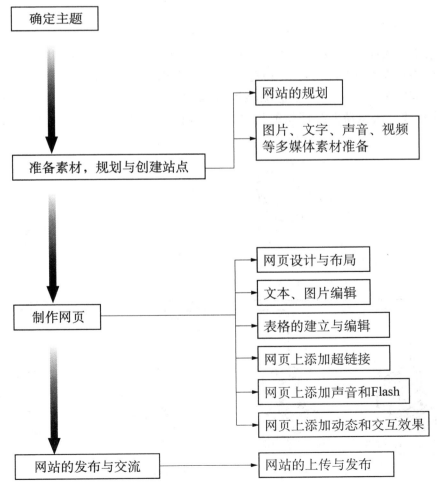

图 8-7-1 项目八的流程图

项目九 局域网基础

幼儿园简易办公网络的构建与应用

　　幼儿园为每位教师在办公室里配备了台式计算机，为每个教室配备了多媒体教学设备，还为行政管理部门配备了数台笔记本电脑用于移动办公，并购置了1台打印机用于日常办公资料的打印。同时，随着平板电脑、智能手机等技术的发展，幼儿园部分教师已经在生活中使用这些设备，并设想在日常工作中进行应用。

　　然而，幼儿园未配备相应的网络环境，所有的信息设备都独立运行，无法实现计算机间文件等资源的共享，也不能访问互联网。幼儿园迫切希望能够在经费有限的情况下，构建一个简易的办公网络，实现基于网络的计算机资源共享，并且能够使幼儿园的各类电脑设备实现互联网的访问。

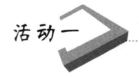

活动一　简易办公网络的构建

活动要求

　　为幼儿园办公室台式计算机、教室台式计算机以及笔记本电脑构建计算机局域网络，考虑到幼儿园现在未配备专业的网络管理人员及经费有限，构建的计算机局域网络应该结构简单、功能实用，通过该网络能够实现现有的所有安装 Windows 7 专业版的计算机都能互相连接，客户端计算机网络配置和局域网络的管理、维护简单有效。该简易办公网络的构建，为幼儿园今后基于网络的各类常用信息化应用奠定基础。

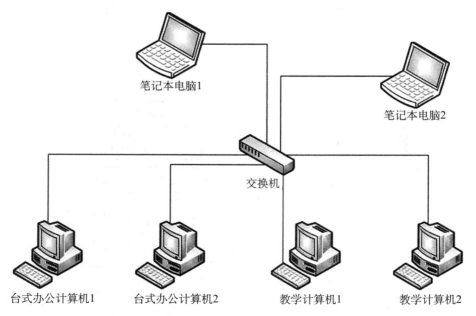

图 9-1-1　简易办公网络拓扑图

活动分析

一、思考与讨论

（1）幼儿园哪些地方的计算机需要上网？具体是多少数量？在这些地方设置网络信息点时，是否需要留有一定的余量？

（2）采用星型的网络拓扑结构，需要有一个网络中心节点，考虑相对集中的原则，中心节点可以放置在什么地方？

（3）采用什么设备来连接网络信息点，是集线器（Hub）还是交换机？端口数量是多少？

（4）构建的局域网，选用哪个私有地址段用于计算机地址的配置？

二、总体思路

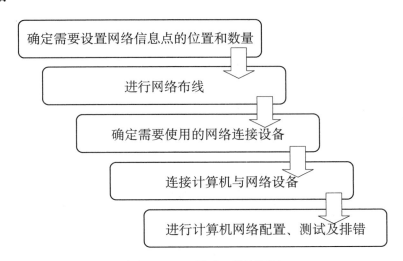

图 9-1-2　活动一的流程图

方法与步骤

一、确定需要设置计算机网络信息点的位置和数量

1. 确定计算机信息点的位置和数量

依据幼儿园现有计算机的位置和数量，为每台计划设置一个信息点，建议在经费允许的情况下，位置方面考虑今后可能使用的场所，数量方面考虑一定的余量。

2. 确定中心节点的位置

当前大多采用星型网络拓扑结构，即用一个节点作为中心节点，其他节点直接与中心节点相连构成网络，如图 9-1-3 所示。常见的中心节点设备为集线器或交换机。基于星型网络拓扑结构，中心节点的位置可以设置在连接到所有计算机节点相对集中的位置，以节约网络线路成本，一定程度上可以减少由于线路过长引发的故障，同时也便于维护。

二、进行网络布线

当前常用的网络布线产品有非屏蔽双绞线、屏蔽双绞线、光缆等，综合考虑网络性能和成本，幼儿

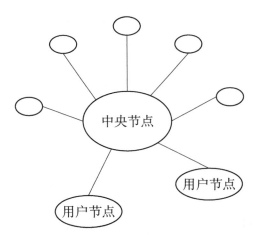

图 9-1-3　星型网络拓扑结构

园简易办公网络的布线，可以选择常见的超五类非屏蔽双绞线（即平时常说的超五类线）。按照超五类线的布线规范要求，连接计算机到网络设备的超五类线最长距离不能超过 100 m。

为了将计算机与网络设备进行连接，根据幼儿园建立简易办公网络的实际情况，可以通过将网线制作成网络跳线的方式进行布线。

如图9-1-4所示,网线制作成网络跳线的布线方式直接通过在网线两头做上RJ-45网络水晶头即可完成,其优点是成本较低,实现方便,技术难度低。网络跳线需要专门的工具完成制作,网络跳线的两个RJ-45网络水晶头的制作标准要统一。建议一个办公网络内所有的网络跳线标准都要实现统一,以便于日常管理和维护。

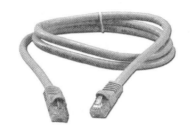

图9-1-4　网络跳线

三、确定需要使用的网络连接设备

在局域网络中,常用的网络连接设备主要有网络集线器、网络交换机、网络路由器等。根据幼儿园的需求,综合考虑性价比,一般可以选择网络交换机作为简易办公网络的连接设备,如图9-1-5所示。

图9-1-5　网络交换机

各种端口数量的交换机用于满足不同规模的网络需求,常见的一般有8口、12口、24口、48口等不同端口数量的交换机。

交换机端口的速率也因应用需求的不同有多种速率可供选择,常见的有10 Mbps,100 Mbps和1 000 Mbps,在幼儿园简易办公网络的应用中可以选择市场主流的速率为100 Mbps的网络交换机。

四、连接计算机与网络设备

依据网络布线的情况,只需将网线的一头连接电脑网卡,另外一头连接网络交换机,即可实现计算机与交换机的连接。

在一个交换机的端口数量无法满足所有计算机节点连接的情况下,可以将计算机连接到不同的交换机,然后再将交换机通过网络跳线进行连接,进而实现连接在不同交换机上的计算机实现网络互联,如图9-1-6所示。

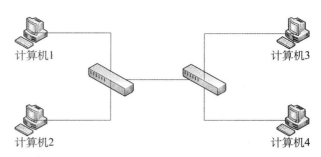

图9-1-6　多交换机网络连接拓扑图

五、进行计算机网络配置

在完成物理连接的基础上,需要对计算机网络进行配置。

1. 配置计算机名称和工作组

必须给网络中的每台计算机起一个唯一的名字,并把它们归类为不同的计算机组。当用户浏览网络时,可以根据计算机组快速找到隶属于该组中的所有计算机。

在幼儿园办公网络中,由于计算机数量不是非常多,为了应用方便,只需建立一个组。可采用系统默认的计算机组Workgroup,并使用计算机用户名字的汉语拼音命名其计算机。

给计算机命名的工作在安装操作系统时就已经完成。如果要修改计算机的名字和工作组,可按照以下步骤操作:

(1)打开"开始"菜单,单击"控制面板",找到"系统"项,双击其打开。

(2)在"系统"窗口中,单击"更改设置"命令按钮,如图9-1-7所示。

图9-1-7　"系统"窗口

(3)在"系统属性"对话框中,可以查看到当前计算机的名称和工作组。如需更改,单击"更改

（C）..."按钮，如图9-1-8所示。

图9-1-8 "系统属性"对话框

（4）在"计算机名/域更改"对话框，根据需要修改计算机名和工作组名称，完成后单击"确定"。如果修改了计算机名或工作组，系统会提示相关信息，如图9-1-9所示。

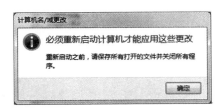

图9-1-9 计算机名或工作组更改提示

（5）回到"系统属性"对话框，如图9-1-10所示。此时，如果上一步骤中更改了计算机名称或工作组，可以看到更改后的计算机名和工作组已显示在对话框中。

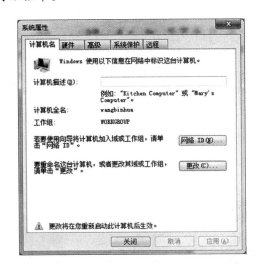

图9-1-10 "系统属性"对话框

单击"关闭"按钮后，系统会提示重启计算机的提示，单击"立即重新启动（R）"按钮，重新启动计

算机，如图9-1-11所示。

图9-1-11 重新启动计算机提示对话框

当计算机重新启动完成，则更改过的计算机名和工作组得以生效。

2. 配置计算机网络地址

计算机与网络设备在实现物理连接后，进行通信前需要确定使用相同的计算机网络通信协议并作相关的配置。当前使用最多的计算机网络通信协议是TCP/IP协议，安装Windows 7操作系统的电脑默认情况下均安装了该协议，用户需要进行IP地址的相关配置，并保证在同一网络内IP地址的唯一性。

在Windows 7操作系统的电脑上，按照以下步骤设置电脑的IP地址：

（1）打开"开始"菜单，单击"控制面板"，双击"网络和共享中心"项。

（2）在"网络和共享中心"窗口中，单击"更改适配器设置"命令按钮，如图9-1-12所示。

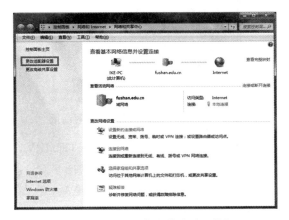

图9-1-12 "网络和共享中心"窗口

（3）在"网络连接"窗口中，找到网卡对应的网络连接，一般第一个有线网卡连接名称为"本地连接"，双击其打开，如图9-1-13所示。

图9-1-13 "网络连接"窗口

（4）在"本地连接状态"对话框中，单击"属性（P）"按钮，如图9-1-14所示。

图9-1-14 "本地连接状态"对话框

（5）在"本地连接属性"对话框中，选择"Internet协议版本4（TCP/IPV4）"项后，单击"属性"按钮，如图9-1-15所示。

图9-1-15 "本地连接属性"对话框

（6）在"Internet协议版本4（TCP/IPV4）属性"对话框中，选择"使用下面的IP地址（S）："选项，并输入计算机IP地址和子网掩码，单击"确定"，如图9-1-16所示。

图9-1-16 Internet协议版本4（TCP/IPV4）属性对话框

IP地址可以设置为"192.168.1.X，"子网掩码可以设置为"255.255.255.0"，其中X的取值范围为1～254，并确保该地址在这个网络内的唯一性。

六、完成计算机连通性测试

在完成了计算机之间通过交换机互相连接，并为每台计算机设置了计算机名、工作组和IP地址进行网络应用之前，可以通过计算机命令对计算机间相互的连通性进行测试。

例如，有A，B两台计算机，A计算机的IP地址为"192.168.1.1，"B计算机的IP地址为"192.168.1.2"，要测试A与B计算机之间网络的连通性，在Windows 7中可以使用ping命令。测试操作步骤如下：

（1）在A或B计算机上，打开"开始"菜单，输入"cmd"命令，并回车进入命令模式，如图9-1-17所示。

图9-1-17 "开始"菜单中运行命令

（2）输入"ping＜对方IP地址＞"，并回车，查看命令运行结果。

例如，在B计算机输入"ping 192.168.1.1"，并回车。如果网络连通成功，将得到如图9-1-18所示的正确反馈信息。

图9-1-18 网络连接测试信息1

如果网络连通故障，将得到如图9-1-19所示的错误反馈信息。

图9-1-19 网络连接测试信息2

七、进行网络连通性故障排除

经过网络连通性测试发现连通故障时,可以按照以下步骤检查故障原因,并采取相应措施排除故障:

(1) 检查交换机电源。

(2) 检查物理连接线路。可以通过专门的线路检测仪器检查线路是否完好,在保证线路完好的情况下,检查交换机端和计算机端网线是否连接正常。

(3) 在 Windows 7 中检查网卡的网络连接是否被禁用。在"开始"→"控制面板"→"网络和共享中心"中,单击"更改适配器设置"命令按钮,在"网络连接"窗口中,找到网卡对应的网络连接。如果发现被禁用,通过双击图标,可以启用网卡的网络连接。

(4) 检查计算机的 IP 地址是否正确:

① 计算机 IP 地址属于同一个网络段;

② 计算机 IP 地址与其他计算机不重复。

知识链接

一、计算机网络的发展

计算机网络从产生到发展,总体来说可以分成 4 个阶段。

(1) 第一阶段:20 世纪 60 年代末到 20 世纪 70 年代初为计算机网络发展的萌芽阶段。

其主要特征如下:为了增加系统的计算能力和资源共享,把小型计算机连成实验性的网络。第一个远程分组交换网叫 Arpanet,由美国国防部于 1969 年建成,第一次实现了由通信网络和资源网络复合构成计算机网络系统。标志着计算机网络的真正产生,Arpanet 是这一阶段的典型代表。

(2) 第二阶段:20 世纪 70 年代中后期是局域网络发展的重要阶段。

其主要特征是局域网络作为一种新型的计算机体系结构开始进入产业部门。局域网技术是从远程分组交换通信网络和 I/O 总线结构计算机系统派生出来。1976 年,美国 Xerox 公司的 Palo Alto 研究中心推出以太网,它成功地采用了夏威夷大学 Aloha 无线电网络系统的基本原理,使之发展成为第一个总线竞争式局域网。1974 年,英国剑桥大学计算机研究所开发了著名的剑桥环局域网(Cambridge Ring)。这些网络的成功实现,一方面标志着局域网络的产生,另一方面,它们形成的以太网及环网对以后局域网络的发展起到导航的作用。

(3) 第三阶段:整个 20 世纪 80 年代是计算机局域网络的发展时期。

其主要特征是局域网络完全从硬件上实现了 ISO 的开放系统互连通信模式协议的能力。计算机局域网及其互连产品的集成,使得局域网与局域互连、局域网与各类主机互连,以及局域网与广域网互连的技术越来越成熟。综合业务数据通信网络(ISDN)和智能化网络(IN)的发展,标志着局域网络的飞速发展。1980 年 2 月,美国电气和电子工程师学会(IEEE)下属的 802 局域网络标准委员会宣告成立,并相继提出 IEEE801.5~802.6 等局域网络标准草案,其中的绝大部分内容已被国际标准化组织(ISO)正式认可。作为局域网络的国际标准,它标志着局域网协议及其标准化的确定,为局域网的进一步发展奠定了基础。

(4) 第四阶段:20 世纪 90 年代初至现在是计算机网络飞速发展的阶段。

其主要特征是计算机网络化,协同计算能力发展以及全球因特网的盛行。计算机的发展已经完全与网络融为一体,体现了"网络就是计算机"的口号。目前,计算机网络已经真正进入社会各行各业,并为其所用。另外,虚拟网络 FDDI 及 ATM 技术的应用,使网络技术蓬勃发展并迅速走向市场,走进平民百姓的生活。

二、计算机网络的组成和分类

计算机网络的组成基本上包括计算机、网络操作系统、传输介质(可以是有形的,也可以是无形的,如无线网络的传输介质就是空间),以及相应的应用软件 4 个部分。其中,计算机包括客户端计算机和服务器。

根据不同的标准,可以对计算机网络进行不同的分类,从地理范围和规模划分是一种大家都认可的通用网络划分标准,可以将计算机网络划分为局域网、城域网和广域网。

1. 局域网

常见的"LAN"就是指局域网(Local Area Network,LAN),是局部地区范围内的网络,所覆盖的地区

范围较小。局域网在计算机数量配置上没有太多的限制,少的可以只有两台,多的可达几百台。在网络所涉及的地理距离上一般来说可以是几米至 10 km 以内。局域网一般位于一个建筑物或一个单位内。现在局域网随着整个计算机网络技术的发展和提高,已经得到充分的应用和普及。几乎每个单位都有自己的局域网,甚至家庭中都有自己的小型局域网。

2. 城域网

城域网(Metropolitan Area Network,MAN)是不同地区的网络互联,一般来说是在一个城市。这种网络的连接距离可以在 10～100 km,与 LAN 相比,MAN 扩展的距离更长,连接的计算机数量更多,在地理范围上可以说 MAN 是 LAN 网络的延伸。

3. 广域网

广域网(Wide Area Network,WAN)也称为远程网,是一种跨地区的数据通讯网络,所覆盖的范围比城域网更广。它一般是在不同城市之间的 LAN 或者 MAN 网络互联,地理范围可从几百公里到几千公里。

三、计算机网络的拓扑结构

计算机网络的拓扑结构主要有总线型拓扑、星型拓扑、环型拓扑、树型拓扑、混合型拓扑和蜂窝拓扑结构。总线型拓扑和星型拓扑是两种常见的网络拓扑结构。

1. 总线型拓扑

总线型结构由一条高速公用主干电缆(即总线)连接若干个结点构成网络。网络中所有的结点通过总线进行信息的传输。这种结构的特点是结构简单灵活,建网容易,使用方便,性能好。其缺点是一次仅能一个端用户发送数据,其他端用户必须等待到获得发送权。媒体访问获取机制较复杂;干总线对网络起决定性作用,总线故障将影响整个网络。总线型拓扑是使用最普遍的一种网络。

2. 星型拓扑

星型拓扑由中央结点集线器与各个结点连接组成。这种网络各结点必须通过中央结点才能实现通信。星型结构的特点是结构简单,建网容易,便于控制和管理。其缺点是中央结点负担较重,容易形成系统的"瓶颈",线路的利用率也不高。

3. 环型拓扑

环型拓扑由各结点首尾相连形成一个闭合环型线路。环型网络中的信息传送是单向的,即沿一个方向从一个结点传到另一个结点;每个结点需安装中继器以接收、放大、发送信号。这种结构的特点是结构简单,建网容易,便于管理。其缺点是当结点过多时,将影响传输效率,不利于扩充。

4. 树型拓扑

树型拓扑是一种分级结构。在树型结构的网络中,任意两个结点之间不产生回路,每条通路都支持双向传输。这种结构的特点是扩充方便、灵活,成本低,易推广,适合于分主次或分等级的层次型管理系统。

5. 网型拓扑

主要用于广域网,由于结点之间有多条线路相连,因此网络的可靠性较高。其缺点是结构比较复杂,建设成本较高。

6. 混合型拓扑

混合型拓扑可以是不规则型的网络,也可以是点-点相连结构的网络。

7. 蜂窝拓扑结构

蜂窝拓扑结构是无线局域网中常用的结构。它以无线传输介质(如微波、卫星、红外等)点到点和多点传输为特征,是一种无线网,适用于城市网、校园网、企业网。它是星型网络与总线型的结合体,克服了星型网络分布空间限制问题。

四、网卡

网卡又称网络适配器、网络接口卡、通信适配器,是计算机与外界局域网的连接设备。网卡和局域网之间的通信是通过电缆或双绞线以串行传输方式进行的。网卡和计算机之间的通信则是通过计算机主板上的 I/O 总线以并行传输方式进行的。

当前,购买的计算机大多内置安装有网卡。如果一台没有安装网卡的计算机需要联网,就需要为其单独安装如图 9-1-20 所示的网卡。在安装网卡时,必须将管理网卡的设备驱动程序安装在计算机的操作系统中。在 Windows 7 中安装网卡驱动程序,必须要有系统管理员权限。

图 9-1-20　网卡

五、网络布线标准

网络布线工业标准是布线制造商和布线工程行业共同遵循的技术法规,规定了从网络布线产品制造到布线系统设计、安装施工、测试等一系列技术规范。EIA/TIA 568 国际综合布线标准是普遍适用于校园网络布线的一个标准。这个标准对于一座建筑直到包括通信插口和校园内各建筑物间的综合布线规定了最低限度的要求,它对一个带有被认可的拓扑和距离的布线系统、对以限定实施参数为依据的媒体进行了说明,并对连接器及插头引线间的布置连接也做了说明。

EIA/TIA 的布线标准中规定两种双绞线的线序 568A 与 568B,分别如图 9-1-21 和图 9-1-22 所示。标准 568A:绿白-1,绿-2,橙白-3,蓝-4,蓝白-5,橙-6,褐白-7,褐-8;标准 568B:橙白-1,橙-2,绿白-3,蓝-4,蓝白-5,绿-6,褐白-7,褐-8。

在同一个局域网络内,建议使用同一个标准。

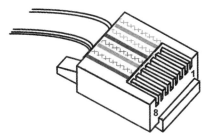

图 9-1-21　568A 线序示意图

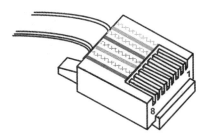

图 9-1-22　568B 线序示意图

六、将网线两头制作成网络模块的布线方式

通过在网线两头制作成网络模块为网络的使用提供接口,一般都需要配合网络面板固定在墙上,在使用时还需要在两头连接网络跳线,如图 9-1-23 所示。

该方式的优势在于灵活性较强,客户端计算机位置更改后只要通过更换相应长度的跳线,就可以连接到现有网络。其不足是实现起来的布线成本较高,技术难度也相应提高。

图 9-1-23　使用网络模块完成布线

七、常用网络设备比较

1. 网络集线器

网络集线器(Hub)属于数据通信系统中的基础设备,如图 9-1-24 所示。主要功能是把所有节点集中在以它为中心的节点上,从而实现节点设备之间的网络互联。

图 9-1-24　网络集线器

图 9-1-25　网络交换机

2. 网络交换机

网络交换机(Switch)也叫交换式集线器,如图 9-1-25 所示。功能与网络集线器相似,但性能高于网络集线器。

网络集线器和网络交换机的比较可见表 9-1-1。

表 9-1-1　网络集线器、网络交换机的比较

设备名称	主要用途	性能	应用复杂性	价格
网络集线器	连接网络节点	低	简单	相对便宜
网络交换机	连接网络节点	高	简单	相对适中

八、网络地址分类

根据 TCP/IP 协议的规定,必须给网络中的每台计算机的网卡分配一个唯一的 IP 地址以示区别。IP 地址由 4 个十进制数彼此用"."分割而成(如"192.168.1.2")。每一个 IP 地址包含两个部分,分别为网络编号(网络 ID)和计算机编号(主机 ID)。网络编号用于标识拥有该 IP 地址的计算机处在哪个网络上,而计算机编号用于标识拥有该 IP 地址的计算机处在该网络上的位置。

每一个 IP 地址还必须拥有一个子网掩码,用于划分该 IP 地址的网络编号和计算机编号。对 IP 地址为"192.168.1.2"的计算机,其缺省的子网掩码为"255.255.255.0"。计算机通过特定的计算,可以知道该 IP 地址的网络编号为"192.168.1",计算机编号为"1"。

Internet 委员会定义了 5 种 IP 地址类型以适合不同容量的网络,即 A~E 类。其中,如表 9-1-2 所示的 A, B, C 这 3 类地址是由 Internet NIC 在全球范围内统一分配;D, E 类为特殊地址。

表 9-1-2　A, B, C 3 类 IP 地址范围

网络类别	最大网络数	第一个可用的网络号	最后一个可用的网络号	每个网络中的最大主机数
A	126	1	126	16 777 214
B	16 382	128.0	191.255	65 534
C	2 097 150	192.0.0	223.255.255	254

A, B, C 这 3 类 IP 地址分别留出一部分私有地址(Private Address),专门为组织机构内部使用:

(1) A 类:10.0.0.0 - 10.255.255.255;

(2) B 类:172.16.0.0 - 172.31.255.255;

(3) C 类:192.168.0.0 - 192.168.255.255。

九、计算机名称和组的命名规定

计算机名称一般使用 15 个或更少的字符,但只能包含 0~9 的数字、A~Z 和 a~z 的字母,以及连字符(-)。计算机名不能完全由数字组成,也不能包含空格,而且还不能包含像以下这样的特殊字符:

$$< > ; : " * + = \backslash | ?,$$

工作组名不能和计算机名相同,命名的规范与计算机名称类同。

 点拨

(1) 在布线之前绘制信息点分布示意图,并做好编号以方便施工;在布线时在网线或网络模块上做好相应的编号;布线完成后要整理好布线相关文档,便于今后网络线路的维护。

(2) 在进行计算机 IP 地址设置前进行 IP 地址的规划,选择使用一类私有 IP 地址,并为每台计算机分配唯一的 IP 地址。将计算机名、计算机位置、IP 地址等信息整理成表格,用以方便日常维护。

(3) 必须以本机的系统管理员(在本机上拥有所有权限的用户)身份登录计算机,才能做网络连接配置和计算机命名的工作。

自主实践活动

(1) 观察计算机房或学校的网络建设情况,包括网络布线、网络设备、网络地址规划和计算机命名规

则等,看看是否有需要改进的地方。

(2) 为学校的教学楼制定网络布线和计算机网络配置规划:

① 设计教学楼布线的信息点分布示意图,做好信息点编号。

② 设计教学楼计算机网络配置规划表,包括计算机位置、计算机名、IP 地址等信息。

(3) 使用 ping 命令检查所在环境的计算机间连通情况。

(4) 三人一组进行小组合作,构建一个包含 3 台计算机以上的简易局域网络。

活动二　办公网络资源的共享

活动要求

幼儿园已经组建了简易的办公局域网络,所有计算机的 IP 地址采用"192.168.1.0"网段,教师办公室计算机名采用教师姓名的汉语拼音命名,教室计算机名采用班级名称的拼音命名,所有计算机都加入 Workgroup 工作组。

在幼儿园的日常工作中,教师在办公室备课准备的教学课件等资源需要复制到教室计算机中,并在上课时使用。以往都是通过移动磁盘(如 U 盘、移动硬盘等)来进行,现在有了局域网后,教师希望通过设置将办公室计算机中存放教学课件资源的文件夹在网络上进行共享,教室计算机通过网络能访问办公室计算机共享文件夹中的教学课件。

另外,幼儿园购买的一台打印机现在安装在名为"DAYINSHI"的计算机上,以往也是将需要打印的文档用移动磁盘复制到该计算机进行打印,为了使用方便,现需要将打印机在网络上进行共享,其他计算机可通过网络访问共享打印机直接打印,以提高日常教学资料打印的效率和方便性。

活动分析

一、思考与讨论

(1) 在幼儿园的日常工作中共享文件夹有哪些用途?是否需要建立一个幼儿园教师全员共用的共享文件夹?

(2) 共享文件夹的管理由每位老师负责还是由幼儿园安排专人负责?为什么?

(3) 共享文件夹的使用需要注意些什么?是否需要一定的规范?

(4) 需要共享的打印机放在什么地方比较方便使用?谁来管理这台打印机呢?

(5) 共享打印机的使用需要注意些什么?是否需要一定的规范?

二、总体思路

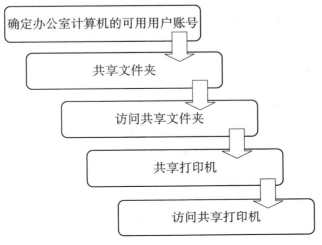

图 9-2-1　活动二的流程图

信息技术应用基础

方法与步骤

一、办公室计算机的文件夹共享

1. 确定办公室计算机的可用用户账号信息

在教室计算机上访问办公室计算机的共享文件夹时，需要了解办公室计算机上已经启用的用户账户的用户名和密码信息，通过以下步骤查看或设置用户信息：

（1）打开教师办公室电脑上的"开始"菜单，右击"计算机"，找到"管理（G）"项，单击打开。

（2）在出现的"计算机管理"窗口中，依次单击打开左边控制台树中的"本地用户和组"→"用户"，可以查看到当前已经启用的用户名。在图9-2-2中，已经启用的用户名为"wangbh"。

图9-2-2　"计算机管理"窗口

（3）如果用户"wangbh"没有设置密码或需要更改密码，通过右击用户名称"wangbh"，单击"设置密码（S）..."命令，在弹出的对话框中选择"继续（P）"按钮，然后在出现的对话框中在"新密码"和"确认密码"中输入需要设置的密码，单击"确定"即可完成密码的设置，如图9-2-3所示。

图9-2-3　用户密码设置对话框

2. 确定办公室计算机中需要共享的文件夹

在办公室计算机中，确定存放需要共享教学课件等资源的文件夹。可以在D盘中建立一个文件夹，名字为"共享教学资源"，并将需要共享的资源存于该文件夹中，如图9-2-4所示。

图9-2-4　"共享教学资源"文件夹

3. 共享办公室计算机中的文件夹

（1）右击D盘中的"共享教学资源"文件夹，在出现的快捷菜单中，单击"共享（H）"中的"特定用户..."，如图9-2-5所示。

图9-2-5　共享"共享教学资源"文件夹命令

（2）在出现的"文件共享"对话框中，确认需要访问的用户账户是否已经在访问列表中，如果没有，请单击其中的下拉列表，选择用户并单击"添加"按钮，然后单击"共享（H）"按钮，完成文件夹共享操作，如图9-2-6所示。

图9-2-6　"文件共享"对话框

4. 在教室计算机上访问办公室计算机的共享文件夹

在大一班教室的计算机（计算机名为"DA1BAN"）上要访问教师办公室的计算机（计算机名为"WANGBINHUA"）上的共享文件夹"共享教学资源"，操作步骤如下：

（1）打开计算机"DA1BAN"上的"开始"菜单，单击"计算机"，在出现的"计算机"窗口中，单击左边导航窗格中的"网络"，显示当前网络上的计算机及其他设备，如图9-2-7所示。

图9-2-7 当前网络上的计算机

（2）双击教师办公室计算机"WANGBINHUA"的图标，系统提示网络账号认证的窗口，输入教师办公室计算机"WANGBINHUA"上的可以访问共享文件夹的用户账号信息（用户名和密码），单击确定即可，如图9-2-8所示。

图9-2-8 访问网络上计算机资源时的账号认证窗口

（3）账号认证通过后，显示出教师办公室计算机"WANGBINHUA"上所有共享文件夹的列表，如图9-2-9所示。

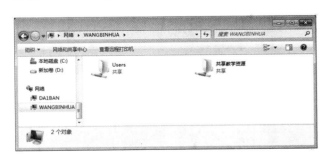

图9-2-9 教师办公室计算机上所有共享文件夹的列表

（4）双击"共享教学资源"共享文件夹图标，即可查看到该文件夹中的文件和文件夹，如图9-2-10所示。根据实际需要，可以进行文件和文件夹的相关操作。

图9-2-10 共享文件夹中的教学资源

二、计算机"DAYINSHI"的打印机共享

1. 确定办公室计算机的可用用户账号信息

具体操作方法与步骤，可以参考本活动中"办公室计算机的文件夹共享"的"确定办公室计算机的可用用户账号信息"。

2. 共享计算机"DAYINSHI"上的打印机

（1）打开计算机"DAYINSHI"上的"开始"菜单，单击"设备与打印机"，显示当前计算机上所有安装的打印机等设备列表，如图9-2-11所示。

图9-2-11 "设备和打印机"窗口

（2）右击需要共享的打印机图标，单击"打印机属性(P)"选项，在出现的打印机属性对话框中，选择"共享"标签，选中"共享这台打印机(S)"复选框，单击"确定"完成共享，如图9-2-12所示。

图9-2-12 "共享打印机"对话框

3. 在其他计算机上安装计算机"DAYINSHI"的打印机驱动程序

在其他计算机上要访问计算机"DAYINSHI"上的共享打印机,并安装网络共享打印机的驱动程序,操作步骤如下:

(1) 打开要使用共享打印机的计算机上的"开始"菜单,单击"计算机",在出现的"计算机"窗口中,单击左边导航窗格中的"网络",显示当前网络上的计算机及其他设备,如图9-2-13所示。

图9-2-13　当前网络上的计算机

(2) 双击计算机"DAYINSHI"的图标,系统提示网络账号认证的窗口,输入计算机"DAYINSHI"上的用户账号信息(用户名和密码),单击确定即可,如图9-2-14所示。

图9-2-14　访问网络上计算机资源时的账号认证窗口

(3) 账号认证通过后,显示出教师办公室计算机"DAYINSHI"上所有共享资源的列表。找到共享的打印机,右击共享打印机的图标,选择"连接(N)…"命令,系统会自动安装打印机,如图9-2-15所示。

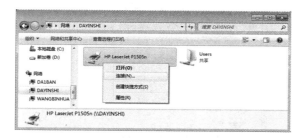

图9-2-15　安装网络共享打印机窗口

(4) 安装完成后,通过打开"开始"菜单,单击"设备和打印机",在出现的设备和打印机窗口中,会显示

安装成功的网络共享打印机,如图9-2-16所示。

图9-2-16　安装成功的网络共享打印机

4. 测试网络共享打印机安装情况

安装完网络共享打印机后,通过右击安装成功的网络打印机图标,选择"打印机属性(P)"命令,在出现的打印机属性对话框中,选择"打印测试页(T)"按钮进行打印测试,如图9-2-17所示。

图9-2-17　对网络共享打印机进行打印测试

如果能够打印出打印测试页,表明已经成功安装了网络共享打印机。

5. 在其他计算机上使用网络共享打印机打印资料

成功安装了网络共享打印机后,使用打印机的方法与使用本地打印机相同,在应用程序中进行打印时,选择使用安装的网络共享打印机即可,如图9-2-18所示。

图9-2-18　使用网络共享打印机打印资料

知识链接

一、通过网络访问计算机的其他方法

在知道要访问的计算机的名称或 IP 地址的情况下，可以通过单击"开始"菜单，在搜索框中输入"\\计算机名"或"\\ IP 地址"的方法找到计算机，并显示其共享资源。例如，在本活动中可以输入"\\WANGBINHUA"或"\\192.168.1.1"，通过网络快速访问办公室电脑的共享资源。

二、将网络中的共享文件夹映射成网络驱动器

在日常工作中，如果需要在教室计算机经常访问教师办公室计算机中的共享文件夹，则可把该共享文件夹映射为网络驱动器，即使用时把该共享文件夹当成自己计算机上的驱动器。

在本活动中，在教室计算机"DA1BAN"上将办公室计算机"WANGBINHUA"上的"共享教学资源"映射成网络驱动器"Z"盘，可以采用下面的方法实现：

（1）在计算机"DA1BAN"上通过网络访问到计算机"WANGBINHUA"的共享文件夹，如图 9－2－9 所示。

（2）右击"共享教学资源"文件夹，选择"映射网络驱动器（M）..."命令，出现"映射网络驱动器"对话框，如图 9－2－19 所示。

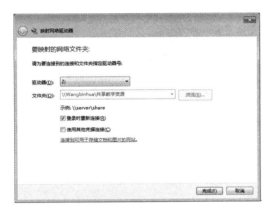

图 9－2－19 "映射网络驱动器"对话框

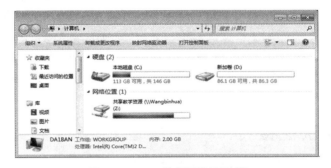

图 9－2－20 使用网络驱动器

选择驱动器"Z:"，选中"登录时重新连接"复选框，单击"完成"按钮。

（3）网络驱动器映射完成后，使用时只需打开"计算机"即可，与打开本地磁盘的操作相同，如图 9－2－20 所示。

三、取消文件夹共享

如果需要取消办公室计算机中文件夹"共享教学资源"的网络共享，可以通过进入本地 D 盘，右击"共享教学资源"文件夹，选择"共享（H）"中的"不共享"命令，即可实现取消共享。

四、共享文件夹权限设置

在访问共享文件夹时，使用的账号"wangbh"是办公室电脑的系统管理员，拥有对共享文件夹完全访问的权限。如果希望其他人访问该文件夹，并且只允许读取，不允许进行删除、更名等操作，可以在共享时通过以下途径实现：

（1）在办公室计算机的"本地用户和组"中添加新的用户账号，如图 9－2－21 所示。例如，添加用户"test"。

（2）在共享文件夹的"文件共享"对话框

图 9－2－21 计算机管理窗口

中,添加"test"用户,权限级别设置为"读取",如图9-2-22所示。

图9-2-22 "文件共享"对话框 　　　　图9-2-23 访问网络上计算机资源时的账号认证窗口

（3）在教室或其他计算机上访问该共享文件夹时,使用"test"账号进行用户认证,如图9-2-23所示。这样,在访问共享文件夹时,只能读取其中的文件或文件夹,而不能对其进行修改或删除。

 点拨

在网络上进行文件夹的共享,要充分考虑数据的安全,建议通过以下措施提高共享文件的安全:

（1）保管好用于共享文件夹的计算机系统管理员账号。

（2）如果需要被多人访问,请根据访问的需求设置不同的访问权限,权限的设置以满足需求为原则,不要简单地对所有用户设置为具有"读取/写入"权限。

（3）共享文件夹中仅保存需要共享的文件或文件夹。

知识链接

一、开放系统互连参考模型

开放系统互连参考模型（Open Systems Interconnection，OSI）是为了实现开发系统互联而建立的通

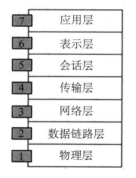

图9-2-24 OSI参考模型

信功能分层模型,简称OSI参考模型。开放系统互连参考模型是由国际标准化组织（International Standards Organization，ISO）和国际电报电话咨询委员会（International Consultative Committee on Telecommunications and Telegraph，CCITT）联合制定的,为开放式互连信息系统提供了一种功能结构的框架,其目的是为异种计算机互连提供共同的基础和标准框架,并为保持相关标准的一致性和兼容性提供共同的参考。如图9-2-24所示的OSI参考模型是计算机网路体系结构发展的产物。

OSI参考模型本身并不是一个网络体系结构,因为它并没有定义每一层上所用到的服务和协议。它只是指明每一层上应该做些什么事情。然而,ISO已经为每一层制订了相应的标准,但这些标准并不属于参考模型本身,它们都已作为单独的国际标准发布。

OSI参考模型共有7层,分别是物理层（Physical Layer）、数据链路层（Data Link Layer）、网络层（Network Layer）、传输层（Transport Layer）、会话层（Session Layer）、表示层（Presentation Layer）、应用层（Application Layer）。

（1）物理层是OSI参考模型的第一层。它虽然处于最底层,却是整个开放系统的基础,其涉及在通信信道上传输的原始数据位,为数据传输提供可靠的环境。在设计时必须要保证,当一方发送了"1"时,在另一方收到的也是"1"而不是"0"。

（2）数据链路层的主要任务是将一个原始的传输设施转变成一条逻辑的传输线路,在这条传输线路上,所有未检测出来的传输错误也会反映到网络层上。数据链路层完成这项任务的做法如下:让发送方将输入的数据拆开,分装到数据帧(Data Frame)中,然后顺序地传输这些数据帧。如果是可靠的服务,则接收方必须确认每一帧都已经正确地接收到,即给发送方送回一个确认帧(Acknowledgement Frame)。

（3）网络层控制子网的运行过程。一个关键的设计问题是确定如何将分组从源端路由到目标端。

（4）传输层的基本功能是接受来自上一层的数据,并且在必要的时候把这些数据分割成小的单元,然后把数据单元传递给网络层,并且确保这些数据片段都能够正确地到达另一端。

（5）会话层允许不同机器上的用户之间建立会话。所谓会话,通常是指各种服务,包括对话控制、令牌管理以及同步功能等。

（6）在表示层下面的各层中,它们最关注的是如何传递数据位,而表示层关注的是所传递信息的语法和语义。

（7）应用层包含了各种各样的协议,这些协议往往直接针对用户的需要。一个被广泛使用的应用协议是超文本传输协议,它也是万维网的基础。

二、TCP/IP 协议

TCP/IP 协议是"Transmission Control Protocol/Internet Protocol"的简写,中译名为"传输控制协议/因特网互联协议",又名"网络通讯协议",是因特网中最基本的协议、国际互联网络的基础,由网络层的 IP 协议和传输层的 TCP 协议组成。TCP/IP 定义了电子设备如何连入因特网,以及数据如何在它们之间传输的标准。

协议采用了 4 层的层级结构,即网络访问层、互联网层、传输层和应用层,如图 9-2-25 所示。每一层都呼叫它的下一层所提供的协议来完成自己的需求。TCP 负责发现传输的问题,一有问题就发出信号,要求重新传输,直到所有数据安全正确地传输到目的地。而 IP 是给因特网的每一台联网设备规定一个地址。

图 9-2-25 TCP/IP 协议模型

三、常用的计算机网络传输介质

计算机网络传输介质可以按传输方式分为有线传输介质和无线传输介质两类。

1. 有线传输介质

有线传输介质通常分为同轴缆、双绞线、光纤 3 种。

（1）同轴缆(Coaxialcable)。同轴缆由 4 层介质组成:最内层的中心导体层是铜,导体层的外层是绝缘层,再向外一层是起屏蔽作用的 112 导体网,最外一层是表面的保护皮。同轴缆所受的干扰较小,传输的速率较快(可达到 10 Mbps),但布线要求技术较高,成本较贵。

（2）双绞线(TwistedPair)。双绞线可分为非屏蔽双绞线(UTP)和屏蔽双绞线(STP)两种。

非屏蔽双绞线内无金属膜保护四对双绞线,因此,对电磁干扰的敏感性较大,常用于星型网络中。

非屏蔽双绞线按用途不同分为 6 类,即一类线～六类线。不同类别的非屏蔽双绞线都能传送话音信号,所不同的是它们的数据传送速率不同,现在常用的计算机网络采用五类线或六类线。

屏蔽双绞线内有一层金属膜作为保护层,可以减少信号传送时所产生的电磁干扰,价格相对比非屏蔽双绞线贵。屏蔽双绞线适用于令牌环网中。

（3）光纤(OpticalFiber)。光纤由外壳、加固纤维材料、塑料屏蔽、光纤和包层组成。由于光纤所负载的信号是由玻璃线传导的光脉冲,因此不受外部电流的干扰。光纤可分为单模光纤(Single Mode)和多模光纤(Multipie Mode)两种。由于光纤在传输过程中不受干扰,光信号在传输很远的距离后也不会降低强度,而且光缆的通信带宽很宽,因此光缆可以携带数据长距离高速传输。

2. 无线传输介质

无线传输的介质有无线电波、红外线、微波、卫星和激光。在局域网中,通常只使用无线电波作为传输介质。

无线传输的优点在于安装、移动以及变更都较容易,不会受到环境的限制;但信号在传输过程中容易受到干扰和被窃取。

自主实践活动

（1）两人一组进行文件夹共享和访问的实践，为不同用户分配不同的共享文件夹访问权限。

（2）在地址栏中分别输入"\\计算机名"和"\\计算机 IP"地址，访问共享文件夹。

（3）为共享打印机安装其他版本的驱动程序，尝试在非 Windows 7 操作系统的计算机上安装共享打印机驱动程序。

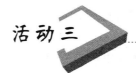

活动三　互联网的共享访问

活动要求

随着互联网的发展和应用的普及，在幼儿园的日常工作中，越来越多地需要进行互联网的访问，以进行信息的获取和交流。

幼儿园根据实际需要，向互联网服务提供商申请了 ADSL 线路，并购置了无线路由器设备，型号为 Linksys WRT54G。幼儿园希望通过设备配置共享互联网络，使幼儿园的计算机可以通过现有的有线局域网络访问互联网，同时，对于部分笔记本电脑和平板电脑等智能终端设备能通过无线网络访问互联网。

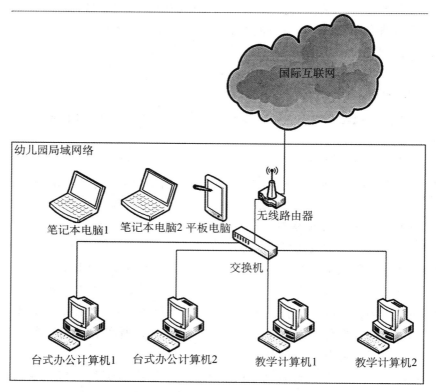

图 9-3-1　幼儿园共享访问互联网拓扑图

活动分析

一、思考与讨论

（1）幼儿园有了国际互联网络，在教师办公和教学等方面可以应用互联网做些什么应用？

（2）无线路由器放在什么位置会比较合理？为什么？

（3）使用无线路由器时是否需要考虑网络安全问题？主要的威胁在哪里？可以有哪些针对性措施？

二、总体思路

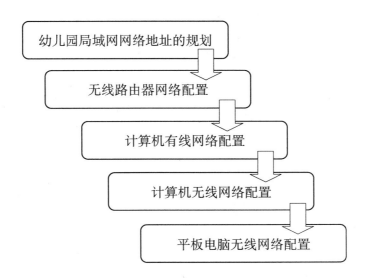

图 9-3-2　活动三的流程图

方法与步骤

一、幼儿园局域网网络地址的规划

幼儿园现有的局域网络地址采用 C 类私有地址"192.168.1.0"，并且现有的台式计算机按照从小到大的顺序已经使用了该网段一部分 IP 地址，基于现在的实际应用情况，同时考虑到部分笔记本电脑和平板电脑将通过无线路由器进行无线上网，对现有网段 IP 地址进行如表 9-3-1 所示的规划。

表 9-3-1　幼儿园网络地址规划表

编号	用途	IP 地址
1	有线局域网络	192.168.1.1 - 192.168.1.100
2	无线局域网络	192.168.101 - 192.168.1.200
3	预留	192.168.1.201 - 192.168.1.253
4	无线路由器	192.168.1.254

二、无线路由器与幼儿园局域网、互联网的连接

幼儿园申请了 ADSL 线路后，因特网服务提供商会提供一台 ADSL 调制解调器（Modem），如图 9-3-3 所示。默认情况下，只能为一台计算机提供互联网访问，该计算机需要通过网线连接到 ADSL 调制解调器的以太网端口（Ethernet），并在

图 9-3-3　ADSL 调制解调器

计算机上进行相关设置后实现上网。

为了使幼儿园中的所有计算机都能通过一条 ADSL 线路上网，需要通过路由设备实现无线网络访问，考虑到成本和管理的方便，通过无线路由器将 ADSL 线路与现有的局域网络设备交换机进行连接。在本活动中，使用的无线路由器 Linksys WRT54G 具有 1 个 WAN 端口（标识"Internet"的端口）和 4 个 LAN 端口（分别标识编号为"1"，"2"，"3"，"4"的端口），如图 9-3-4 所示。

图 9-3-4　无线路由器 Linksys WRT54G

257

使用无线路由器 Linksys WRT54G 连接调制解调器与网络交换机的方法如下：

（1）使用网线将 ADSL 的以太网端口和无线路由器的 WAN 端口进行连接。

（2）使用网线将无线路由器的 LAN 端口中的任何一个端口与幼儿园局域网的网络交换机的任一闲置端口进行连接。

通过无线路由器，为幼儿园局域网中的计算机进行互联网的访问做好准备。

三、无线路由器网络配置

新购置的无线路由器 Linksys WRT54G 需要进行配置，一方面实现互联网的网络连接，另一方面，使幼儿园局域网络中的台式计算机、笔记本电脑、平板电脑等设备连接到无线路由器。

1. 连接电脑和无线路由器

通过网线将电脑的有线网卡和无线路由器 LAN 端口中的任何一个闲置端口进行连接。

2. 设置计算机的 IP 地址

打开计算机有线网卡的"Internet 协议版本 4（TCP/IPV4）属性"对话框，将计算机有线网卡的 IP 地址设置为"自动获得 IP 地址"，并单击"确定"按钮，如图 9-3-5 所示。计算机会从无线路由器自动获取 IP 地址。

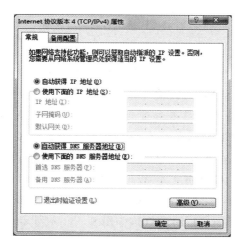

图 9-3-5   "Internet 协议版本 4（TCP/IPV4）属性"对话框

3. 查看无线路由器管理地址

在电脑网卡的"本地连接"状态对话框，单击"详细信息"按钮，在出现的"网络连接详细信息"对话框中，会显示无线路由器分配给电脑网卡的 IP 地址信息，如图 9-3-6 所示。

默认网关为"192.168.1.1"，即当前无线路由器的管理地址为"192.168.1.1"。

图 9-3-6   "网络连接详细信息"对话框

4. 登录无线路由器管理页面

在网络浏览器中，输入"http://192.168.1.1/"，访问无线路由器管理页面，在出现的无线路由器登录对话框中，用户名和密码都输入"admin"，单击"确定"，如图 9-3-7 所示。

图 9-3-7   访问无线路由器管理页面窗口

5. 无线路由器基本设置

在无线路由器管理页面中进行无线路由器的基本设置。

（1）ADSL 连接设置。由于幼儿园申请的互联网接入方式是 ADSL，在互联网设置方面，将"互联网连接类型"由默认的"自动配置-DHCP"更改为"PPPoE"，并输入由因特网服务提供商给出的用户名和密码，其余的选项可以采用默认选项。

（2）网络设置。根据之前的规划，对网络设置中的"路由器 IP"设置如下：

① 本地 IP 地址：192.168.1.254；

② 子网掩码：255.255.255.0。

对"网络地址服务器设置（DHCP）"设置如下：

① DHCP 服务器：启用；

② 起始 IP 地址：192.168.1.101；

③ 最大 DHCP 用户数目：100。

图9－3－8　无线路由器基本设置窗口

设置完成后,单击"保存设置"按钮,管理页面会提示关闭浏览器窗口,单击"确定"按钮。

由于更改了无线路由器的IP地址,无线路由器会重新启动。当无线路由器重新启动后,若发现电脑的本地连接网络详细信息未发生改变,如图9－3－6所示的"网络连接详细信息"对话框所示,可以先将"本地连接"禁用,然后再次启用,重新获取IP地址。重新获取IP地址成功后,可以看到默认网关更新为设置的无线路由器IP地址"192.168.1.254",如图9－3－9所示。

图9－3－9　"网络连接详细信息"对话框

6．无线网络名称的更改

在浏览器中输入"http://192.168.1.254/",访问无线路由器管理页面,单击"无线"标签,进入无线路由器"基本无线设置"页面。将"无线网络名称(SSID)"由默认的"linksys"更改为"YouErYuan",单击"保存设置"按钮。

7．查看无线路由器互联网连接状态

在无线路由器管理页面,单击"状态"标签,即可查看无线路由器当前互联网连接状态,如登录状态为"已连接",表示互联网无线路由器已经建立了

与互联网的连接。

同时,从无线路由器互联网连接状态中,可以看出当前使用的DNS服务器地址有如图9－3－10所示的两个:

① DNS1:219.233.241.166;

② DNS2:211.167.97.67。

记录下这两个DNS服务器地址,以备幼儿园现有的台式计算机设置时使用。

图9－3－10　无线路由器运行状态信息窗口

四、台式电脑有线网络配置

为了使台式计算机能正常访问互联网,需要根据之前无线路由器的配置进行有线网卡网络地址的相关配置。

(1)打开台式计算机有线网卡的"Internet协议版本4(TCP/IPV4)属性"对话框,可以看到原先设置的网络地址信息,如图9－3－11所示。

图9－3－11　"Internet协议版本4(TCP/IPV4)属性"对话框一

(2)将之前设置的无线路由器的IP地址(192.168.1.254)作为台式计算机有线网卡的默认网关,将无线路由器当前的互联网DNS服务器地

址作为台式计算机有线网卡的 DNS 服务器地址，如图 9-3-12 所示。

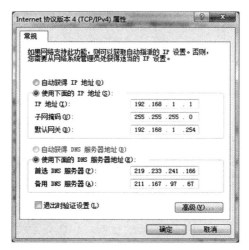

图 9-3-12 "Internet 协议版本 4（TCP/IPV4）属性"对话框二

完成网络地址配置后，即可在台式计算机上访问互联网。

五、笔记本电脑无线网络连接

幼儿园的笔记本电脑都内置了无线网卡，可以通过设置连接到幼儿园无线网络，实现互联网访问。

（1）单击任务栏的"连接到网络"图标 ![icon]，打开可用网络列表，如图 9-3-13 所示。

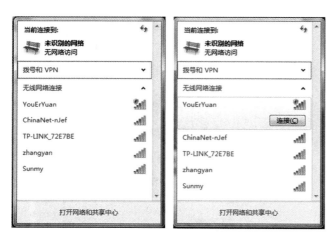

图 9-3-13 "连接到网络" 可用网络列表窗口

图 9-3-14 连接幼儿园无线网络"YouErYuan"

（2）在可用网络列表中找到幼儿园之前设置的无线网络名称"YouErYuan"，单击"连接"按钮，如图 9-3-14 所示。

（3）无线网络连接成功后，"连接到网络"图标会显示为 ![icon]，单击该图标，会显示幼儿园无线网

络"YouErYuan"已连接的提示信息，如图 9-3-15 所示。

图 9-3-15 成功连接幼儿园无线网络"YouErYuan"

六、平板电脑无线网络连接

幼儿园教师在日常的工作、教学中越来越多地使用平板电脑等智能终端设备，由于这些设备都内置了无线网卡，可以通过设置连接到幼儿园无线网络，实现互联网访问。

以 iPad 为例，连接幼儿园无线网的操作步骤如下：

（1）点击"设置"图标，进入设置页面后，点击"Wi-Fi"图标，查看可用的无线网列表，如图 9-3-16 所示。

图 9-3-16 iPad 查看无线网列表

（2）在无线网列表中找到幼儿园无线网络"YouErYuan"，点击该无线网络名称，即可实现网络连接，如图 9-3-17 所示。

图 9-3-17 iPad 连接到幼儿园无线网络"YouErYuan"

知识链接

一、因特网的作用及典型服务类型

因特网以相互交流信息资源为目的,基于一些共同的协议,并通过许多路由器和公共互联网连接而成,是一个信息资源和资源共享的集合。因特网充分发挥了资源共享和信息交流的作用。

因特网的典型服务类型有电子邮件、文件传输协议、远程登录、IP 电话和网络计算。

1. 电子邮件

电子邮件系统(E-mail)可以在因特网用户之间传输信息。当一名用户在其本地计算机上发送出电子邮件,邮件会首先传送到用户的邮件服务器,然后邮件服务器会将邮件转发至目的地邮件服务器,目的地邮件服务器会一直保存邮件,等待收件人联系邮件服务器并请求查看收到的邮件。

2. 文件传输协议

传输文件的一种方法是将其作为附件附在电子邮件中,另一种更有效的方法是利用文件传输协议,它是一种在因特网上传输文件的客户端/服务器协议。因特网中一台计算机的用户需要使用一个实现 FTP 的软件包,然后与另外一台计算机建立连接。一旦建立了这个连接,文件就可以在两台计算机之间以任意方向传输。

3. 远程登录

使用远程登录,用户可以与远程计算机的远程登录服务器取得联系,然后遵循特定操作系统的登录步骤,获取对那台远程计算机的访问权。这样,通过远程登录,远程用户拥有与本地用户相同的对应用和工具的访问权限。

4. IP 电话

IP 电话(Voice over Internet Protocol,VoIP)是一种使用宽带因特网连接代替普通电话系统进行电话通话的技术。VoIP 利用因特网基础设施提供与传统电话系统相类似的语音通信。VoIP 对传统电话公司是一种威胁。

5. 网格计算

网格计算系统是指由各种计算机联系在一起来执行处理任务的网络。网格计算系统既可以是公共的,也可以是私有的。一些网格系统使用连接到因特网的计算机作为资源,其他的计算机则运行在私有网络中。

二、网关的作用

顾名思义,网关是一个网络连接到另一个网络的“关口”。网关既可以用于广域网互联,也可以是用户局域网互联。在幼儿园的互联网访问中,无线路由器充当了网关的作用。通过无线路由器,将幼儿园内部的局域网与外部的互联网实现网络互连。幼儿园的计算机通过设置默认网关为无线路由器的 IP 地址,就是告诉计算机在进行互联网访问请求时,默认将通过无线路由器的 IP 地址进行路由,从而获取互联网上的信息。

三、DNS 的作用

DNS 是域名系统(Domain Name System)的缩写,是因特网的一项核心服务,作用是将用户输入的域名转化为 IP 地址。

在计算机中进行信息传递时,机器之间只认 IP 地址,但 IP 地址对于用户来说不容易记忆。域名是由圆点分开的一串单词或缩写组成的文字(如 www. baidu. com),往往具有一定的意义,便于用户记忆。通过 DNS,用户只要输入需要访问的域名,计算机通过 DNS 服务器的解析,自动转换为 IP 地址,进行机器间的连接。DNS 服务器就是专门用于进行 DNS 解析的计算机。

四、互联网访问连通性测试及故障原因分析

1. 互联网访问连通性测试

在 Windows 7 操作系统的计算机上,打开网络浏览器,输入需要访问的网站地址(如 www. baidu. com),查看网站是否能被正常访问:如网页显示正常,说明互联网可以被正常访问;如果网页不能被显示,

图 9－3－18　网页访问错误信息

则需要进行故障排查，如图 9－3－18 所示。

2. 互联网访问故障原因分析

导致互联网访问故障的原因主要包括与无线路由器的连接故障、无线路由器连接互连网的故障，以及客户端网络地址设置故障等，可以通过以下方式依次检查故障原因。

（1）检查计算机与无线路由器的连接情况。可以通过 ping 命令检查与无线路由器的网络连接，如果出现故障，可以检查物理线路和电脑 IP 地址设置。

（2）检查无线路由器连接互连网的情况。可以登录无线路由器管理页面，查看无线路由器运行状态（见图 9－3－10）。如果连接被断开，尝试在无线路由器管理页面中进行手动连接；如果依旧出现连接故障，请检查 ADSL 账号、ADSL 物理线路和 ADSL Modem 设备的运行情况来进行解决。

（3）检查电脑网络地址设置情况。经过以上两项检查，未发现故障原因，请检查客户端计算机的网络地址设置情况，主要检查网关和 DNS 的设置是否正确。

五、无线路由器安全

无线网络由于信号通过无线的方式覆盖在一定范围内，在该范围内的无线客户端设备（如带有无线网卡的笔记本电脑、平板电脑、智能手机等），通过连接到无线网络，即可进入到无线网络所在局域网络的内部，对网络的安全带来威胁。

通过对无线路由器设置访问密码、Mac 地址过滤等多种方式，可以加强无线网络的安全。

（1）在网络浏览器中，输入"http：//192.168.1.254/"，访问无线路由器管理页面，输入管理账号登录后，单击"无线"标签，然后再单击"无线安全"文字链接，进入"无线安全"设置页面，如图 9－3－19 所示。

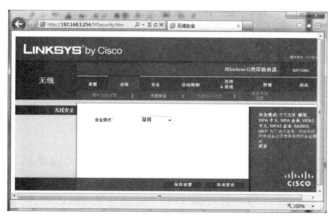

图 9－3－19　无线路由器"无线安全"设置页面一

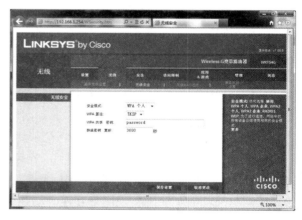

图 9－3－20　无线路由器"无线安全"设置页面二

（2）单击"安全模式"下拉列表，选择一种无线安全模式（如"WPA 个人"模式），并设置"WPA 共享密钥"，单击"保存设置"，完成无线网络访问密码的设置，如图 9－3－20 所示。

当设置完无线网络访问密码后，在笔记本等设备进行无线网络连接时，会出现无线网络连接"安全密钥"的输入提示，输入无线网络密码即可完成连接，如图 9－3－21 所示。

 点拨

（1）在无线网络构建好之后，为了应对可能的外来入侵、互联网资源被非法占用等问题，一般都要设置无线网络的访问密码。

（2）无线路由器的 IP 地址建议不要随意更改。

图 9－3－21　无线网络连接密码认证对话框

自主实践活动

（1）在学校计算机房安装一台无线路由器。结合学校的网络情况，对无线路由器进行网络配置，并设置无线网络访问密码，使计算机和智能终端设备能通过无线路由器访问因特网。

（2）小组合作探索和实践无线路由器的其他功能，进一步提高无线网络访问的安全性。

综 合 测 试

知 识 题

一、选择题

1. 计算机网络给人们带来了极大的便利，其基本功能是（　　）。
   A．安全性好　　　　　　B．运算速度快　　　　　C．内存容量大　　　　　D．数据传输和资源共享

2. 表示局域网的英文缩写是（　　）。
   A．WAN　　　　　　　　B．LAN　　　　　　　　C．MAN　　　　　　　　D．USB

3. 计算机网络中广域网和局域网的分类是以（　　）来划分的。
   A．信息交换方式　　　　B．传输控制方法　　　　C．网络使用者　　　　　D．网络覆盖范围

4. 下面关于网络拓扑结构的说法中，正确的是（　　）。
   A．网络上只要有一个结点发生故障就可能使整个网络瘫痪的网络结构是星型
   B．每一种网络只能包含一种网络结构
   C．局域网的拓扑结构一般有星型、总线型和环型3种
   D．环型拓扑结构比其他拓扑结果浪费线

5. 在计算机网络所使用的传输介质中，抗干扰能力最强的是（　　）。
   A．光缆　　　　　　　　B．超五类双绞线　　　　C．电磁波　　　　　　　D．双绞线

6. 互联网计算机在相互通信时必须遵循同一的规则称为（　　）。
   A．安全规范　　　　　　B．路由算法　　　　　　C．网络协议　　　　　　D．软件规范

7. 在因特网上的每一台主机都有唯一的地址标识，它是（　　）。
   A．IP 地址　　　　　　　B．用户名　　　　　　　C．计算机名　　　　　　D．统一资源定位器

8. 因特网使用 TCP/IP 协议实现了全球范围计算机网络的互连，连接在因特网上的每一台主机都有一个 IP 地址，下面不能作为互联网上可用 IP 地址的是（　　）。
   A．201.109.39.68　　　　B．192.168.1.1　　　　　C．21.18.33.48　　　　　D．120.34.0.18

9. DNS 的中文含义是（　　）。
   A．域名服务系统　　　　B．服务器系统　　　　　C．邮件系统　　　　　　D．地名系统

10. 在网上下载软件时，享受的网络服务类型是（　　）。
    A．电子邮件　　　　　　B．远程登录　　　　　　C．即时短信　　　　　　D．文件传输

二、判断题

1. 计算机网络是在 20 世纪 90 年代发明的。　　　　　　　　　　　　　　　　　　　　　　　（　　）

2. 计算机网络拓扑反映出网络中各实体间的结构关系。　　　　　　　　　　　　　　　　　　（　　）

3. 某学校校园网网络中心到 1 号教学楼网络节点的距离大约为 700 m，用于连接它们间的恰当传输介质是超五类线。　　　　　　　　　　　　　　　　　　　　　　　　　　　　　　　　　　　（　　）

4. 网络协议是支撑网络运行的通信规则，因特网上最基本的通信协议是 TCP/IP。　　　　　　（　　）

5. ping 命令可用于查看本地计算机的 IP 地址。　　　　　　　　　　　　　　　　　　　　（　　）

6. 为了提高网络安全性，建议对输入到本地计算机的文件先做病毒扫描，确认安全后使用。　（　　）

7. www@baidu.com 是一种有效的域名表示方式。　　　　　　　　　　　　　　　　　　　（　　）

8. 因特网的典型服务有电子邮件、文件传输协议、远程登录、VoIP、网格计算等。　　　　　（　　）

9. 在制作 RJ－45 水晶头的时候，双绞线的线序可以任意排列。　　　　　　　　　　　　　　（　　）

10. 在使用无线网络时，没有配置 IP 地址就可以上网，因此，上网的设备不一定都要有 IP 地址。　（　　）

三、填空题

1. 常用的传输介质有（　　　　　　）、同轴电缆、（　　　　　　）和无线传输。

2. OSI 参考模型有 7 层,分别为(　　　　)、数据链路层、(　　　　)、传输层、会话层、(　　　　)和(　　　　)。

3. HTTP 是万维网的基础,它属于 OSI 参考模型中的(　　　　)层。

4. TCP/IP 协议采用了 4 层的层级结构,分别为(　　　　)、(　　　　)、(　　　　)和(　　　　)。

5. 在 IP V4 的 C 类 IP 地址中,默认一个网络段的主机数是(　　　　)。

6. 根据 TCP/IP 协议的规定,有 A,B,C 3 类地址为私有地址,其中,172.16.2.1 是一个(　　　　)类地址,其网络标识为(　　　　),主机标识为(　　　　)。

7. 在 Windows 中可用于检测网络中计算机连通性的命令是(　　　　)。

8. (　　　　)是一种将不同网络进行连接的设备。

9. 在因特网上,将域名转换为 IP 地址的工作是由(　　　　)系统完成的,该系统的英文缩写为(　　　　)。

10. FTP 是(　　　　)的英文缩写。

归纳与小结

总结"幼儿园简易办公网络的构建与应用"项目,其过程和方法如图 9-4-1 所示。

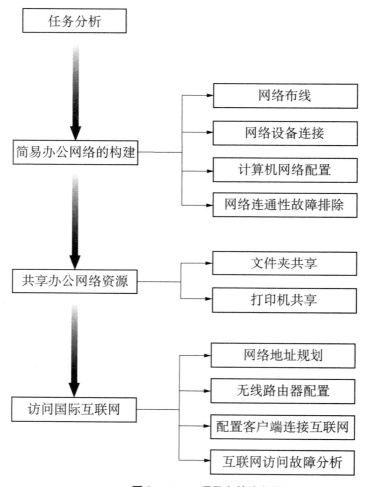

图 9-4-1　项目九的流程图

项目十 信 息 安 全

信息技术与信息安全基本常识

互联网的飞速发展,其作用已经远远超过我们的想象,网络已经深入到社会生活的各个方面。人们通过网络来获取相关资料、交换信息、处理数据,可以肯定地说,现代社会已经离不开网络。然而,网络的飞速发展、不断壮大,不但给人们带来了方便,也给人们带来了麻烦或者隐患,这就是网络信息安全问题。因此,对于计算机用户来说,有必要采取具体的措施进行网络安全防范,保证计算机的基本安全。

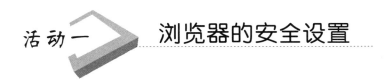

活动一 浏览器的安全设置

活动要求

掌握通过浏览器的安全设置来提高计算机的安全性。

活动分析

一、思考与讨论

(1) 在 Internet 中,网上浏览涉及的浏览器及 Web 服务器之间是如何工作的?

(2) 在上网的过程中,通常会遇到什么样的安全性问题? 这些问题如何来解决?

(3) 除了对浏览器的安全检查和设置可以保证简单的安全保护措施实施外,还可以从哪些方面来设置浏览器的安全运行级别?

二、总体思路

(1) 运行 IE 浏览器,查看浏览器安全性设置的各个项目,并了解各个项目的含义。

(2) 用 IE 浏览器链接一个 Web 站点,然后改变 IE 浏览器的默认安全性设置,禁止客户端脚本程序,按【F5】键刷新页面,查看页面显示的不同。

(3) 设置 IE 浏览器的运行安全级别为"基本用户"。

方法与步骤

一、Web 浏览器安全设置

大多数的 Web 浏览器都包含"Internet 选项"对话框,通过该对话框可以对浏览器的功能进行设置。例如,是否运行 ActiveX 控件、是否运行脚本程序等。这些设置除了影响浏览器的功能,同时还涉及用户计算机系统的安全问题。

浏览器"Internet 选项"对话框如图 10-1-1 所示。

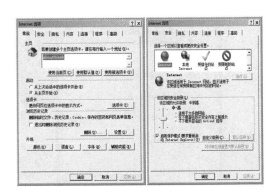

图 10-1-1 浏览器安全性设置

二、网页中 ActiveX 控件与脚本的执行设置

单击"安全"选项卡中的"自定义级别"按钮,可以查看浏览器的默认安全性设置项目,也可以修改默认项目,分别如图 10-1-2 和图 10-1-3 所示。

图 10-1-2　ActiveX 控件运行的安全设置

图 10-1-3　脚本程序运行的安全设置

三、网页中个人隐私的保存设置

用户在上网的过程中,所访问的 URL 可能在客户端的计算机上创建 Cookie,进而带来安全性或者隐私泄露的问题,这可以通过"隐私"选项卡来进行具体的设置,如图 10-1-4 所示。再或者在上网的

图 10-1-4　隐私选项设置

图 10-1-5　自动完成功能设置

过程中,可能因为用户在表单中输入了账号和密码,从而使得个人信息储存在计算机上,要对浏览器的这种默认功能进行修改,可以通过"内容"选项卡中的"自动完成"选项来完成设置,如图 10-1-5 所示。

四、设置软件的安全级别

在 Windows 操作系统中,软件的安全级别有以下 5 种类型:

(1)最高权限,最高权限不是完全的不受限,而是"软件的访问权由用户的访问权来决定"。

(2)基本用户,这种类型的用户只是享有"跳过遍历检查"的特权,并且拒绝享有管理员的权限。

(3)受限用户,与基本用户相比,受限更多,但也有"跳过遍历检查"的特权。

(4)不信任的,这种类型不允许对系统资源及用户资源进行访问。

(5)不允许的,这种类型无条件地阻止程序执行或者文件打开。

如果把 IE 浏览器的安全级别设置为基本用户,就可以防止网页中的病毒、木马等程序通过浏览器的运行对注册表等关键系统资源的访问,进而提高系统的安全性。基本用户的设置步骤如下:

(1)将注册表打开,定位到以下表项。

"开始"菜单运行栏输入"regedit",打开注册表,如图 10-1-6 所示。定位到 HEKY_LOCAL_

图 10-1-6　注册表编辑器

MACHINE \ SOFTWARE \ Policies \ Microsoft \ Windows \ Safer \ CodeIdentifier，如图 10 - 1 - 7 所示。

本用户"C：\ Program Files \ Internet Explorer \ IEXPLORE. EXE"。另外一种方法就是在桌面空白处右击，新建快捷方式，在对话框的"输入项目位置"文本框中输入以上命令，则可实现每次双击该快捷方式，系统就以"基本用户"的身份启动浏览器。

图 10 - 1 - 7　定位路径

图 10 - 1 - 8　键值设置

（2）新建一名为"Levels"的 DOWRD 键值，其数据值为"0x20000"。打开命令提示符窗口，运行 Runas/ShowTrustLevels，就可以看到当前系统的信任级别，其中就有一个"基本用户"，对应新增加的注册表键值（Levels：0x20000），分别如图 10 - 1 - 8 和图 10 - 1 - 9 所示。

（3）设置浏览器的启动方式为"基本用户"。在命令行窗口运行如下命令：Runas/trustlevel：基

图 10 - 1 - 9　基本用户

知识链接

一、信息安全策略

1. 网络信息安全的解决方案

网络信息安全方案的设计必须建立在对整个网络安全风险进行全面分析的基础之上。为了系统地描述和分析安全问题，把网络的信息安全划分为 5 个层次，从低层往上依次为物理层、网络层、系统层、应用层（含数据库）及管理层，如图 10 - 1 - 10 所示。

（1）物理层。应考虑到环境安全和设备、设施安全。为了保护计算机设备、设施（含网络）以及其他媒体免遭地震、水灾、火灾、有害气体和其他环境事故（如电磁污染等）破坏，应采取适当的保护措施。

（2）网络层。主要存在的风险：由于网络系统内运行的 TCP/IP 协议并非专为安全通讯而设计，网络系统存在大量安全隐患和威胁，整个网络受到来自网络外部和内部的双重威胁。

主要的解决措施如下：建立防火墙。防火墙是网络安全最基本的安全措施，目的是要在内部、外部两个网络之间建立一个安全隔离带，

图 10 - 1 - 10　网络分层体系

通过允许、拒绝或重新定向经过防火墙的数据流，实现对进、出内部网络的服务和访问的审计和控制。

（3）系统层。主要存在的风险：在任何的网络结构中都运行着不同的操作系统，例如，Windows NT/2000/2003 Server，HP - UNIX，Solaris，IBM AIX，SCO - Unix，Linux 等，这些系统或多或少地存在着各种各样的漏洞。

网络中存在一定量的服务器（如视频会议类或相关的服务器、MCU、网络管理服务器等），这些服务器都担负着重要的服务功能，如果这些服务器（尤其是有大量数据处理的服务器），一旦瘫痪或者因被人植入后门造成远程控制窃取数据，后果不堪设想。为了保证业务数据的正常流通和安全，需对这些重要的服务

器进行全方位的防护。

主要的解决措施如下：进行漏洞扫描。针对操作系统的漏洞，黑客如果进行攻击时，用专用的黑客扫描工具对要攻击的网络、主机进行扫描，一旦发现要攻击的主机存在相应的漏洞，黑客便采取攻击渗透，一直到控制主机、网络。在了解了黑客的攻击手法后，就可以进行相应的防护。黑客是针对操作系统的漏洞进行攻击的，如果在黑客攻击之前发现漏洞并进行相应的补救，那么黑客对我们的网络也就无可奈何。

（4）应用层。主要存在的风险：网络还包括 Web，FTP，E-mail，DNS 等多种网络应用，应用系统的安全性主要考虑应用系统能与系统层和网络层的安全服务无缝连接。在应用层的安全问题，黑客往往抓住一些应用服务的缺陷和弱点来对其进行攻击。例如，针对错误的 Web 目录结构、CGI 脚本缺陷、Web 服务器应用程序缺陷、为索引的 Web 页、有缺陷的浏览器等进行攻击。

应用层面临的最大的安全风险是计算机病毒的传播。随着网络的不断发展，网络速度越来越快，网络应用也越来越丰富多彩，这也使得病毒传播的风险越来越大，造成的破坏越来越强。

主要解决措施如下：

① 防病毒系统。对网络中的各类服务器和客户机进行定期的防病毒扫描和实时状态下的监控，这对保护网络资源和保证网络中各种服务的正常提供不可或缺。通过在网络中部署分布式、网络化的防病毒系统，不仅可以保证单机有效地防止病毒侵害，还可以使管理员从中央位置对整个网络进行病毒防护，及时地对病毒进行查杀。

② 身份识别设备。采用身份识别设备实现用户账号安全管理和系统登录身份的安全认证。实现安全登录对操作系统的用户账号管理系统进行了改造，把用户用于认证的敏感的秘密信息，利用用户个人的密钥加密存放，个人密钥交给用户自己保存。在具体用户的认证过程中，采用 PCHAP 技术认证用户身份的合法性，结合智能钥匙 Skey、IC 卡的加密存储等技术，彻底解决了存在的安全隐患。

③ 安全审计系统。有效的安全审计系统能够提供有效的入侵检测和事后追查机制，是整个安全解决方案中的重要组成部分。目前主要的操作系统、数据库、安全平台都能够提供基本的日志记录功能，主要用于记录用户登录和访问情况。但是这类日志都存放在系统自身内部，日志难以保证安全，并且记录零散，管理人员难以进行全面、系统的管理分析。如果不仅能够将用户的登录情况记录下来，而且能够将用户对应用系统的主要操作记录下来，并且提供统一的分析平台，则对整个系统的安全审计有重要意义。

④ 入侵监测设备。防火墙只能实现基于 IP 层的访问控制，初步抵御网络外部安全威胁；同时，防火墙只能对用户登录情况进行控制，并不能监控用户的其他动作行为；其控制规则的设定是静态的，不具智能化的特点；可疑人员可能绕过防火墙，或骗过防火墙进入多业务网总部，或总部人员直接对服务器系统（操作系统、应用系统）通过网络实施各种攻击，防火墙都无能为力。所以，应该有一种措施能够实时地监测所有访问服务器资源的用户行为，对出现的大量可能危害服务器的行为及时作出报警、阻断响应，并提供日志记录和分析，这是对防火墙技术、漏洞扫描及修补技术的有利补充。因此，实时入侵监测系统是建立高级别网络安全不可缺少的一环。

除以上防御措施之外，根据需要建设 CA 数字认证、动态密码及入侵防御等安全系统，以全方位提高网络的安全性。

（5）管理层。主要存在的风险：在网络安全中，安全策略和管理扮演着极其重要的角色，如果没有制定非常有效的安全策略，没有进行严格的安全管理制度，来控制整个网络的运行，那么这个网络就很可能处在一种混乱的状态。因为没有非常好的安全策略，安全产品就无法发挥其应有的作用。如果没有有效的安全管理，就不会做到高效的安全控制和紧急事件的响应（更加详细和周密的安全策略要结合安全服务进行）。

主要解决措施如下：

对于管理的安全解决措施，不同的企业有不同的方案，以下列出的方案只是希望对集团公司多业务网络安全规划起到作用。

① 安全评估系统。网络安全风险评估系统是一种集网络安全检测、风险评估、修复、统计分析和网络

安全风险集中控制管理功能于一体的网络安全系统。通过扫描某个网络内的主机后,再进行智能分析,得到该网络的安全状况分析图表,以及每个机器详细的安全登记评估图表。

② 建立完善的管理制度。只有在管理员的陪同下才可进入服务器机房;任何人对服务器设备进行的物理改动都需留下记录;只有网络管理人员才可对服务器进行软件安装工作;所有软件安装必须保留完整的日志等。

2. 个人计算机信息安全策略

(1) 及时升级操作系统:安装正版系统软件并经常进行升级、打补丁,预防黑客攻击。

(2) 安装防病毒软件:安装正版的防病毒软件并及时对病毒软件进行升级,养成定期查杀病毒及升级病毒库的习惯。该策略是保护个人计算机信息安全的有效方法。

(3) 定期备份重要资料:个人计算机用户一定要养成经常备份重要资料的习惯,将重要数据存放在计算机之外的存储器中,防止由于病毒的攻击而导致重要数据的丢失。

(4) 慎用网络共享:尽量不使用网络共享功能,如果必须使用,一定在使用完毕后及时关闭共享,防止他人通过共享入侵计算机。

(5) 不访问来历不明的邮件和网站:病毒或者木马往往隐藏于网页或者邮件中,一旦被激活,就会感染计算机。

(6) 设置系统使用权限:给操作系统设置使用权限及专人使用的保护机制(如密码、数字证书等),禁止来历不明的人使用计算机系统。

二、常用信息安全技术

1. 密码技术

密码技术是为了保护数据在网络传输过程中不被窃听、伪造、篡改,是信息安全的核心技术,也是关键技术。

一个密码系统由算法和密钥两部分组成。现代加密技术一般有对称式加密法和非对称式加密法两种。所谓的对称式加密法,是指加密和解密都使用同一密钥,而非对称式加密法是指加密和解密使用不同的密钥。

2. 防火墙技术

防火墙,广义地说并不专指某种设备,而是一套安全性策略的总称,是网络安全的第一道防线。防火墙主要由服务访问政策、验证工具、包过滤和应用网关4个部分组成。它可以是一个路由器、一台计算机,或者是一组设备。

防火墙从软、硬件形式上可分为软件防火墙、硬件防火墙和纯硬件防火墙。

3. 数字签名技术

数学签名技术是对网络上传输的电子报文进行签名确认的一种方式,是防止通信双方欺骗和抵赖行为的一种技术,也就是说,接收方能鉴别发送方的身份,而发送方在数据发送完成后不能否认发送过数据。

该技术已经大量应用于网上安全支付系统、电子银行系统、安全邮件系统等应用领域。

4. 访问控制技术

访问控制技术是保护计算机信息系统免受非授权用户访问的技术,是信息安全技术中最基本的安全防范措施,该技术是通过用户登录和对用户授权的方式实现的。

系统用户要通过用户标识和口令登录系统,这样系统的安全性就取决于口令的秘密性和破译的难度。对于系统数据库中存放的口令,经常采用加密的方法进行存储,同时设置用户权限。

三、信息素养及知识产权保护

美国信息产业协会指出,信息素养是指利用大量的信息工具及主要信息、资源使问题得到解答的技术和技能。

信息素养主要包括3方面的内容:信息意识、信息能力和信息品质。

(1) 信息意识:就是应该有信息第一意识、信息忧患意识、信息抢先意识,以及学习和终身学习意识。

（2）信息能力：包括信息免疫与批判能力、信息挑选与获取能力、信息处理与保存能力，以及信息创造性应用能力等四大能力。

（3）信息品质：包括有积极向上的生活态度、较高的情商、善于与他人合作的精神、自觉维护社会秩序及公益事业等四大品质。

自主实践活动

（1）启用 Windows 防火墙，进行端口设置。

（提示：右击网上邻居→属性→网络连接→右击本地连接→属性→本地连接属性→高级。）

（2）在网上下载天网防火墙软件。

（3）安装天网防火墙软件，并对该软件进行端口设置、IP 设置、系统设置以防御网络攻击。

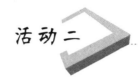

活动二　不合理权限设置的解决

活动要求

现在使用的 Windows 系列操作系统之所以非常容易遭受病毒和木马的攻击，在客观上主要是由于操作系统不合理的权限设置、未经用户批准的自动运行和系统"自作聪明"的隐藏、操作系统的漏洞等引起，本活动主要针对操作系统不合理权限设置的解决办法进行介绍。

活动分析

一、思考与讨论

（1）操作系统容易出现哪些不合理的设置？

（2）如何对操作系统的不合理设置进行修补及解决？

二、总体思路

（1）对用户权限的类别有所了解。

（2）用户账户的设置。

（3）用户账户的权限设置。

方法与步骤

（1）打开"控制面板"窗口，如图 10 - 2 - 1 所示。

（2）通过查看方式里的"大图标"展开选项，可以看到"管理工具"，如图 10 - 2 - 2 所示。

图 10 - 2 - 1　"控制面板"窗口

图 10 - 2 - 2　"控制面板"中的"管理工具"

（3）在"管理工具"窗口中双击"计算机管理"图标，在弹出的"计算机管理"窗口中选择"系统工具"→"本地用户和组"→"用户"，在"Administrator"上单击右键，在弹出的快捷菜单中选择"设置密码"选项，如图10-2-3所示。

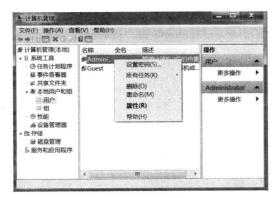

图10-2-3 在"本地用户和组"里"设置密码"

（4）为Administrator设置密码，注意不要把密码设置太短，防止病毒自带的密码破解字典解密，分别如图10-2-4和图10-2-5所示。通过这样的设置后，就可以防御很多通过局域网文件共享传播的病毒了。

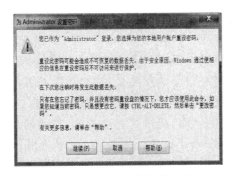

图10-2-4 开始设置密码

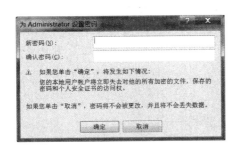

图10-2-5 输入密码

（5）在窗口右边空白处右击，在快捷菜单中选择"新用户"选项，如图10-2-6所示。创建一个用户，选中"密码永不过期"复选框，密码可以设置为空。设置后单击"创建"按钮，点"关闭"，如图10-2-7所示。

（6）创建新用户后，在窗口中就会显示新用户

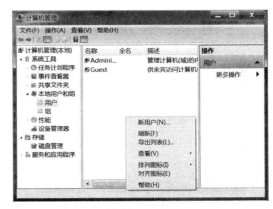

图10-2-6 新建用户

图10-2-7 输入用户和密码

"myuser"，右击该用户的属性，就能发现myuser是Users组的权限，如图10-2-8所示。

对于一般的上网和办公来说，Users权限基本足够，但是某些大型的游戏或者比较老的应用程序，可能要求用户必须是Power Users权限的账号才能够运行。这就需要在属性的"隶属于"选项卡中，单击"添加"按钮。在弹出的"选择组"对话框中单击"高级"按钮，如图10-2-9所示。再单击"立即查找"按钮，找到"Power Users"用户组并选择，如图10-2-10所示。单击"确定"按钮，然后再在"选择组"对话框中，单击"确定"按钮确认角色，分别如图10-2-11和图10-2-12所示。

图10-2-8 myuser的权限

图 10-2-9 "选择组"对话框

图 10-2-10 查找角色和用户

图 10-2-11 找到"Power Users"

图 10-2-12 确认角色

此时会看到"隶属于"标签中多了"Power Users"，用户有了"Power Users"权限，再把"Users"的权限选中，单击"删除"按钮，把用户"Users"权限删除，如图 10-2-13 所示。

图 10-2-13 删除"Users"角色权限

对于为什么要删除"Users"角色权限，是因为某些时候 Windows 的权限是"禁止"优先的，如果一个用户同时属于两个权限组，对于某项功能，如果其中有一个全选组定义了"禁止"，而另一个组是"允许"或者"未指定"，则"禁止"起作用。所以，要删除"Users"组，通过这样的设置，新建的用户就是"Power Users"权限。删除以后，单击属性对话框"确定"按钮，新用户就设置完毕。

（7）当注销系统或者重新启动计算机以后，会发现画面多了一个"myuser"用户。如果只是进行简单的常规文字处理、游戏及娱乐等，用新创建的用户就可以，而不需要再用管理员用户登录。

知识链接

一、软件工程与软件开发

1. 软件工程与软件开发的基本概念

软件工程一般指运用工程学的原理、方法来组织和管理软件的生产及维护，以保证软件产品的开发、运行和维护的高质量和高生产率。软件工程的目标是在给定成本及进度的前提下，开发出具有适用性、可靠性、可理解性、可维护性、可重用性、可移植性、可追踪性等满足用户需求的软件产品。

软件工程主要包含方法、语言、工具和过程 4 个关键元素。方法主要是提供如何构造软件的技术；语言主要是对软件进行分析、设计和实现；工具为方法和语言提供自动化的支持；过程就是把方法、语言和工具串在一起，使得软件开发具有一定的理性化和适时化，它定义方法的使用顺序、可交产品的要求，使得软件管理人员能对它们的进展进行评价。

软件开发就是根据用户的需求建造出相应的软件系统或者软件中间部分的过程,是软件工程具有应用的体现。软件除了包括可以在计算机上运行的程序,还包括与这些程序相关的文件。

2. 软件的生命周期

软件的生命周期指软件从产生到废止的整个过程。这个过程一般包含需求分析、设计、实现、部署、运行、维护、升级直到废止等阶段。

3. 软件的开发过程

(1)需求分析。这一阶段是向用户了解需求,根据需求进行相关的分析,并运用工具制作出详细的功能需求文档,列出系统各种功能模块及相关的界面,交用户进行评审,直到用户最终满意并确认。

(2)概要设计。对软件系统的设计进行概略性思考,包括系统的基本处理流程、系统的组织结构、模块划分、功能分配、接口及运行设计、数据结构设计及出错处理设计等,为软件的详细设计提供重要基础。

(3)详细设计。此阶段主要是对系统的每个模块进行详细的设计,实现所涉及的算法、结构及调用关系等,为编码和测试提供接口。

(4)编码。此阶段是将软件设计的结果转化为计算机可运行的程序代码。在程序编码中必定要制定统一、符合标准的编写规范,以保证程序的可读性,易维护性,提高程序的运行效率。

(5)测试。在软件设计完成之后要进行严密的测试,一旦发现软件在整个软件设计过程中存在的问题,就要加以纠正。整个测试阶段分为单元测试、组装测试、系统测试3个阶段进行。测试方法主要有白盒测试和黑盒测试。

(6)软件交付。经过测试达到要求后,开发者向用户提交开发的安装程序、数据库字典、用户安装手册、使用指南、需求报告、设计报告、测试报告等合同约定的产物。

(7)验收。由用户对提交的产品进行验收。

4. 软件的质量评价

质量评价即对软件产品质量特性的检测与度量,其质量特性如表10-2-1所示。

表 10-2-1　软件的质量特性

质量特性	详细	质量子特性	详 细
功能性	与一组功能及其指定的性质有关的一组属性,这里的功能是指满足明确或隐含的需求的功能	适合性	与规定任务能否提供一组功能及这组功能的适合程度有关的软件属性
		准确性	与能否得到正确或相符的结果或效果有关的软件属性
		互用性、互操作性	与其他指定系统进行交互的能力有关的软件属性
		依从性	使软件遵循有关的标准、约定、法规及类似规定的软件属性
		安全性	与防止对程序及数据非授权的故意或意外访问的能力有关的软件属性
可靠性	与在规定的一段时间和条件下,软件维持其性能水平的能力有关的一组属性	成熟性	与由软件故障引起失效的频度有关的软件属性
		容错性	与由软件故障或违反指定接口的情况下,维持规定的性能水平的能力有关的软件属性
		可恢复性	在失效发生后,重建其性能水平并恢复直接受影响数据的能力,以及为达此目的所需的时间和能力有关的软件属性
易用性	与一组规定或潜在的用户为使用软件所需作的努力和对这样的使用所作的评价有关的一组属性	易理解性	与用户为认识逻辑概念及其应用范围所花的努力有关的软件属性
		易学习性	与用户为学习软件应用所花的努力有关的软件属性
		易操作性	与用户为操作和运行控制所花的努力有关的软件属性

（续　表）

质量特性	详细	质量子特性	详　　细
效率	与在规定的条件下,软件的性能水平与所用资源量之间关系有关的一组属性	时间特性	与软件执行其功能时响应和处理时间及吞吐量有关的软件属性
		资源特性	与在软件执行其功能时所使用的资源数量及其使用时间有关的软件属性
可维护性	与进行指定的修改所需的努力有关的一组属性	易分析性	与为诊断缺陷或失效原因及为判定待修改部分所需努力有关的软件属性
		易修改性	与进行修改、排除错误或适应环境变化所需努力有关的软件属性
		稳定性	与修改所造成的未预料结果的风险有关的软件属性
		可测试性	与确认已修改软件所需的努力有关的软件属性
可移植性	与软件可从某一环境转移到另一环境的能力有关的一组属性	适应性	与软件无需采用有别于为该软件准备的活动或手段就可能适应不同的规定环境有关的软件属性
		易安装性	与在指定环境下安装软件所需努力有关的软件属性
		一致性	使软件遵循与可移植性有关的标准或约定的软件属性
		易替换性	与软件在该软件环境中用来替代指定的其他软件的机会和努力有关的软件属性

二、信息技术概述

1. 信息技术的概念

在对信息进行获取、整理、加工、存储、传递、表达和应用等过程中所采用的各种方法,称为信息技术。

2. 信息技术的发展与分类

（1）信息技术的发展。信息技术的发展经历了 5 次变革:

① 第一次信息技术革命是语言的使用。

② 第二次信息技术革命是文字的使用。大约在公元前 3 500 年出现了文字。

③ 第三次信息技术革命是印刷的应用。11 世纪活字印刷术发明。

④ 第四次信息技术革命是电报、电话、广播、电视的普及应用。

⑤ 第五次信息技术革命始于 20 世纪 60 年代,其标志是计算机的普及应用和计算机与通信技术的结合。

（2）信息技术的分类。信息技术可分为 4 类:

① 信息获取技术:含有所需信息的数据检测出来的方法。

② 信息传输技术:利用通信系统在各用户之间传输信息的方法。

③ 信息处理技术:把获取的原始数据按一定的目的、以一定的方式、用计算机进行加工处理的方法。

④ 信息检索技术:预先对数据进行分析和编排、制作出索引和摘要、存入数据库,当用户通过终端提出检索要求时,系统能迅速从数据库中找到相关的数据,并送到用户终端。

3. 信息技术的应用与信息产业

（1）信息技术的应用归纳起来主要有以下 4 个领域:

① 感知与识别——传感技术,主要指信息识别、提取和检测等技术的应用。

② 信息传递——通信技术,实现信息快速、可靠、安全地转移。

③ 信息加工与再生——计算机技术,对信息进行编码、压缩和加密等。

④ 信息实施——控制技术,包括控制和显示技术。

（2）信息产业是指与信息的生产、搜集、存储、加工和传播等相关的多种行业的总称,是近几十年发展起来的新兴产业。主要包括以下 4 个部分：

① 信息设备制造业，包括计算机及外部设备、集成电路、办公自动化设备等。

② 信息传播报道业，包括新闻、广播、出版等。

③ 信息技术服务业，指计算机信息处理、信息提供、研究开发等。

④ 信息流通服务业，指图书馆、情报服务机构等。

三、信息系统概述

1. 信息系统的概念

信息系统是一门综合性、边缘性学科，包括信息加工、信息传递、信息存储、信息利用等相关内容，是计算机科学、管理科学、行为科学等相互渗透的产物，现代信息系统一般指人、机共存的系统。

信息系统主要包括计算机硬件、软件、数据、用户 4 个元素。

2. 信息系统的应用类型

常见的信息系统分为两种类型。

（1）按管理层次，划分为决策支持系统、管理信息系统、业务信息系统等。

（2）按系统的功能及服务的对象，划分为国家经济信息系统、企业管理信息系统、事务型管理信息系统、行政机关办公型管理信息系统等。

3. 信息系统的开发

信息系统的开发主要包括以下 5 个步骤：

（1）设计前期的调研及可行性研究。主要通过需求调研，从技术、经济、法律等方面进行综合分析。

（2）系统分析。开发人员与用户之间进行沟通，从用户的角度出发解决"做什么"。

（3）系统设计和实现。物理设计阶段，解决"怎么做"的问题。

（4）编码及调试。完成程序编码及软件调试的过程。

（5）运行管理与系统评价。软件提交给用户，并对软件进行维护。

4. 常见的信息系统

常见的信息系统可分为以下 3 类：

（1）管理信息系统（MIS），由计算机、人及其他外围设备组成的能进行信息的收集、传递、存储、加工、维护和使用的系统。

（2）决策支持系统（DSS），辅助决策者通过数据、模型和知识、以人机交互方式进行半结构化或非结构化决策的计算机应用系统。

（3）专家系统（ES），以知识为基础，在特定问题领域内解决复杂现实问题的计算机系统。

自主实践活动

（1）通过账户策略设置账户密码，要求密码长度最小为 10，账户如果连续 3 次输错就被锁定。

提示：通过管理工具→本地安全策略→账户策略→密码策略进行设置，再对账户锁定策略进行设置。

（2）通过用户权限分配设置，实现不允许普通用户在本地登录。

提示：通过管理工具→本地安全策略→本地策略→用户权限分配进行设置。

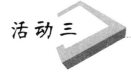
活动三　## 使用安全防御软件 360 卫士为电脑体检

活动要求

能下载 360 安全卫士软件并进行安装，通过软件运行对计算机进行体检。

活动分析

一、思考与讨论

(1) 计算机容易出现哪些安全问题？

(2) 网络中的计算机更应该注意什么？

(3) 如何检测计算机的安全状态？有哪些检测软件或者检测技术？

二、总体思路

(1) 对计算机的安全防护措施有所了解。

(2) 熟悉常见的计算机安全检测软件。

(3) 下载相关的检测软件(可以 360 卫士为例)，进行安装及设置。

方法与步骤

一、使用 360 安全卫士为电脑体检

(1) 打开 360 安全卫士主窗口，对计算机进行体检。完成后，在计算机体检界面展现体检结果，可以通过"一键修复"按钮进行修复，如图 10-3-1 所示。

图 10-3-1　体检结果

(2) 进行问题修复，修复体检中扫描出的问题，修复完成，360 安全卫士会给出当前计算机体检的分数，如图 10-3-2 所示。

图 10-3-2　修复结果

二、使用 360 安全卫士查杀木马

(1) 进入木马查杀界面，在 360 安全卫士窗口中单击"木马查杀"按钮，进入木马查杀界面，单击"快速扫描"按钮，如图 10-3-3 所示。

图 10-3-3　快速扫描

(2) 扫描进度显示，如图 10-3-4 所示。

图 10-3-4　扫描进度

(3) 扫描完成后，会在界面下方给出扫描的结果，如图 10-3-5 所示。

图 10-3-5　木马扫描结果

（4）如果扫描出来的结果显示有安全威胁。会提示处理。处理完毕之后，弹出"360木马查杀"信息提示框，提示用户重新启动计算机。

三、使用360安全卫士优化加速

（1）单击"优化加速"按钮，在360安全卫士窗口中单击"优化加速"按钮，360安全卫士开始扫描可以优化的项目，如图10-3-6所示。

图 10-3-6 优化加速

（2）显示扫描结果，扫描完成后，在下方空白处显示扫描的结果，单击"立即优化"按钮，如图10-3-7所示。

图 10-3-7 扫描结果

（3）显示优化结果，优化完毕后，给出优化结果，如图10-3-8所示。

图 10-3-8 优化结果

（4）显示开机启动项，选择"启动项"选项卡，在打开的界面中列出系统开机启动项，可以通过禁止一些启动项来加快系统的开机速度，如图10-3-9所示。

图 10-3-9 开机启动项

知识链接

一、信息安全

1. 信息安全的概念

信息安全是指信息网络软件和硬件及其系统中的数据受到保护，不因偶然或者恶意的原因而遭到破坏、更改、泄露，系统能连续、可靠、正常地运行，信息服务不中断。

2. 信息安全的基本属性

信息安全主要包含5个方面的基本属性。

（1）保密性：保证信息提供给授权者使用，而不会泄漏给未授权者。

（2）完整性：保证信息从真实的出发者送到真实的接受者手中，传送过程中没被他人修改或删除。

（3）可用性：保证信息和信息系统随时为授权者提供服务，不会出现非授权者滥用及对授权者拒绝服务的情况。

（4）可控性：保证管理者对信息和信息系统实施安全监控和管理，防止非法利用信息和信息系统。

(5) 不可否认性：信息的行为人为自己的信息行为负责，提供保证社会已依法管理所需的公正、仲裁信息等。

二、计算机安全

国际标准化委员会对计算机安全的定义是，为数据处理系统的建立而采取技术和管理的安全保护，保护计算机硬件、软件、数据不因偶然或恶意的原因而遭到破坏、更改、显露。

三、网络安全

通过采用各种技术和管理措施，使网络系统正常运行，从而确保网络数据的可用性、完整性和保密性。所以，建立网络安全保护措施的目的，是确保经过网络传输和交换的数据不会发生增加、修改、丢失和泄露等。

网络安全的威胁主要包括以下两个方面。

(1) 主动攻击：更改信息和拒绝用户使用资源的攻击，攻击者对某个连接中通过的 PDU 进行各种处理。

(2) 被动攻击：截获信息的攻击，攻击者只是观察和分析某一个协议数据单元 PDU 而不干扰信息流。

四、计算机病毒及其防治

1. 计算机病毒的概念

(1) 国外定义：计算机病毒是一段附着在其他程序上的可以实现自我繁殖的程序代码。

(2) 国内定义：计算机病毒是指编制或者在计算机程序中插入的破坏计算机功能或者毁坏数据而影响计算机使用，并能自我复制的一组计算机指令或者程序代码。就像生物病毒一样，计算机病毒有独特的复制能力。计算机病毒可以很快地蔓延，又常常难以根除。它们能把自身附着在各种类型的文件上。当文件被复制或从一个用户传送到另一个用户时，它们就随同文件一起蔓延开来。

2. 计算机病毒的特征

(1) 程序性（可执行性）。计算机病毒与其他合法程序一样，是一段可执行程序，但它不是一个完整的程序，而是寄生在其他可执行程序上，因此它享有一切程序所能得到的权力。

(2) 传染性。传染性是病毒的基本特征。在生物界，病毒通过传染从一个生物体扩散到另一个生物体。在适当的条件下，它可得到大量繁殖，并使被感染的生物体表现出病症甚至死亡。同样，计算机病毒也会通过各种渠道从已被感染的计算机扩散到未被感染的计算机，在某些情况下造成被感染的计算机工作失常甚至瘫痪。

(3) 潜伏性。一个编制精巧的计算机病毒程序，进入系统之后一般不会马上发作，可以在几周或者几个月甚至几年内隐藏在合法文件中，对其他系统进行传染，而不被人发现。潜伏性愈好，其在系统中的存在时间就会愈长，病毒的传染范围就会愈大。

(4) 可激发性。激发条件是病毒设计者预先设定的，其激发条件可以是日期、时间、人名、文件名等，或者一旦侵入即可发作。

(5) 破坏性。所有的计算机病毒都是一种可执行程序，而这一可执行程序又必然要运行，所以对系统来讲，所有的计算机病毒都存在一个共同的危害，即降低计算机系统的工作效率，占用系统资源，其具体情况取决于入侵系统的病毒程序。

(6) 隐蔽性。病毒一般是具有很高编程技巧、短小精悍的程序。通常附在正常程序中或磁盘较隐蔽的地方，也有个别的以隐含文件形式出现，目的是不让用户发现它的存在。

(7) 寄生性。病毒程序嵌入宿主程序中，依赖于宿主程序的执行而生存，这就是计算机病毒的寄生性。

3. 计算机病毒的种类

(1) 按破坏性，分为良性病毒和恶性病毒。

(2) 按感染对象，分为引导型、文件型、混合型、宏病毒等 4 种类型。

(3) 按入侵途径，分为操作系统型、外壳型、入侵型、源码型等 4 种类型。

4. 计算机病毒的传播途径

传播途径主要有通过互联网传播、通过移动存储介质传播、通过光盘传播 3 种。

5. 计算机病毒的防治

（1）安装防病毒软件：安装正版的防火墙及杀毒软件，定期进行病毒扫描。

（2）资料定期备份：对于重要的数据文件，定期进行备份，以免遭到病毒危害而无法恢复。

（3）慎用网上下载的软件：互联网是病毒传播的一大途径，对于网上下载的软件最好检测后再使用。

（4）不随便在计算机上使用外部存储介质：若要使用，先进行病毒扫描。

自主实践活动

（1）下载杀毒软件（如360杀毒、瑞星或者金山等）。

（2）对杀毒软件进行防护设置及扫描修复操作。

综合测试

知　识　题

一、选择题

1. 常见的网络信息系统安全因素中不包括（　　　）。

　A．网络因素　　　　　　　B．应用因素　　　　　C．经济政策　　　　　D．技术因素

2. 以下可实现计算机身份鉴别的是（　　　）。

　A．口令　　　　　　　　　B．智能卡　　　　　　C．视网膜　　　　　　D．以上都是

3. 信息安全服务包括（　　　）。

　A．机密性服务　　　　　　　　　　　　　　　B．完整性服务

　C．可用性服务和可审性服务　　　　　　　　　D．以上都是

4. 计算机病毒（　　　）。

　A．都具有破坏性　　　　　　　　　　　　　　B．有些病毒无破坏性

　C．都破坏EXE文件　　　　　　　　　　　　　D．不破坏数据，只破坏文件

5. 加强网络安全性最重要的基础措施是（　　　）。

　A．设计有效的网络安全策略　　　　　　　　　B．选择更安全的操作系统

　C．安装杀毒软件　　　　　　　　　　　　　　D．加强安全教育

6. 在制定网络安全策略时，应该在网络安全分析基础上，从以下两个方面提出政策（　　　）。

　A．硬件与软件　　　　　　　　　　　　　　　B．技术与制度

　C．管理员与用户　　　　　　　　　　　　　　D．物理安全与软件缺陷

7. 为了确保学校局域网的信息安全，防止来自因特网的黑客攻击，采用（　　　）可以实现一定的防范作用。

　A．网管软件　　　　　　　B．邮件列表　　　　　C．防火墙软件　　　　D．杀毒软件

8. 下列不属于保护网络安全的措施是（　　　）。

　A．加密技术　　　　　　　B．防火墙　　　　　　C．设定用户权限　　　D．建立个人主页

9. 下列关于防火墙的说法，不正确的是（　　　）。

　A．防止外界计算机病毒侵害的技术　　　　　　B．阻止病毒向网络扩散的技术

　C．隔离有硬件故障的设备　　　　　　　　　　D．一个安全系统

10. 以下关于数据加密的说法，不正确的是（　　　）。

　A．消息被称为明文

　B．用某种方法伪装消息以隐藏它的内容的过程称为解密

　C．对明文进行加密所采用的一组规则称为加密算法

　D．加密算法和解密算法通常在一对密匙控制下进行

二、判断题

1. 安全审计技术是网络安全的关键技术之一。　　　　　　　　　　　　　　　　　　（　　　）

2. 拒绝服务是一种系统安全机制，它保护系统以防黑客对计算机网络的攻击。　　　　（　　　）

3. 完整性检查程序是反病毒程序，它通过识别文件和系统的改变来发现病毒。　　　　（　　　）

4. 网络系统中"防火墙"的作用是保护内网的信息安全。　　　　　　　　　　　　　（　　　）

5. 数据安全的最好方法是随时备份数据。　　　　　　　　　　　　　　　　　　　　（　　　）

6. 信息系统是一门综合性、边缘性学科,是计算机科学、管理科学、行为科学、系统科学等学科互相渗透的产物。 （ ）

7. 用户 A 通过计算机网络将同意签订合同的消息传给用户 B,为了防止用户 A 否认发送过的消息,应该在计算机网络中使用加密技术。 （ ）

8. 计算机病毒是人为编制的一种程序。 （ ）

9. 使用最新版本的网页浏览器软件可以防御黑客攻击。 （ ）

10. 发现木马首先要在计算机的后台关掉其程序的运行。 （ ）

三、填空题

1. 一般计算机系统感染病毒后,用户不会感到明显的异常,这是病毒的（ ）性。

2. 计算机病毒通过网络传播的主要途径是（ ）。

3. 通常所说的"宏病毒",主要是一种感染（ ）类型文件的病毒。

4. 为了解决软件危机,人们提出了用（ ）的原理来设计软件,这就是软件工程的诞生。

5. 按照病毒程序的入侵途径,病毒可分为 4 种类型,即操作系统型、外壳型、（ ）及源码型。

6. 信息素养主要包括 3 个方面的内容:信息意识、（ ）及信息品质。

7. 通过电子邮件传播的病毒类型属于（ ）型病毒。

8. 网络安全机密性的主要防范措施是（ ）。

9. 网络安全机制包括技术机制和（ ）机制。

10. 网络访问控制通常由（ ）实现。

归纳与小结

总结"信息技术与信息安全基本常识"项目,其过程和方法如图 10-4-1 所示。

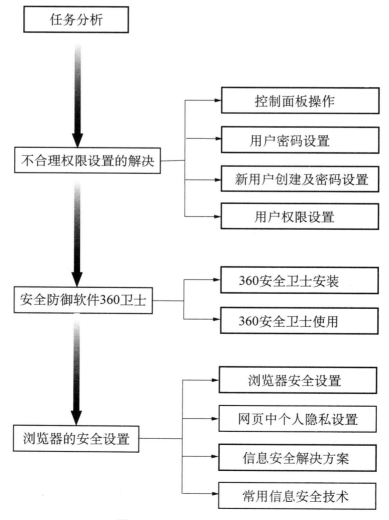

图 10-4-1　项目十的流程图

图书在版编目(CIP)数据

信息技术应用基础/谢忠新,左葵主编. —上海:复旦大学出版社,2015.8(2021.4 重印)
全国学前教育专业(新课程标准)"十二五"规划教材
ISBN 978-7-309-11561-1

Ⅰ.信…　Ⅱ.①谢…②左…　Ⅲ.电子计算机-幼儿师范学校-教材　Ⅳ.TP3

中国版本图书馆 CIP 数据核字(2015)第 141390 号

信息技术应用基础
谢忠新　左　葵　主编
责任编辑/梁　玲

复旦大学出版社有限公司出版发行
上海市国权路 579 号　邮编:200433
网址:fupnet@ fudanpress.com　http://www.fudanpress.com
门市零售:86-21-65102580　团体订购:86-21-65104505
出版部电话:86-21-65642845
上海春秋印刷厂

开本 890×1240　1/16　印张 18.25　字数 554 千
2021 年 4 月第 1 版第 7 次印刷
印数 32 401—37 500

ISBN 978-7-309-11561-1/T · 541
定价:45.00 元